Military AI,
전쟁의 미래를 다시 쓰다

Military AI

전쟁의 미래를 다시 쓰다

| 박은석 지음 |

좋은땅

　오늘날 국제 안보 환경은 그 어느 때보다 불확실하며, 기술의 진보는 전쟁의 정의마저 다시 쓰게 만들고 있습니다. 인류의 전쟁사는 기술의 도약과 함께 발전해 왔으나, 지금 우리가 목격하고 있는 인공지능(AI)의 등장은 단순한 무기체계의 업그레이드를 넘어 전쟁의 본질과 구조를 근본적으로 재편하는 '거대한 문명적 전환점'입니다.

　본인은 육군참모총장 재임 시절, 우리 군이 나아가야 할 '도약적 변혁'의 핵심으로 드론봇 전투단과 워리어플랫폼, 그리고 'Army TIGER 4.0'을 제시한 바 있습니다. 이는 단순히 하드웨어를 보강하는 차원이 아니라, 우리 군을 초기동, 초연결, 초지능의 완전히 새로운 군대로 탈바꿈시켜 미래전의 주도권을 확보하기 위한 필사적인 노력이었습니다. 당시 본인이 강조했던 미래전의 핵심은 결국 '누가 더 빨리, 더 정확하게 결심하고 실행하느냐'의 싸움이었으며, 그 중심에 바로 AI가 있음을 역설해 왔습니다.

　이러한 시대적 요청 속에 발간된『Military AI, 전쟁의 미래를 다시 쓰다』를 접하며 이 책이 갖는 의미를 새삼 확인했습니다. 저자 박은석과는 오랜 인연을 이어 오며, 그가 야전과 정책 현장에서 보여 준 성실함과 진지함, 그리고 무엇보다 야전군인으로서 끊임없이 탐구하는 자세를 익히 보아 왔습니다. 이 책은 그 탐구의 결실이며, AI를 둘러싼 수많은 사업과 담론 속에서 우리가 붙들어야 할 본질과 방향을 분명히 제시합니다.

　저자가 기존의 일반적인 '국방 AI'라는 용어 대신 'Military AI'라는 표현을 선도적으로 사용한 점은 매우 유의미한 시도라고 봅니다. 이는 전장(戰場)이라는 특수한 환경에서 AI가 발휘할 수 있는 실질적인 군사적 가치와 역할에 대해 얼마나 치열하게 고뇌하고 깊게 탐구했는지를 잘 보여 주는 대목입니다. 그런 맥락에서 기존의 많은 논의가 AI 도입을 위한 '사업'이나 '기술' 자체에 머무른 경우가 많았다면, 이 책은 AI가 군대와 전장에 가져올 본질적 의미가 무엇인지를 먼저 규명합니다.

즉, 데이터가 어떻게 새로운 탄약이 되고, 알고리즘이 어떻게 새로운 참모로 기능하며, OODA 루프의 가속화가 어떻게 전투력을 실질적으로 증폭시키는지 체계적으로 설명하고 있습니다. 특히 AI가 전장의 투명성을 높이고 의사결정의 속도를 극적으로 단축하는 과정을 생생하게 묘사하며, 기술, 체계, 획득, 인재, 교육, 윤리 등 우리 군이 지금 당장 무엇을 준비해야 하는지에 대한 구체적인 지침을 제시하고 있다는 점에서 가히 '국방 AI의 교과서'라 부르기에 손색이 없습니다.

또한 저자는 AI가 전쟁의 양상을 바꾸지만, 결국 전쟁의 목적과 책임을 지는 주체는 '인간'임을 분명히 말합니다. 기술의 속도에 압도당하는 것이 아니라, 전략적 통찰과 책임의식으로 AI를 통제하고 활용할 수 있는 '준비된 인재'를 키우는 것이 미래 국방 경쟁력의 핵심임을 역설하는 대목은 본인이 추구해 온 군사 혁신의 철학과도 궤를 같이합니다.

혁신 없는 군대는 승리를 담보할 수 없습니다. 우리 군이 한계를 넘어서는 초일류 강군으로 도약하기를 열망하는 모든 지휘관과 정책 입안자, 그리고 미래를 준비하는 후배 장병들에게 이 책을 필독서로 기쁘게 추천합니다. 이 책에 담긴 통찰과 지혜가 우리 군의 도약적 변혁을 가속화하고, 대한민국 안보의 미래를 설계하는 소중한 밑거름이 되기를 기대합니다.

김용우 제47대 육군참모총장

　AI 시대의 국방은 AI 기술이 장병들의 생존성을 높이고, 임무 수행 역량을 강화하며, 더욱 안전하고 효과적인 작전 환경을 만들어 낼 때 비로소 의미를 갖습니다.

　이 책은 '장병 중심의 AI 구현'이라는 시대적 요구에 명쾌하게 응답하는 내용으로 가득 차 있습니다. AI 기반의 현재와 미래 전쟁에 대한 깊이 있는 통찰을 제공하면서도, 전장의 주체가 되어야 할 장병들의 관점을 놓치지 않습니다.

　저자는 미래 전장의 핵심 축이 물리적 화력에서 '데이터, 알고리즘, 속도'로 이동하고 있다고 강조합니다. 책 전체를 관통하는 "데이터는 새로운 탄약이 되고, 알고리즘은 새로운 참모가 된다"는 비유는 디지털 전쟁의 미래를 선명하게 그려냅니다. 그리고 이 새로운 탄약과 참모를 실제로 활용하는 주체는 바로 장병입니다. AI는 장병을 대체하는 것이 아니라, 장병의 판단을 지원하고 역량을 증폭시키는 도구가 되어야 합니다.

　저자가 강조하듯, 'AI 기반의 국방력 강화'는 더 이상 미래의 과제가 아니라 현재의 필수 과업입니다. 이 책은 대한민국 국방·방산 분야가 국가 AI 대전환을 선도해야 한다는 당위성을 설득력 있게 제시합니다. 단순한 구호에 그치지 않고, 군·산·학·연 협력 생태계 구축, 실전형 인재 양성, 윤리적·제도적 기반 마련 등 구체적인 해법을 통해 우리가 나아갈 길을 명확히 보여 줍니다.

"미래는 예측하는 것이 아니라 선택하고 만들어 가는 것이다." 다가올 미래 전장에서 AI와 함께 더 안전하고 효과적으로 임무를 수행할 모든 장병, 그리고 그들을 위한 AI 환경을 만들어 갈 정책 입안자, 연구자, 산업계 리더 모두에게 이 책을 강력히 추천합니다.

심승배 국가인공지능전략위원회 국방·안보분과장

『Military AI, 전쟁의 미래를 다시 쓰다』는 'AI 시대의 군'을 화두로 수년간 연구와 실천을 거듭해 온 저자의 통찰력과 식견이 빚어낸 역작입니다. 저자는 AI가 어떻게 전쟁의 본질과 구조를 근본적으로 재편하고 있는지, 정보·속도·알고리즘이 어떻게 전투력의 중심이 되는지를 쉽게 풀어내고 있습니다. 그리고 AI 기반 국방력 강화는 더 이상 선택이 아닌 필수임을 강조하고 있습니다.

그러나, 저자가 독자들에게 가장 힘주어 전달하고자 하는 메시지는 '전쟁의 목적과 책임은 AI라는 기술이 아닌 인간 주체에게 달려 있다'는 것입니다.

그렇다면, 한반도의 안보 불확실성과 주변으로부터의 위협이 증대하는 상황 속에서 우리는 어떤 선택을 해야 하는가? 이 책에서 제시하는 바, 국가 차원의 과제를 신속하고 체계적으로 추진하면서 AI 기반 국방력 강화가 올바른 방향으로 나아갈 수 있도록 총력을 기울여야 할 것입니다.

이 책은 그 과정에서 현명한 선택을 할 수 있도록 안내해 줄 필독서입니다. 군 지휘관, 정책 입안자, 기술 개발자 그리고 국가의 안보를 고민하는 모든 이들에게 적극 추천하고 싶습니다.

이재경 숙명여자대학교 교육혁신원장

인공지능(Artificial Intelligence, 이하는 AI) 기술은 하루가 다르게 발전하며 우리의 삶을 변화시키고 있다. 국방 분야도 예외는 아니다. 우리나라를 비롯해 크고 작은 전쟁을 수행하고 있는 나라들은 더 절실하다.

AI가 활용되는 현대의 전장은 인간의 눈에 보이는 것보다 훨씬 더 빠르게, 더 다양하게 변하고 있다. 화약, 전차, 핵무기가 만들어 냈던 군사혁신의 계단 위에 이제 AI라는 거대한 문명적 전환점이 놓였고, 전쟁의 본질과 구조는 다시 쓰이고 있다. 우리가 목격하고 있는 변화는 단순한 무기체계의 업그레이드를 넘어, 전쟁 자체의 방식과 속도, 목표를 재정의하는 거대한 흐름이 되었다.

전장에서 우위는 더 이상 물리적 화력만으로 결정되지 않는다. 정보의 우위, 알고리즘의 정교함, 의사결정의 속도가 승패를 가르는 새로운 기준으로 부상하고 있다. 최근 전쟁에서 우리는 드론 한 대가 수십억 원짜리 전차를 무력화하는 장면을 목격했다. 상업용 위성이 군사작전의 핵심 정보원이 되는 현실도 확인했다. 민간의 AI 기술이 표적 식별과 타격 결심을 지원하고, 실시간 데이터 융합이 전장의 투명성을 극적으로 높이는 시대가 이미 도래했다는 것이다. 이 책은 바로 그 변화의 정체를 해부하고, 다가올 전쟁의 미래를 새로운 관점에서 조망하기 위해 쓰였다.

오늘날 AI는 더 이상 전장에서 '하나의 기술'이 아니다. 그것은 속도와 정보, 결심과 억제, 감시와 타격, 그리고 전쟁의 시작과 끝에 이르기까지 모든 구조를 관통하는 새로운 언어가 되었다. 데이터는 새로운 탄약이 되고, 알고리즘은 새로운 참모가 된다. 센서와 무기체계, 통신망과 지휘통제체계는 하나의 신경망처럼 스스로 학습하고 반응한다.

과거 전쟁에서 인간 지휘관은 제한된 정보를 바탕으로 불완전한 판단을 내려야 했다. 전장의 안개는 늘 짙었고, 적의 의도는 불분명했으며, 결정은 언제나 불확실성과의 싸움이었다. 그러나 이제 인간은 AI가 실시간으로 제시하는 수많은 가능성과 시뮬레이션 결과 중 어느 것을 선택할지 결정하는 새로운 형태의 지휘자가 되고 있다. 전장의 안개는 과거보다 옅어지고 있지만, 완전히 사라진 것은 아니며 오히려 새로운 형태의 불확실성이 등장하고 있다. 이는 단순한 기술적 진보가 아니라, 전쟁 수행 주체의 본질적 변화를 의미한다.

이 책은 크게 3개의 파트로 구성되어 있다.

제1부 '패러다임의 충돌'에서는 AI로 인한 거대한 전환의 본질을 탐구한다. AI는 과연 무엇을 바꾸고 있는가? 인간-기계-알고리즘이 동시에 판단의 주체가 되는 전장에서, 전쟁의 원형은 어떻게 재구성되고 있는가? AI 시대, 전투력의 원천은 무엇인가?

우리는 지금 단순한 기술혁신이 아니라 전쟁의 존재 방식 자체가 재편되는 역사적 순간에 서 있다. 인간이 수천 년간 축적해 온 전쟁의 지혜와 원칙들이 알고리즘과 데이터 앞에서 어떻게 재해석되어야 하는지, 그리고 어떤 것들은 변하지 않고 남아야 하는지를 명확히 이해해야만 앞으로의 모든 질문에 답할 수 있다.

제2부 '전장의 재구성'에서는 AI가 실제 국방 현장에서 어떻게 전쟁을 다

시 설계하고 있는지를 구체적으로 다룬다. 다영역 작전, AI 기반의 C4ISR, 스웜 드론, 예측 기반 작전, 인간-기계 협업전 등 어느 하나도 과장된 것이 아니며, 이미 현실이 되고 있는 전장의 모습이다.

특히 러시아-우크라이나 전쟁은 우리에게 살아 있는 교과서가 되었다. 전장의 투명화, 실시간 정보 융합, 자동화된 킬체인 단축이 전쟁의 흐름을 어떻게 바꿔 놓는지 생생하게 목격할 수 있었다. AI로 인해 지상·해상·공중·우주·사이버 영역이 하나의 통합 전장이 되었다. 지휘통제는 더욱 복잡해지고, AI는 단순한 조력자를 넘어 전장을 재구성하는 '건축가'로 자리 잡고 있다.

이러한 변화가 단순히 기술적 현상에 그치지 않고, 군사 독트린과 작전 개념, 부대 편성과 훈련 체계, 그리고 국방 자원 배분의 우선순위까지 전면적으로 재편하고 있음을 보여 준다. 전통적인 플랫폼 중심의 전력 구조는 네트워크 중심, 나아가 알고리즘 중심 구조로 변화되고 있다. 이는 단순한 전술적 변화가 아니라 전략적, 제도적 대전환을 요구하고 있는 것이다. 미래 전쟁에서 승리하기 위해서는 AI를 단순히 '도입'하는 것이 아니라, AI를 중심으로 전장 전체를 다시 '설계'해야 한다.

그러나 이 모든 변화에도 불구하고, 기술이 전쟁의 의미를 대체할 수는 없다. 그래서 제3부 '미래 전쟁의 주체'에서는 인간의 역할, 국가의 전략, 그리고 사회가 감당해야 할 책임을 묻는다. AI가 아무리 발전해도 전쟁의 목적과 책임은 인간에게 남는다. 알고리즘은 도덕을 갖지 못하고, 자율무기는 윤리적 판단을 대신할 수 없다. 결국 AI 시대의 전쟁은 "무기체계가 얼마나 똑똑해지는가"보다는, "인간이 어떤 선택을 해야 하는가"가 더 중요할 수 있다.

Military AI, 전쟁의 미래를 다시 쓰다

　AI가 주도하는 미래 전장에서 인간 중심성의 의미를 다층적으로 탐구하기 위한 질문들을 던진다. 미래 전장을 이끌 군 인재를 어떻게 양성하고 유지할 것인가? AI와 협업할 수 있는 지휘관은 과거와 무엇이 달라야 하는가? 기술 발전 속도에 대응할 수 있는 국가 차원의 AI 전략과 거버넌스 체계를 어떻게 구축할 것인가? AI 무기의 사용에 대한 윤리적·법적 기준을 누가, 어떻게 설정하고 통제할 것인가?

　이러한 질문들은 모두 기술의 영역을 넘어 국가의 의지, 사회적 합의, 그리고 인류 공동체의 규범과 맞닿아 있다. 그 선택을 가능하게 할 인재, 문화, 제도 등의 생태계를 어떻게 구축하는가는 국가가 직면한 피할 수 없는 과제이며, 동시에 미래 안보의 핵심 경쟁력이 될 것이다.

　이 책은 AI가 가져올 막연한 두려움을 전하려는 것이 아니라 오히려 기회를 말하고자 한다. AI가 만들어 낼 미래의 전장은 위협과 가능성을 동시에 품고 있다. 기술은 우리에게 전쟁을 지능화하고, 피해를 줄이고, 억제력을 강화할 기회를 준다. 정밀 타격으로 민간인 피해를 최소화하고, 예측 분석으로 분쟁을 사전에 차단하며, 자율체계로 아군 피해를 줄일 수 있는 가능성이 열려 있다.

　그러나 그 기회를 어떻게 사용할지는 전적으로 우리의 몫이다. 기술 그 자체는 중립적이지만, 그것을 설계하고 배치하고 통제하는 인간의 의도와 시스템은 중립적이지 않다. 바로 지금이, 기술의 속도에 압도되지 않고 전쟁의 미래를 인간 중심으로 다시 설계할 마지막 기회일지도 모른다.

　동시에 이 책은 경고도 담고 있다. AI 전쟁에서 뒤처지는 것은 단순한 기술 격차가 아니라 국가 생존의 위기로 이어질 수 있다. 속도 우위를 상실하면 선제공격에 무방비로 노출되고, 정보 우위를 잃으면 전장의 주도권을 빼앗긴다. 알고리즘 우위를 포기하면 적의 의사결정 사이클 안에 갇히게 된다. 이는 개별 무기체계의 성능 문제가 아니라, 국가 전체의 AI 생태계(교육, 연구개발, 산업, 제도, 법규)가 총체적으로 작동해야 해결할 수 있는 구조적 도전이다.

특히 우리나라와 같이 지정학적인 긴장 속에서 생존해야 하는 국가에게 이는 선택이 아닌 필수다. 북한의 비대칭 위협, 주변 강대국들의 군사력 현대화, 역내 안보 불확실성이 증대하는 상황에서 'AI 기반의 국방력 강화'는 더 이상 미래의 과제가 아니라 현재의 필수 조건이 되었다.

이 책이 독자에게 주는 가장 큰 메시지는 단순하지만 명확하다. AI는 전쟁을 바꾸지만, 전쟁을 결정하고 수행하는 것은 인간이다. 전쟁 수행의 주체인 인간이 AI를 이해하고, 활용하며, 발전시켜 나가는 것은 매우 중요한 핵심 역량이다.

다가올 미래의 전장을 더 안전하고, 더 책임감 있게, 더 현명하게 만들어갈 주체는 바로 우리다. 군 지휘관과 국방 정책 입안자, 기술 개발자와 연구자, 그리고 국민 모두가 이 질문 앞에 서 있다. 각자의 위치에서 각자의 역할이 있으며, 그 역할들이 모여 국가의 안보 역량을 구성한다.

이 책은 비단 군인이나 국방 분야 종사자만을 위한 것은 아니다. AI 시대 전쟁의 미래에 관심 있는 모든 이들, 기술이 사회를 어떻게 변화시키는지 고민하는 이들, 그리고 우리 사회가 어떤 선택을 해야 하는지 함께 생각하고자 하는 이들을 위해 쓰였다. 전문 용어는 가능한 한 쉽게 풀었고, 복잡한 개념은 실제 사례와 함께 설명했다. 저자는 독자의 이해를 돕기 위해 이미지 제작, 사례 발굴, 각주 작성 등에 생성형 AI를 활용하였음을 밝

    Military AI, 전쟁의 미래를 다시 쓰다

힌다.

이 책이 미래 국방 발전의 길을 함께 고민하고, 답을 찾아가는 안내서가 되기를 바란다. 미래는 예측하는 것이 아니라 선택하고 만들어 가는 것이다. 그리고 그 선택의 순간은 바로 지금, 여기서 시작된다.

이 책을 응원해 주시기 위해 국방 발전을 소망하는 마음을 담아 정성 어린 추천의 글을 작성해 주신 김용우 전 육군참모총장님, KIDA 심승배 박사님, 숙명여대 이재경 교수님께 진심으로 감사드립니다.

대한민국 국방 인공지능 전도사를 꿈꾸는

박은석

목차

제3부 미래 전쟁의 주체

8장 첨단기술 강국 대한민국의 도전과 기회 — 233

9장 종말인가, 진화인가? — 260

제1부

패러다임의 충돌

21세기 전쟁은 병력과 화력보다 "누가 더 빨리, 더 정확하게 결심하느냐"가 승패를 가른다. 정찰위성, 드론, 사이버전, AI가 혼합된 복합체계에서 데이터와 알고리즘을 운용하는 지휘체계가 새로운 군사혁신의 중심이 된다.

무기체계의 발전은 전쟁의 양상을 근본적으로 바꾸어 왔다. 화약의 등장은 전통적 전투 질서를 붕괴시켰고, 핵무기는 전쟁의 개념을 '승리'에서 '억제'로 전환시켰다. AI는 전장의 속도와 판단 구조를 재편하며 인간 중심의 전쟁 방식을 넘어서는 새로운 패러다임을 만들고 있다.

AI는 방대한 정보를 실시간으로 분석해 전장의 그림을 그려 주고, 지휘관이 놓친 위협과 기회를 찾아내며, 때로는 인간보다 먼저 '다음 수'를 제안한다. 이제 AI는 인간이 할 수 없는 규모와 속도로 전장을 분석하는 새로운 형태의 참모다.

AI 생성 이미지

기술이 전쟁을 바꾼다

기술이 만든 군사혁신의 계단

인류의 전쟁사는 새로운 기술이 등장할 때마다 커다란 계단을 올라왔다. 활과 창이 전사의 숙련도를 시험하던 시기에는 개개인의 힘과 용기가 전쟁의 승패를 좌우했다. 고대 그리스의 중장보병 밀집대형인 팔랑크스나 로마 군단의 조직적 전투는 개인의 용맹보다 집단의 규율과 훈련이 중요해지는 첫 번째 전환점이었다.

그러나 화약과 대포가 등장하면서 개인의 무용담은 점차 조직적 화력 운용과 병참 능력에 자리를 내주었다. 중세 기사의 갑옷은 총과 대포 앞에서 무력해졌고, 성곽 중심의 방어전은 공성포의 등장으로 근본적으로 변화되었다. 화약은 전쟁을 귀족의 특권에서 국가의 산업으로 전환시켰다. 더 많은 화약을 생산하고 더 많은 군대를 동원할 수 있는 국가가 세계의 패권을 장악했다.

이후 전차, 항공기, 핵무기, 정밀유도무기로 이어지는 각 단계마다 전쟁은 점점 더 산업과 기술의 논리로 재편되었다. 제1차 세계대전은 기관총, 전차, 독가스, 항공기가 총동원된 최초의 산업화 전쟁이었다. 제2차 세계대전은 레이더, 암호 해독, 원자폭탄이 전략적 균형을 결정했다. 각 세대마다 기술은 전쟁의 규모, 속도, 파괴력을 기하급수적으로 증폭시켰다.

냉전 이후에는 정밀 타격과 네트워크 중심전(Network Centric Warfare, NCW)을 기반으로 하는 정보화가 전 세계의 군사 담론을 이루었다. 1991년 걸프전은 이 새로운 패러다임의 시험 무대였다. 미군은 GPS 유도무기, 스텔스 전투기, 위성 통신, 실시간 정보 공유를 통해 압도적 승리를 거두었다. 전투는 더 이상 대규모 병력의 충돌이 아니라 정보 우위를 기반으로 한 정밀 타격의 연속이 되었다.

누가 더 많은 센서로 더 넓은 지역을 감시하고, 누가 더 빨리 정보를 모아 지휘관에게 전달하느냐가 승패의 관건이 되었다. 이제 AI는 이 정보화 혁명의 다음 계단으로, '정보의 양'이 아니라 '정보를 이해하고 활용하는 지능'의 경쟁 시대로 우리를 이끌어 가고 있다.

창과 방패에서 데이터와 알고리즘으로

고대부터 전쟁은 항상 '창과 방패'의 경쟁으로 묘사되어 왔다. 더 강력한 공격 수단이 나오면 곧이어 이를 막기 위한 방어 수단이 등장하고, 다시 그 방어를 무력화하기 위한 새로운 공격이 개발되는 끝없는 순환의 연속이었다. 오늘날의 전장에서도 이 구조는 그대로 유지되지만, 그 소재는 철과 화약에서 데이터와 알고리즘으로 바뀌고 있다.

정밀유도무기와 스텔스 기술의 등장은 새로운 형태의 창을 제공했고, 이에 대응하기 위해 다층 방공망, 통합방공체계, 전자전이 발달하며 새로운 방패를 만들어 냈다. 이 과정에서 AI는 방대한 레이더 신호, 전자파 정보, 영상 데이터를 분석해서 어디에 방공 레이더를 배치하고, 어떤 위협에 어떤 요격 수단을 투입할지를 제안하는 지휘 참모 역할을 맡고 있다.

현재의 방공 시스템은 수십 개의 표적을 동시에 추적하며, 각 표적의 위협도를 실시간으로 평가하고, 가장 효율적인 요격 자산을 자동 배정한다. 이 모든 과정은 밀리초 단위로 이루어지며, 인간이 개입할 시간적 여유가 없다. 더 나아가 AI는 적의 공격 패턴을 학습하여 다음 공격을 예측한다. 과거 공격에서 사용된 경로, 시간대, 무기 조합을 분석하여 앞으로 어떤 방식의 공격이 가능성이 높은지를 제시한다. 방어는 더 이상 반응적(reactive)이 아니라 '예측적(predictive)인 군사작전'이 된 것이다.

군사혁신이 군 조직과 교리까지 바꾸는 과정

새로운 무기가 등장했다고 해서 자동으로 군사혁신이 이루어지는 것은 아니다. 기술은 촉매제일 뿐, 실제 군사혁신은 그 기술을 군 조직과 교리에 어떻게 녹여내느냐에 달려 있다. 역사는 기술을 먼저 받아들이고도 이를 제대로 활용하지 못한 사례로 가득하다.

전차가 처음 등장했을 때 이를 단순히 보병 지원용 이동 포 정도로만 활용했던 군대는 전차의 잠재력을 제대로 살리지 못했다. 반면 전차를 중심으로 한 기동전 교리를 새로 만들고 부대구조, 훈련, 지휘체계를 통째로 개편한 군대는 짧은 시간에 전쟁 양상을 뒤집어 놓았다. 독일군의 전격전(blitzkrieg)은 전차, 항공기, 무전기를 통합한 새로운 전쟁 방식이었다. 전차 부대는 적진 깊숙이 돌파하고, 항공기는 근접 지원을 제공하며, 무전기는 실시간 의사소통을 가능케 했다.

AI 또한 마찬가지다. 몇 개의 부대에 AI 기반 상황판이나 분석 도구를 도입했다고 해서 그것이 곧 'AI 군대'가 되는 것은 아니다. AI를 전력 발전 개념, 작전 수행 절차, 교육 훈련 체계, 조직 문화 전반에 녹여내야만 비로소 'AI 군사혁신'이 완성된다. 구체적으로 이는 AI가 제공하는 정보를 의사결정에 어떻게 통합할 것인가? AI 전문가를 전투부대에 어떻게 배치할 것인가? 전투원이 AI 시스템과 협업하는 방법을 어떻게 가르칠 것인가? 기계의 판단을 신뢰하고 활용하는 조직 문화를 어떻게 만들 것인가? 하는 교리의 재작성, 조직의 재편, 훈련의 혁신, 문화의 변화를 모두 포함한다.

Military AI, 전쟁의 미래를 다시 쓰다

비군사 영역까지 아우르는 전면전의 확장

AI와 디지털 기술의 결합은 전쟁의 범위를 전통적인 군사 영역에서 경제, 금융, 에너지, 정보공간까지 확장시키고 있다. 클라우제비츠는 "전쟁은 정치의 연속"이라 했지만, 21세기 전쟁은 정치뿐 아니라 경제, 기술, 정보의 연속이기도 하다.

금융망 차단, 사이버 공격을 통한 전력·통신 인프라 마비, 온라인 플랫폼을 통한 여론전과 심리전은 오늘날 모두 하나의 작전 구상 안에서 통합적으로 다뤄진다. 2022년 시작된 러시아-우크라이나 전쟁에서 서방의 대러 제재는 군사작전만큼이나 중요한 전쟁 수단이었다. 스위프트(SWIFT) 금융망[1] 차단, 첨단 반도체 수출 금지, 에너지 수입 제한은 러시아 경제를 압박하고 전쟁 지속 능력을 약화시켰다.

동시에 사이버 공격은 전력망, 철도 시스템, 은행 네트워크를 표적으로 삼았다. 소셜미디어와 메신저 앱은 정보전의 새로운 전장이 되었다. 딥페이크 영상, 허위 정보, 프로파간다(propaganda)[2]가 실시간으로 확산되며 여론과 사기에 영향을 미쳤다. 이는 전통적 의미의 전선이 사라지고, 국가 전체가 전장이 되는 새로운 전면전의 양상이다.

즉, 전쟁을 하는 군대와 전쟁을 겪는 사회·경제가 분리되지 않고, 국가 전체 시스템이 동시에 타격과 방어의 대상이 되는 '전면전(total war)' 양상이 AI 시대에 다시 강화되고 있는 것이다. 이는 국방 정책이 국방부만의 영역이 아님을 의미한다. 과학기술정보통신부, 산업통상부, 금융당국, 정보통

---

1 전 세계 200여 개 국가의 금융기관들이 안전하고 신속하게 금융 메시지를 주고받기 위해 사용하는 국제 금융통신망.
2 특정한 의도를 가지고 대중의 신념, 태도, 행동 등에 영향을 미칠 목적으로 위해 정보나 아이디어를 전파하는 선전·선동 활동.

신 규제기관 등이 모두 국가 안보의 핵심 주체가 된다는 것이다.

[사례] 러-우 전쟁에서 드론, AI 기반 ISR의 실시간 활용

2022년 이후 러시아-우크라이나 전쟁은 드론과 AI 기반 ISR(Intelligence, Surveillance, Reconnaissance)이 전장의 판도를 어떻게 바꾸는지를 실시간으로 보여 주는 실험장이 되었다. 양측 모두 상용 쿼드콥터부터 군용 장거리 무인 항공기 UAV(Unmaned Aerial Vechicle)까지 수천 대의 드론을 동원해 전선을 따라 끊임없이 하늘을 메우고 있다. 우크라이나군은 일일 평균 10,000회 이상의 드론 임무를 수행하며, 러시아군도 비슷한 규모로 대응하고 있다.

이 드론들은 포격 목표를 탐지하고 적의 참호·진지·장비 배치를 실시간 영상으로 상급 지휘소에 전송하며, 포병 타격과 보병 돌파를 위한 '눈' 역할을 수행한다. 우크라이나는 FPV(First Person View) 드론과 AI 기반 영상 분석 모듈을 결합해 자동 표적 인식과 궤적 보정을 통해 정확도를 높이려는 시도를 하고 있다. 드론 영상 스트림 위에 AI가 타격 후보 목표를 표시해 주면, 포대와 드론 조종수는 훨씬 빠른 속도로 타격 결심을 내릴 수 있다.

더 나아가 팔란티어(palantir)와 같은 AI 플랫폼은 드론 영상, 위성 데이터, 통신 감청 정보를 통합 분석하여 적의 병력 배치 변화를 실시간으로 추적한다. 예를 들어 특정 지역에서 전차 이동이 증가하고, 보급 차량이 집결하며, 통신 활동이 급증하면 AI는 이를 공격 준비 징후로 판단하고 경보를 발령한다. 이러한 조기 경보는 방어 부대에게 수 시간에서 수 일의 준비 시간을 제공하며, 이는 전투 결과를 좌우하는 결정적 요인이 된다.

우크라이나군의 포병 화력 통제 시스템도 AI의 도움을 받는다. 표적 좌표가 입력되면 AI는 가장 가까운 포대, 사용 가능한 탄약, 기상 조건, 우선순위를

Military AI, 전쟁의 미래를 다시 쓰다

고려하여 최적의 화력 배분을 제안한다. 과거에는 이 과정이 수십 분 걸렸지만, 이제는 수 분 내에 완료된다. 이른바 '센서 투 슈터(sensor to shooter, 탐지 및 정밀 타격)'의 극적인 단축이다.

이러한 기술 결합은 전통적 의미의 전선 개념을 희미하게 만들고, 어디서든 실시간으로 감시되고 타격받을 수 있는 새로운 양상의 전장을 만들어 내고 있다. 병력이 참호 속에 숨어 있어도 드론의 열화상 카메라가 발견하고, 숲 속에 위장해도 AI의 패턴 인식으로 찾아낸다. 전장의 투명성이 극대화되면서, 은폐와 기만은 점점 더 어려워지고 있다.

디지털 이후의 전장

디지털화된 전장의 한계와 다음 단계

2000년대 이후 전장은 급속히 디지털화되었다. 위성, 무인기, 센서에서 수집되는 방대한 데이터는 전술 데이터링크를 통해 지휘통제체계로 실시간 전송된다. 지휘관은 과거 어느 시대보다 훨씬 많은 정보를 기반으로 결심할 수 있게 되었다. 그러나 정보량이 폭발적으로 늘어나면서 새로운 문제가 등장했다. 인간이 처리할 수 있는 속도와 집중력으로는 끝없이 쏟아지는 데이터와 정보를 모두 소화할 수 없게 된 것이다.

이는 '정보 우위가 곧 전력 우위'라는 명제가 '정보 과부하가 곧 위험'이 될 수 있다는 역설을 만들어 냈다. 심리학에서는 이를 '선택 마비(choice paralysis)' 또는 '분석 마비(analysis paralysis)'라 부른다. 너무 많은 정보와 선택지는 오히려 의사결정을 지연시키고, 중요한 신호를 놓치게 만든다.

이 지점에서 AI는 단순한 정보처리 보조도구를 넘어, 디지털 전장을 지능화된 전장으로 끌어올리는 핵심 기술로 부상하게 되었다. AI의 역할은 정보를 모으는 것이 아니라, 정보에서 의미를 추출하고, 중요한 것과 덜 중요한 것을 구분하며, 다음에 일어날 일을 예측하는 것이다.

의미를 이해하는 전장

정보전(information warfare)은 정보를 얼마나 많이 수집하고 방해하고 보호하느냐에 초점이 맞춰져 있다. 냉전 시대의 정보전은 주로 통신 감청, 암호 해독, 전자전, 선전전을 포함했다. 하지만 지능전(intelligent warfare)은 여기서 한 단계 더 나아간다. 이제 중요한 것은 얼마나 많은 정보를 갖고 있느냐가 아니라, 그 정보의 의미를 얼마나 정확히, 얼마나 빨리 이해하고 예측하느냐.

AI는 영상·신호·텍스트·위치 정보 등 서로 다른 형태의 데이터를 통합해 지금 전장에서 무슨 일이 벌어지고 있는지를 인간보다 빠르게 그림으로 그려 준다. 이를 '상황 인식의 자동화(automated situational awareness)'라 부른다. 또한 과거의 전투 기록과 훈련 데이터를 학습해 지금 상황에서 적이 다음에 취할 가능성이 높은 행동을 예측해 낼 수 있다. 이는 단순한 통계적 추론을 넘어, 복잡한 패턴 인식과 인과관계 추론을 포함한다.

지능전의 핵심은 '인지 우위(cognitive superiority)'다. 적보다 먼저 이해하고, 적보다 정확하게 예측하며, 적보다 빠르게 결정하는 능력이 승패를 가른다.

사이버·우주·전자전이 통합된 복합 전장에서의 AI

디지털 이후의 전장은 지상·해상·공중의 전통적 영역을 넘어 우주 공간과 사이버 영역, 그리고 보이지 않는 전자기 스펙트럼까지 포함하는 거대한 시스템으로 확장되었다. 미국 합참은 이를 '다영역 작전 MDO(Multi Domain Operations)'라 부른다. 그들은 지상, 해상, 공중, 우주, 사이버 등 다영역에서의 동시 통합 작전을 강조한다.

적의 사이버 공격은 아군의 지휘통제망을 마비시키거나 민간 인프라를 교란해 정치·사회적 혼란을 야기할 수 있다. 우주에서는 정찰 위성과 통신 위성이 제공하는 정보가 전장의 눈과 귀의 역할을 하며, GPS 위성은 정밀 유도무기와 부대 항법의 핵심이다. 전자전은 레이더와 통신을 교란해 상대의 보는 능력을 빼앗는다.

이 모든 영역은 서로 깊이 연결되어 있어서, 한 영역의 교란이 다른 영역의 작전 수행에 직접적인 영향을 미친다. 예를 들어 우주의 GPS 위성이 교란되면 지상의 정밀유도무기가 무력화되고, 사이버 공격으로 전력망이 마비되면 레이더와 통신 시스템이 작동을 멈추며, 전자전으로 통신이 차단되면 공중 지원과 포병 화력 통제가 불가능해진다. AI는 바로 이 복잡하게 얽힌 상호작용을 실시간으로 분석하고, 어떤 영역에 어떤 수단을 투입해야 전체 전장 효과를 극대화할 수 있는지 제안하는 핵심 도구가 된다.

예측 전쟁

AI와 빅데이터는 전장을 과거의 기록과 현재의 징후, 그리고 미래의 가능성이 겹쳐지는 공간으로 만든다. 작전계획, 훈련 데이터, 과거 분쟁 사례, 실시간 센서 정보 등이 통합되면 적의 병력 이동, 보급 패턴, 미사일 발사 징후 등을 통계적으로 예측할 수 있다. 이러한 분석은 지금 어디를 방어할 것인가를 넘어 적이 며칠 뒤 어느 축에서 공세를 강화할 가능성이 높은가를 미리 짚어내는 '예측 전쟁(predictive warfare)'의 기반이 된다.

예측 전쟁의 핵심은 우선순위를 고려한 '시간적 선점(temporal preemption)'이다. 적이 준비를 완료하기 전에 대응 조치를 취하거나, 적의 의도 자체를 좌절시키는 것이다. 구체적인 예측 메커니즘으로는 AI가 과거 수십 년의 전투 데이터에서 공통 패턴을 학습하는 패턴 인식, 정상 패턴에서 벗어난 활동을 자동으로 감지하는 이상 탐지, 현재 상황에서 가능한 여러 시나리오를 동시에 시뮬레이션하는 시뮬레이션, 각 시나리오의 발생 가능성을 확률로 제시하는 확률적 판단이 있다.

이 단계에서 AI는 전략 수립을 직접 수행한다기보다, 전략적 선택지를 생성, 압축, 검증하는 엔진으로 기능한다. 예측 전쟁은 또한 억제 전략(deterrence strategy)을 강화한다. 적이 공격을 준비하는 징후를 조기에 포착하고 이를 공개하면, 적은 기습의 이점을 잃고 공격을 포기하거나 연기할 수 있다. 미국이 2022년 러시아의 우크라이나 침공 계획을 사전에 공개한 것이 좋은 예다.

[사례] 중국군의 '지능화전' 선언과 지능화 지휘체계 구축

중국군은 2010년대 후반부터 정보화전의 다음 단계로 '지능화전(intelligent warfare)' 개념을 공식 문건과 전략 담론에서 반복적으로 제기해 왔다. 지능화전은 AI와 자율무기 기술이 전장의 전 영역에 깊이 스며든 상태를 가리킨다. 이는 단순한 정보 우위가 아니라 인간-기계 지능의 결합을 통해 전쟁 양식을 근본적으로 바꾸는 것을 목표로 한다.

이를 위해 중국군은 합동지휘체계에 AI 기반 의사결정 지원 모듈을 도입하고, 대규모 워게임 데이터를 학습한 알고리즘을 활용해 작전계획 수립과 전

    Military AI, 전쟁의 미래를 다시 쓰다

력 배치 시나리오를 자동으로 생성 및 평가하는 실험을 진행하고 있다. 또한 각 전구(theater of war)[3]와 군종(military branch) 단위에서 수집되는 ISR 데이터와 훈련 데이터를 지능화 데이터 허브로 통합한다. 그리고 전장 상황 인식과 표적 선정, 화력 배분을 동시에 최적화하는 지능화 지휘체계를 구축하려 한다.

구체적으로 중국군이 추진하는 지능화전의 핵심 요소는 AI가 전장 데이터를 실시간 분석하여 위협 평가, 표적 우선순위, 화력 배분을 자동 제안하는 지능화 지휘통제이다. 그리고, 스웜(swarm) 드론과 무인 전투차량, 무인 수상함이 협력하여 임무를 수행하는 무인체계의 대규모 운용이다. 지상·해상·공중·우주·사이버 영역이 하나의 네트워크로 연결되고 AI가 영역 간 효과를 최적화하는 다영역 통합이다. 그리고, 인간의 전략적 판단과 기계의 계산 능력을 결합하는 새로운 지휘 모델을 개발하는 인간-기계 협업 등이다.

중국 지능화전 개념은 서방의 '모자이크 전쟁(mosaic warfare)'[4]이나 '의사결정 중심전(Decision Centric Warfare, DCW)'[5]과 유사한 방향을 지향하지만, 권위주의 체제의 특성상 AI 활용에 대한 윤리적·법적 제약이 상대적으로 적다는 점에서 서방과 다른 경로를 걸을 가능성이 있다.

---

3 전쟁이 수행되거나 작전이 전개되는 특정한 지역 또는 공간.
4 작고 저렴하며 기능이 분산된 수많은 무기체계(소형 전력, 플랫폼, 센서, 무인체계 등)를 레고의 퍼즐 맞추기처럼 조합해서 전투를 수행하는 방식.
5 적을 혼란에 빠뜨리기 위해 적의 병력이나 무기에 대한 물리적 파괴보다는 적보다 빠르고 정확하게 판단하여 적의 의사결정 체계를 마비시키는 것을 목표로 하는 전쟁수행 방식.

인간, 알고리즘, 기계의 삼각 전쟁

인간의 직관 vs 알고리즘의 연산능력

전쟁에서 지휘관의 직관과 경험은 오랫동안 가장 중요한 자산으로 여겨져 왔다. 전장의 혼란 속에서 불완전한 정보만을 가지고도 결심을 내려야 하는 상황에서, 숙련된 지휘관의 직관은 승패를 가르는 결정적 요인이 되었다. 클라우제비츠는 전쟁의 본질을 '마찰과 불확실성'으로 설명했다. 완벽한 정보는 존재하지 않고, 계획은 항상 예상치 못한 변수에 의해 틀어진다. 이러한 환경에서 인간의 직관은 불완전한 정보를 창의적으로 해석하고, 모호한 상황에서도 결단을 내리는 능력을 제공한다.

하지만 AI는 인간이 상상할 수 없는 규모와 속도로 데이터를 분석하고, 수천·수만 가지의 가능성을 동시에 시뮬레이션할 수 있다. 2016년 알파고가 이세돌과의 바둑 대전에서 승리한 것은 단순히 계산 능력의 우세가 아니었다. 알파고는 수만 번의 자가 대국을 통해 인간이 생각하지 못한 새로운 전략을 발견했다. 군사 영역에서도 비슷한 현상이 나타난다. AI는 과거 전투 데이터에서 인간이 놓친 패턴을 찾아내고, 복잡한 제약 조건 속에서 최적해를 계산하며, 여러 시나리오를 병렬로 평가한다.

인간의 직관은 깊이 있는 통찰을 제공하지만, 편향과 감정, 피로에 취약하다. '확증 편향(confirmation bias)'은 자신의 믿음에 부합하는 정보만 선택적으로 받아들이게 만들고, 감정적 스트레스는 판단을 왜곡시킨다. 반면 AI의 연산능력은 엄청난 폭의 탐색을 가능하게 한다. 그러나, 맥락과 도덕적 판단을 이해하는 데는 여전히 한계가 있다.

따라서 미래의 전장은 이 둘이 대립하는 공간이 아니라, 각자의 강점을

  Military AI, 전쟁의 미래를 다시 쓰다

활용해 협업해야 하는 공간이 된다. 이를 '증강 지능(augmented intelligence)'[6] 또는 '인간-AI 팀(Human-AI Team, HAT)'이라 부른다.

기계의 자율성과 인간 통제의 재설정

전차, 전투기, 함정, 미사일 등 기존 무기체계는 대부분 인간이 직접 조종하거나, 인간이 발사 버튼을 눌러야만 작동했다. 이는 '휴먼 인 더 루프(Human in the Loop)' 원칙으로, 치명적 결정에는 반드시 인간이 개입해야 한다는 윤리적·법적 요구에 기반한다.

하지만 자율주행 차량 기술, 드론 군집(swarm) 기술, 자율 표적 탐지 기술이 결합되면서 무기체계는 점점 더 많은 자율성을 갖게 되었다. 자율성의 수준은 인간 조종(human operated), 인간 지원(human assisted), 인간 감독(human supervised), 완전 자율(fully autonomous)로 구분할 수 있다.

현재 대부분의 군사 AI는 인간 지원에서 인간 감독 단계에 머물러 있지만, 기술적으로는 완전 자율도 가능하다. 문제는 어디까지 기계에게 권한을 넘겨줄 것인가이다. 기계의 자율성이 높아질수록, 인간은 모든 세부 조작을 일일이 지시하기보다는 목표와 제한 조건을 설정하고, 결과를 검토하는 역할로 이동한다.

이 과정에서 "얼마나 많은 권한을 기계에게 넘겨줄 것인가", "어디까지는 반드시 인간이 직접 승인해야 하는가"라는 문제가 기술, 군사, 윤리 분야를 관통하는 핵심 쟁점으로 떠오른다. 국제사회는 치명적인 자율살상무기체계 LAWS(Lethal Autonomous Weapons Systems)에 대한 규제를 논의하고 있다. UN

---

6 인공지능이 인간을 대체하는 것이 아니라, 인간의 능력을 보조하고 확장하여 더 나은 의사결정을 내릴 수 있도록 돕는 기술.

의 특정재래식무기금지협약 CCW(Convention on Certain Conventional Weapons) 회의에서는 인간의 의미 있는 통제가 유지되어야 한다는 원칙이 제시되었다. 2023년에는 인공지능의 책임 있는 군사적 이용을 논의하는 고위급회의체 REAIM(Responsible AI in the Military domain summit)이 출범했다. 결국 기술적 가능성, 군사적 필요성, 윤리적 허용성 사이에서 균형점을 찾는 것이 미래 군대의 과제가 될 것이다.

전투원의 역할과 군 조직 문화의 변화

AI와 자율무기가 점점 많은 임무를 수행하게 되면 전투원 개인의 역할도 달라진다. 과거에는 사격, 전술 기동, 장비 운용 등 '물리적 전투 기술'이 핵심 역량이었다. 그러나, 미래에는 AI 시스템을 이해하고, 이를 효과적으로 활용하며, 필요할 때는 그 판단을 분석하고 수정할 수 있는 능력이 중요해진다.

미래 전투원에게는 다음과 같은 새로운 역량이 요구된다. 데이터를 읽고 해석하는 능력인 '데이터 리터러시(data literacy)'다. 복잡한 시스템의 작동 원리를 이해하고 부분이 아닌 전체를 보는 능력인 '시스템적 사고'다. AI의 판단을 맹신하지 않고 그 한계를 이해하며 필요시 거부할 수 있는 능력인 '비판적 사고'다. 그리고 AI를 도구가 아닌 팀원으로 인식하고 효과적으로 소통하고 협력하는 능력인 '인간-AI 협업 능력'이다.

이는 곧 군의 교육·훈련 체계에 대한 근본적인 변화를 요구한다. 전통적으로 군 교육은 체력, 사격, 전술에 집중했지만, 이제는 코딩, 데이터 분석, AI 윤리, 인간-기계 인터페이스도 포함해야 한다. 조직 문화의 변화도 필수적이다. 전통적인 군대 문화는 위계질서, 명령 복종, 표준화된 절차를

    Military AI, 전쟁의 미래를 다시 쓰다

강조했다. 그러나 AI 시대에는 실험 정신, 빠른 실패와 학습, 유연한 적응이 중요해진다. AI 시스템은 끊임없이 업데이트되고 진화하며, 전투원은 이에 맞춰 새로운 전술과 절차를 개발해야 한다.

코딩과 데이터 이해, 시스템 사고, AI와 협업하는 리더십이 장교와 부사관, 병사 모두에게 필요해지는 시대가 온 것이다. 전투원은 더 이상 장비의 단순 운용자가 아니라, AI와 함께 전장을 설계하고 운영하는 '휴먼 오퍼레이터(human operator)'가 되어야 한다.

인간-AI 간 신뢰, 책임, 권한 배분이라는 새 전쟁 변수

AI가 전장 의사결정에 깊이 개입할수록, 인간-AI 간 신뢰와 책임, 권한 배분 구조가 새로운 전쟁 변수로 떠오른다. 이는 단순한 기술 문제가 아니라 조직, 법, 윤리의 복합적 문제다.

신뢰의 문제에서, 지휘관이 AI의 권고를 어느 정도까지 신뢰할 것인지는 전투 효율에 직접적 영향을 미친다. 신뢰가 너무 낮으면 AI의 능력을 충분히 활용하지 못하고, 신뢰가 너무 높으면 AI의 오류를 간과할 위험이 있다. 이를 '적정 신뢰(calibrated trust)'라 부르며, AI의 실제 성능과 인간의 신뢰 수준이 일치해야 한다.

책임의 문제에서, AI의 오류로 인한 오판과 민간인 피해 발생 시 누가 어떤 수준의 책임을 지는지는 법적·윤리적으로 복잡한 문제다. 전통적으로 전쟁법은 인간 지휘관의 책임을 전제로 설계되었다. 그러나 AI가 권고한 표적을 지휘관이 승인했을 때, 그 표적이 잘못된 것으로 판명되면 AI 개발자의 책임인지, AI를 배치한 군 지휘부의 책임인지, 최종 승인한 현장 지휘관의 책임인지, 또는 AI 자체에 책임을 물을 수 있는지가 불명확하다.

권한 배분의 문제에서, AI에게 부여된 자율권을 전시에 어떻게 통제하고 중단할 수 있는지도 중요하다. 평시에는 AI가 안정적으로 작동하더라도, 전시의 극한 상황에서는 예상치 못한 행동을 할 수 있다. 따라서 '킬 스위치(kill switch)' 또는 '안전 모드(safe mode)' 같은 긴급 중단 메커니즘이 필요하다. 그러나 이것이 너무 쉽게 작동하면 적이 이를 악용하여 아군 AI를 무력화시킬 수 있다. 반대로 너무 어렵게 설정하면 위기 상황에서 AI를 제어할 수 없게 된다.

이 구조를 명확히 설계하지 못하면, 위기 순간에 "AI를 믿고 따를 것인가, 인간의 감을 믿고 거부할 것인가"라는 갈림길에서 치명적인 혼선이 발생할 수 있다. AI 시대에는 이러한 순간이 더 자주, 더 빠르게 찾아올 것이다.

알고리즘 우위가 화력 우위를 대체하는 흐름

기계화·기동전 시대에는 더 많은 전차와 대포, 더 긴 사거리와 큰 탄두량이 전력 우위를 상징했다. 냉전 시대 군비경쟁은 핵탄두 숫자, 미사일 사거리, 전차 대수를 중심으로 전개되었다. 양적 우위(quantitative superiority)가 전략적 균형을 결정했다.

그러나 AI 시대에는 얼마나 세게 치는가 못지않게 얼마나 똑똑하게 쓰는가가 중요해졌다. 같은 포탄과 미사일을 보유하고 있더라도, AI를 활용해 표적 선정, 화력 배분, 전장 재구성을 더 잘 수행하는 쪽이 결과적으로 더 큰 전투 효과를 발휘한다.

구체적인 예를 들면, 100발의 미사일을 무작위로 발사하는 것보다 AI가 분석한 최우선 표적 20개에 집중하는 것이 더 효과적이다. 대규모 병력을 투입하는 것보다 AI가 파악한 적의 약점을 정밀 타격하는 것이 더 결정적

    Military AI, 전쟁의 미래를 다시 쓰다

이다. 전방위 방어를 구축하는 것보다 AI가 예측한 주공 방향에 전력을 집중하는 것이 더 효율적이다.

이처럼 전력의 중심 축이 물리적 화력에서 데이터, 알고리즘, 지능형 운용 개념으로 이동하는 흐름을 '알고리즘적 우월성(algorithmic superiority)'이라 부른다. 미래 전쟁에서는 누가 더 많은 무기를 가졌는가보다 누가 더 똑똑한 알고리즘을 가졌는가가 승패를 가를 것이다.

이는 군비경쟁의 패러다임 전환을 의미한다. 전통적 군비경쟁은 가시적이고 측정 가능했다. 위성 사진으로 전차 숫자를 세고, 미사일 발사 시험을 관찰하며, 군사 예산을 비교할 수 있었다. 그러나 알고리즘 우위는 보이지 않고 측정하기 어렵다. 상대가 어떤 AI 모델을 사용하는지, 그 모델이 얼마나 정확한지, 어떤 데이터로 훈련되었는지는 외부에서 파악하기 어렵다.

[사례] 미 육군의 RAS 전략

미 육군은 2017년 로봇자율시스템 RAS(Robotics and Autonomous Systems) 전략을 발표하였다. 여기서 RAS를 단일 장비가 아니라 전군 차원의 핵심 전력 요소로 규정하였다.

이 전략의 목표는 다섯 가지 핵심 능력으로 구체화한다. 상황인식 강화로 다양한 센서와 무인 플랫폼을 통해 전장을 더 넓고 깊게 관찰한다. 병사 부담 경감으로 물리적·인지적 부담을 줄인다. 전력지속 강화로 자율화된 수송·보급 체계를 통해 전력지속 능력을 높인다. 기동 지원으로 이동과 기동을 지원한다. 부대방호로 위험 지역 임무를 로봇이 대신 수행함으로써 부대를 방호한다.

이 문서에 따르면 단기적으로는 기존 장비에 원격 조종 및 자율 기능을 추가한다. 중기적으로는 유무인 복합편대 MUM-T(Manned Unmanned Teaming) 개념을 정립하고, 실전 배치한다. 장기적으로는 완전 자율 기능을 갖춘 무인체계의 대규모 운용을 단계적으로 배치하는 로드맵을 제시한다.

이 전략은 또한 조직과 교리의 변화를 수반한다. 육군은 로봇 부대를 시험 편성하고, 무인체계 운용자를 위한 새로운 군사특기를 신설한다. 훈련 시뮬레이터에 AI 적군을 도입하여 병사들이 지능형 위협에 대응하는 방법을 배우도록 한다.

이 사례는 AI와 자율체계가 단순히 기술적 부가물이 아니라, 군대의 정체성과 작전 방식을 근본적으로 재정의하는 전환적 요소임을 보여 준다.

세계 주요국이 바라보는 AI 전쟁의 미래

미국: AI를 전 영역에 통합하는 플랫폼 전략

미국은 일찍부터 AI를 전 군종과 전 영역에 공통적으로 깔리는 플랫폼으로 인식했다. 이는 AI를 특정 무기체계의 부가 기능이 아니라, 군 전체를 관통하는 운영체제로 보는 관점이다. 미군은 2017년 메이븐 프로젝트(Project Maven)를 통해 영상·신호 정보 분석에 AI를 도입했다. 합동전영역지휘통제체계인 JADC2(Joint All Domain Command and Control)를 통해 지상, 해상, 공중, 우주, 사이버를 하나의 네트워크로 묶으려는 시도를 하고 있다.

JADC2의 핵심 개념은 '모든 센서가 모든 슈터와 연결(any sensor to any shooter)'되는 것이다. 예를 들어 공군의 F-35 전투기가 탐지한 표적 정보가

Military AI, 전쟁의 미래를 다시 쓰다

실시간으로 해군의 구축함과 공유되고, 구축함은 즉시 미사일을 발사한다. 또한 우주의 정찰위성이 포착한 미사일 발사 징후가 지상의 패트리어트 포대와 사이버 부대에 동시에 전달되어, 물리적·전자적·사이버적 대응이 통합적으로 이루어진다.

이러한 전략의 핵심은 특정 무기 하나의 성능 향상이 아니라, 전체 전장에서 흐르는 데이터를 AI로 묶어 지휘관에게 '통합된 전장 상황도'를 제공하는 데 있다. 즉 미국은 AI를 단일 무기체계가 아닌, 전력 전체를 통합·지휘하는 운영체제에 가깝게 바라보고 있다.

미 국방부는 2020년에 '국방 AI 5대 원칙(AI 5 principles)'을 발표하고, AI 개발과 운용에 관한 윤리적 기준을 제시했다. AI는 명확한 책임 구조하에 운용되어야 한다(책임성). 편향을 최소화하고 공정해야 한다(공정성). 판단 과정을 기록하고 감사 가능해야 한다(추적 가능성). 의도된 대로 작동하고 예측 가능해야 한다(신뢰성). 인간이 언제든 개입하고 중단할 수 있어야 한다(통제 가능성)는 것이다.

이러한 원칙은 미국이 AI 군비경쟁에서 단순한 기술적 우위뿐 아니라, 규범적 우위(normative superiority)도 추구하고 있음을 보여 준다.

중국: 지능화전 개념과 민군융합 전략

중국은 전쟁의 발전 단계를 기계화전-정보화전-지능화전으로 설명하며, 지금이 바로 지능화전으로 넘어가는 과도기라고 규정하고 있다. 이는 단순한 이론적 논의가 아니라, 중국군의 전력 발전 계획을 규정하는 공식 교리다.

지능화전은 AI를 활용해 작전지휘, 정보처리, 무기 운용, 후방 지원 등

전 분야를 지능화하는 전쟁 양식이다. 중국 군사 이론가들은 "정보화가 전장을 연결했다면, 지능화는 전장이 스스로 생각하게 만든다"고 표현한다.

중국군은 이미 대규모 AI 시범사업을 진행하면서 전술지휘체계, 무인체계, 사이버·전자전 분야에서 AI 도입을 서두르고 있다. 특히 주목할 점은 민군융합 전략이다. 중국은 바이두, 알리바바, 텐센트 같은 민간 IT 기업의 AI 기술을 군사 목적으로 전용하는 체계적 프로그램을 운영한다.

중국 정부의 「군민융합발전전략강요(軍民融合發展戰略綱要, 2015)」는 국가 차원에서 민간 기술과 군사 기술의 경계를 허물고, 상호 전환을 촉진하는 정책 틀을 제공한다. 이는 서방의 민군 협력과는 다른, 국가 주도의 총체적 접근이다. 구체적으로는 민간 AI 기업이 군사 프로젝트에 참여하도록 인센티브를 제공하고, 군사 데이터를 보안을 유지한 상태에서 민간 기업과 공유한다. 민간 인재를 군사 연구기관으로 유치하고, 군사 기술의 민간 전환을 촉진하고 있다.

이러한 접근은 중국이 AI 개발 속도에서 서방을 따라잡거나 앞서는 데 기여하고 있다. 권위주의 체제의 특성상 개인정보 보호나 윤리적 제약이 상대적으로 적어, 대규모 데이터 수집과 실험이 용이하다는 점도 중국의 강점이다.

러시아·이스라엘 등: 실전 중심의 AI 활용

러시아와 이스라엘은 비교적 실전과 밀접한 방식으로 AI를 도입하고 있다. 이들 국가는 대규모 이론 체계보다는 즉각적인 전투 효과를 중시한다.

러시아는 우크라이나와의 전쟁을 통해 드론, 전자전, 사이버 공격에 AI 기반 기술을 결합해 실전 테스트와 개선을 반복하고 있다. 러시아의 란셋

(Lancet) 자폭 드론은 AI 기반 표적 인식 기능을 탑재하여, 우크라이나의 포병과 방공 시스템을 효과적으로 타격하고 있다. 또한 전자전 시스템은 AI를 활용하여 적의 통신 패턴을 분석하고 효과적인 재밍 전략을 자동 생성한다.

이스라엘군은 표적 선정, 위협 평가, 자원 배분 과정에 AI를 적극 활용해 작전 효율을 높이고 있다. 그들은 세계에서 가장 실전 경험이 풍부한 군대 중 하나이며, 이 경험을 AI 훈련 데이터로 활용한다. 이스라엘군의 라벤더(Lavender) 시스템은 표적 추천, 가스펠(Gospel) 시스템은 전장 관리, 파이어 팩토리(Fire Factory)는 자동화된 타격 체계를 담당한다. 이러한 시스템들은 수년간의 대테러 작전에서 축적된 데이터를 학습하여, 도시지역작전과 비대칭전 환경에 최적화되어 있다.

이들 국가는 특히 드론 스웜, 자동 표적 인식, 실시간 위협 평가 등 전술 수준에서의 AI 활용을 통해 적은 자원으로 큰 효과를 내는 비대칭 전력을 추구한다.

동맹·연합 차원의 AI 연동성

AI 전쟁에서 중요한 것은 자국의 기술력뿐만 아니라 '동맹국 간 데이터와 알고리즘을 얼마나 잘 연동할 수 있느냐'다. 현대 전쟁은 단독 작전이 아니라 연합작전이 기본이며, 특히 서방 동맹은 집단 방위를 핵심 전략으로 삼는다.

각국의 센서, 무기체계, 지휘통제체계가 서로 다른 구조와 규격을 갖고 있음에도 이를 하나의 네트워크로 묶는 것은 기술, 정책, 보안이 결합된 난제다. 기술적으로는 상호운용성 표준을 개발해야 한다. 정책적으로는 어느 수준까지 정보를 공유할지 합의해야 한다. 보안적으로는 동맹국 네트워크가 적의 침투 경로가 되지 않도록 보호해야 한다.

NATO는 2021년에 「AI Strategy」를 발표하고, 동맹국 간 AI 협력 프레임워크를 구축하고 있다. 핵심 원칙은 각국의 AI 시스템이 서로 통신하고 데이터를 교환할 수 있어야 하는 상호운용성, 공통 데이터 형식과 프로토콜을 개발하는 표준화, 동맹국 간 AI 시스템의 품질과 안전성을 보장하는 신뢰성, 그리고 모든 회원국이 수용 가능한 AI 윤리 원칙을 수립하는 윤리성이다.

Five Eyes(미국, 영국, 캐나다, 호주, 뉴질랜드) 국가는 AI 분야에서도 긴밀히 협력하고 있으며, 일본, 한국 같은 핵심 동맹국들도 점차 이 협력 체계에 통합되고 있다. 미래 전쟁에서는 '네트워크 동맹(network alliance)'이 단독 강국보다 우위를 점할 수 있으며, 이는 중국·러시아 같은 권위주의 국가 대비 민주주의 국가의 전략적 강점이 될 수 있다.

> **[사례] NATO의 다이애나(DIANA) 프로그램**
>
> NATO는 AI, 양자, 신소재 등 이른바 딥테크 기반의 방위 혁신을 가속하기 위해 2021년 다이애나(Defence Innovation Accelerator for the North Atlantic, DIANA) 프로그램을 출범시켰다. 이는 NATO 역사상 최초로 민간 혁신 생태계와 국방을 체계적으로 연결하는 범동맹 프로그램이다.
>
> 다이애나 프로그램은 나토 회원국 전역에 걸친 테스트센터와 액셀러레이터 네트워크를 구축해, 민간 스타트업과 중소기업이 보유한 이중용도 기술을 군사·안보 분야에 연결해 주는 역할을 수행한다. 프로그램에 선발된 기업들은 6개월 규모의 액셀러레이션 코스를 통해 군 운용 요구사항을 이해하고,

                    Military AI, 전쟁의 미래를 다시 쓰다

규제와 보안 요건에 대응하며, 실전 환경 테스트 지원과 동맹군과의 실험 프로젝트 참여 기회를 제공받는다.

2023년까지 다이애나 프로그램은 유럽과 북미 전역에 60개 이상의 테스트 센터를 설립했으며, 수백 개의 스타트업을 지원했다. 선발된 기업 중 일부는 NATO 회원국 군대와 실제 계약을 체결하여 기술을 배치하고 있다.

다이애나 프로그램은 단순 연구비 지원이 아니라, NATO가 필요로 하는 문제를 먼저 정의하고 그 문제를 함께 해결할 민간 파트너를 찾는 구조를 통해, AI 시대 연합작전의 기반이 되는 공통 기술·표준을 만들어 가고 있다. 이는 미국과 중국의 양자 경쟁 구도에서, 민주주의 동맹이 '집단 혁신(collective innovation)'을 통해 경쟁력을 확보하려는 전략적 시도다.

전쟁의 속도가 전략을 바꾼다

OODA 루프의 가속과 초지능화

OODA(Observe, Orient, Decide, Act) 루프는 미 공군 조종사 출신 군사 전략가 존 보이드가 제시한 의사결정 모델로, 현대 전쟁에서 널리 사용되는 개념이다. 보이드는 한국전쟁 당시 공중전 경험을 바탕으로, 적보다 빠르게 OODA 루프를 완성하는 쪽이 승리한다는 이론을 정립했다.

과거에는 각 단계가 사람과 조직 중심으로 이루어졌기 때문에, 정보수집-상황판단-결심-실행 사이에 상당한 시간이 필요했다. AI는 이 OODA 루프의 거의 모든 단계를 극적으로 가속한다.

Observe(관찰) 단계에서는 센서에서 수집된 데이터를 AI가 자동으로 전

처리하고 분류한다. Orient(상황판단) 단계에서는 AI가 다양한 데이터를 융합하여 전장 상황을 종합한다. Decide(결심) 단계에서는 AI가 다양한 시나리오를 시뮬레이션해서 각각의 선택지에 따른 결과를 예측해 준다. Act(실행) 단계에서는 무기체계와 지휘통제체계가 AI로 연동되어, 명령이 즉각 전파되고 실행된다.

인간 지휘관은 수많은 정보와 대안 중에서 AI가 정리해 준 몇 가지 핵심 옵션을 비교·선택하는 역할에 집중하게 된다. 이는 OODA 루프가 '인간의 시간'에서 '기계의 시간'으로 전환되고 있음을 의미한다.

인간의 시간 vs 기계의 시간

AI가 전장을 분석하고 대응 방안을 제시하는 시간 스케일은 인간의 직관과 토론, 합의가 이루어지는 시간 스케일과 근본적으로 다르다. 기계의 시간은 초 단위, 심지어 밀리초 단위로 움직이지만, 정치적 결정과 법적 승인, 동맹국 간 협의는 여전히 시간과 절차를 필요로 한다.

이 시간적 격차는 두 가지 상반된 위험을 낳는다. 첫째, 인간이 기계의 속도를 따라가지 못하는 위험이다. AI가 "적 미사일이 5분 후 도착, 즉각 대응 필요"라고 경고하지만 지휘 체계의 승인 절차가 10분 걸린다면 대응 기회를 놓친다. 둘째, 기계의 제안을 충분한 검토 없이 수용하는 위험이다. 시간 압박 속에서 지휘관이 AI의 권고를 기계적으로 승인하면 AI의 오류가 그대로 실행될 수 있다.

이 딜레마를 해결하기 위한 접근은 다음과 같다. 일상적 상황에서는 높은 자율성을 부여하되 치명적 결정에는 인간 승인을 요구하는 단계별 자율성 설계다. 특정 조건이 충족되면 자동 대응하도록 사전 승인하는 체계

     Military AI, 전쟁의 미래를 다시 쓰다

다. 실시간으로는 AI의 결정을 따르되 사후에 철저히 검증하여 학습하고 개선하는 사후 검증이다. 지휘관이 AI와 효과적으로 협업하는 방법을 반복 훈련하여 빠른 상황에서도 적절히 판단할 수 있도록 준비하는 인간-AI 협업 훈련이다.

속도 우위와 전략 안정성의 긴장

속도가 빨라질수록 오판과 우연한 충돌의 가능성도 함께 커진다. AI 기반 조기경보·미사일 방어체계는 상대의 기습 공격 가능성을 낮추는 한편, 오경보가 발생했을 때 지나치게 신속한 대응을 유도해 위기를 증폭시킬 위험을 내포한다.

역사적으로 오경보와 오판은 여러 차례 핵전쟁 직전까지 갔던 위기를 초래했다. 1983년 소련의 조기경보 위성이 햇빛 반사를 미국의 대륙간탄도미사일 ICBM(Inter-Continental Ballistic Missile) 발사로 오인 경보했으나, 담당자가 이를 오류로 판단하여 조치함으로써 위기를 모면했다. 1995년 노르웨이 로켓 사건은 러시아 레이더가 과학 로켓을 핵 공격으로 오인했고, 옐친 대통령이 핵 가방을 열었으나 곧 오류를 확인했다.

AI 시대에는 이러한 사건이 더 빠르게, 더 자주 발생할 수 있다. AI 시스템이 오판하고, 다른 AI 시스템이 그 오판에 자동 대응하며, 상호작용이 인간의 개입 속도를 넘어서면 '알고리즘 전쟁(algorithmic war)'이 인간의 통제를 벗어날 수 있다.

따라서 각국은 AI가 제공하는 속도 우위를 활용하되, 정치·군사적 완충장치를 어떻게 설계할지 고민해야 한다. 여기에는 AI 오판이 의심될 때 즉각 소통할 수 있는 핫라인과 위기 소통 채널이 있다. AI 시스템의 작동 원리와 한계를 상호 공유하여 오해를 방지하는 상호 신뢰 구축 조치가 포함된다. AI가 제안하더라도 특정 수준 이상의 대응에는 반드시 인간 승인을 요구하는 자동 확전 방지 메커니즘이 있다. 그리고 상대가 아군의 AI가 어떤 상황에 어떻게 반응할지 예측할 수 있도록 일정 수준의 투명성을 유지하는 투명성과 예측 가능성이 포함된다.

전략적 안정성은 냉전 시대의 핵심 개념이었으며, AI 시대에도 여전히 중요하다. 속도 우위를 추구하되, 그것이 전략적 불안정으로 이어지지 않도록 관리하는 것이 미래 안보의 핵심 과제다.

속도 우위가 곧 새로운 형태의 억제력으로 작용

전통적인 억제력은 상대를 압도하는 화력과 보복능력에 기반했다. 핵억제 논리는 네가 나를 공격하면 너도 괴멸적 피해를 입는다는 '상호확증파괴(mutually assured destruction)'의 논리였다.

그러나 AI 시대에는 먼저 맞지 않는 능력 자체가 억제력의 핵심 요소가 된다. 이를 '거부적 억제(deterrence by denial)'라 부른다. 상대의 공격이 성공하지 못할 것임을 확신시켜 공격 의지 자체를 꺾는 것이다.

상대의 준비 단계에서부터 징후를 포착하고, 그 의도를 조기에 분석해 외교·군사적 경고와 전력 재배치를 통해 공격의 비용과 실패 가능성을 높일 수 있다면, 상대는 애초에 공격 개시를 주저하게 된다. 예를 들어 AI가 적의 병력 집결을 조기 탐지하여 국제사회에 공개하면 기습의 이점이 사라진다. AI가 적의 미사일 발사를 즉각 탐지하고 요격하면 선제 타격의 효과가 감소한다. AI가 적의 사이버 공격을 실시간으로 차단하면 사이버 수단의 가치가 떨어진다.

          Military AI, 전쟁의 미래를 다시 쓰다

이처럼 AI로 강화된 탐지, 경보, 결심의 속도 우위는 새로운 형식의 전략적 억제력으로 기능한다. 이를 '인지적 억제(cognitive deterrence)' 또는 '시간적 억제(temporal deterrence)'라 부른다.

먼저 보는 자에서 먼저 판단하고 실행하는 자로

과거 정보화 시대의 슬로건이 "먼저 보는 자가 이긴다"였다면, AI 시대에는 "먼저 판단하고, 먼저 실행하는 자가 승자"가 된다.

단순히 조기 탐지만으로는 충분하지 않다. 수집된 정보의 의미를 해석하고, 여러 선택지 중에서 최적안을 신속히 고른 뒤, 그 결심을 실제 군사 행동으로 연결하는 일련의 과정 전체가 속도 경쟁의 대상이 된다. 이를 '센서 투 슈터 체인(sensor to shooter chain)' 또는 '킬체인(kill chain)'이라 부른다.

전통적으로 이 체인은 센서가 표적을 탐지하고, 정보가 상급 부대로 전송되며, 분석관이 표적을 확인 및 평가했다. 지휘관이 타격을 결심하면, 명령이 사격 부대로 전달되고, 사격 부대가 무기를 발사하는 여러 단계와 조직을 거쳐야 했다. 각 단계마다 시간이 소요되고, 지연과 오류의 가능성이 있었다.

AI는 이 체인을 극적으로 단축한다. AI가 센서 데이터에서 자동으로 표적을 식별하고, 위협도를 평가하여 타격 우선순위를 결정하며, 최적 무기 자산을 선택한다. 인간 지휘관이 승인하거나 사전 승인된 경우 자동으로 처리되며, AI가 즉시 사격 명령을 전송한다.

이러한 압축된 킬체인은 적에게 대응할 시간을 주지 않는다. 표적이 발견되고 몇 초 또는 몇 분 내에 타격이 이루어진다. 따라서 각국은 감시·정찰 능력뿐 아니라, AI 기반 의사결정 지원, 자동화된 킬체인, 신속한 전력

전개 능력을 통합적으로 강화해야 한다. 미래 전쟁은 시간의 전쟁이며, 시간을 지배하는 자가 전장을 지배한다.

그러나 메이븐 프로젝트는 논란도 불러일으켰다. 2018년 구글 직원들이 프로젝트 참여에 반대하는 청원을 제기했고, 구글은 결국 계약 갱신을 포기했다. 직원들은 AI 기술이 치명적 무기에 사용되는 것에 윤리적 우려를 표명했다. 이는 민간 기술 기업과 군사 프로젝트의 협력이 사회적 합의를 필요로 한다는 사실을 보여 준다.

이 사례는 AI 기반 실시간 분석이 "먼저 보는 능력"을 넘어, "먼저 판단하고 대응하는 능력"의 토대를 어떻게 제공하는지를 보여 준다. 동시에 기술적 혁신이 윤리적·사회적 수용성과 균형을 이루어야 함을 상기시킨다.

전쟁의 원형(archetype)[7]이 다시 쓰이고 있다

이 장에서는 인류의 전쟁사가 기술 발전과 함께 어떻게 단계적으로 변화해 왔는지, 그리고 지금 우리가 서 있는 지점이 '정보전에서 지능전으로 넘어가는 문턱'이라는 점을 살펴보았다.

AI는 더 이상 특정 무기 한두 개에 적용되는 부가 기술이 아니라, 전장을 바라보고 해석하는 방식 자체를 바꾸는 새로운 군사혁신의 동력이다. 화약이 전쟁을 산업화했다면, AI는 전쟁을 인지화하고 있다. 창과 방패의 경쟁은 여전히 계속되지만, 이제 그 소재는 철과 화약이 아니라 데이터와 알고리즘, 그리고 이를 활용하는 인간의 지혜가 되었다.

우리는 다음과 같은 근본적 변화를 목격하고 있다. 전쟁의 시간 구조가 인간의 시간에서 기계의 시간으로, 의사결정 주기가 시간·분 단위에서

---

7 시대와 기술, 무기체계가 바뀌어도 변하지 않는 전쟁의 본질적인 속성.

초·밀리초 단위로 압축되고 있다. 전쟁의 공간 범위가 물리적 전장을 넘어 우주, 사이버, 전자기 스펙트럼, 인지 영역까지 확장되어, 전장은 다차원적인 복합 공간이 되고 있다.

전투력의 정의가 병력 수와 화력 양에서 데이터 품질과 알고리즘 우위로 바뀌어, 지능이 곧 전력이 되는 시대가 되었다. 인간-기계 관계가 인간이 모든 것을 통제하는 구조에서, 인간과 AI가 협업하고 때로는 AI가 주도하는 구조로 재편되고 있다. 동맹과 연합의 의미가 물리적 전력의 결합을 넘어 데이터와 알고리즘의 연동으로 변화하여, 네트워크 동맹이 새로운 전략적 자산이 되고 있다.

이러한 변화는 단순히 새로운 무기의 등장이 아니라, 전쟁이라는 인간 활동의 본질적 구조가 재편되고 있음을 의미한다. 클라우제비츠가 말한 전쟁의 삼위일체(정부, 군대, 국민)에 이제 AI가 새로운 요소로 추가되어야 할 것이다.

다음 장에서는 이러한 AI 전투력의 원천이 되는 데이터, 알고리즘, 그리고 속도전의 구조를 보다 구체적으로 분석한다. 실제 전장에서 AI가 어떤 방식으로 의사결정과 작전 수행을 바꾸어 가는지 살펴보게 될 것이다.

AI가 가져올 미래 전장을 이해하는 것은 단순한 학문적 관심을 넘어, 국가의 생존과 안보를 좌우하는 실존적 문제다. 과거의 군사혁신에서 뒤처진 국가들은 전쟁에서 패배했고, 때로는 국권을 잃었다. AI 시대에도 이 법칙은 여전히 유효할 것이다.

따라서 우리는 기술적 혁신뿐만 아니라, 조직적·교리적·문화적 혁신을 동시에 추진해야 한다. 첨단 AI 시스템을 도입하되 그것을 운용할 인재를 키우고, 적절한 교리를 개발해야 한다. 윤리적 원칙을 수립하고, 동맹국과

   Military AI, 전쟁의 미래를 다시 쓰다

협력 체계를 구축해야 한다. 전쟁의 원형이 다시 쓰이고 있는 지금, 우리의 선택이 대한민국 안보의 미래를 결정할 것이다.

21세기 전쟁 양상은 더 이상 병력 규모나 무기의 파괴력만으로 설명되지 않는다. 전쟁은 복잡한 정보 흐름 속에서 의미를 읽어내고, 그 의미를 기반으로 더 빠르고 정확한 결정을 내리는 과정으로 진화하고 있다.

AI는 단순히 계산 능력의 향상만을 의미하지 않는다. 전장을 해석하는 감각, 전투를 설계하는 사고, 그리고 기계의 속도로 작동하는 시간 구조를 통합하는 새로운 전력 체계의 등장이다.

국방 AI가 작동할 수 있는 기반을 구성하는 것은 '데이터, 알고리즘, 속도'이다. 여기서는 국방 AI 전투력의 원천인 세 축을 심층적으로 분석한다. 이는 다음 장에서 다룰 '인간-알고리즘-기계의 관계 변화'라는 본격적인 논의로 넘어가기 위한 필수적인 배경이기도 하다.

AI 생성 이미지

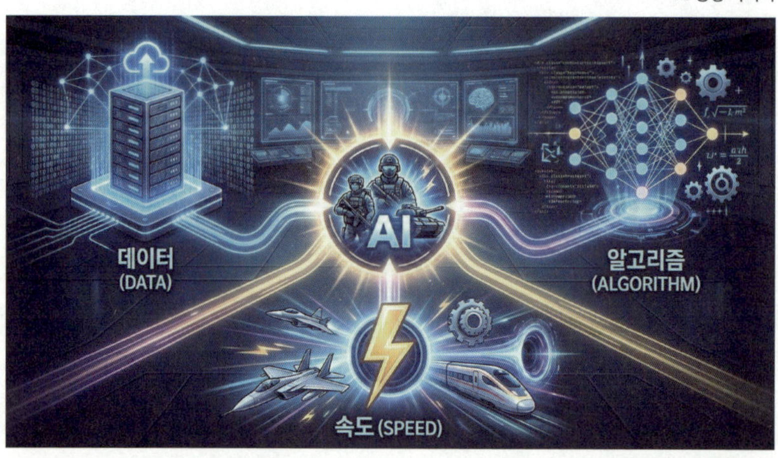

전쟁의 시간 질서를 다시 쓰다

인간 중심 의사결정 구조가 도달한 임계점

냉전 이후 첨단 센서가 전장에 대거 투입되면서, 군대는 이전과 비교할 수 없을 만큼 방대한 양의 데이터를 마주하게 되었다. 드론이 제공하는 실시간 영상, 정찰위성의 고해상도 이미지, 수많은 레이더 신호, 감청 정보와 전투 로그는 대부분 초 단위로 생성되었다. 그러나, 이를 인간 분석관이 모두 이해하고 종합하는 일은 물리적으로 불가능해졌다.

정보가 많아진다는 것은 더 많은 선택지를 의미하기도 하지만, 그만큼 판단 속도를 저하시켜 오히려 착오 가능성을 높이는 역설적 상황을 만든다. 이를 '정보 과부하의 역설(information overload paradox)'이라 부른다. 아프가니스탄 전쟁에서 미군 분석관들은 하루 평균 1,000시간 분량의 드론 영상을 검토해야 했다. 이는 한 사람이 평생을 투입해도 다 볼 수 없는 양이다. 결과적으로 중요한 정보가 묻히고, 시의적절한 대응이 늦어지는 사례가 반복되었다.

과거의 OODA 루프는 인간의 속도를 전제로 설계된 체계이다. 정찰 정보를 수집하고, 보고서를 분석하며, 잠재적 위협을 파악한다. 지휘관이 결심을 내린 뒤, 실질적인 작전 명령을 전달하는 일련의 과정은 전통적으로 시간과 토론, 검토의 단계를 전제로 한 구조다. 그러나 현대전에서는 이러한 구조적 여유가 거의 존재하지 않는다. 적의 기동 속도는 빨라졌고, 미사일의 비행 시간은 짧아졌으며, 위협은 과거보다 훨씬 다양한 방식으로 등장한다. 극초음속 미사일은 발사 후 수 분 내에 목표에 도달하며, 사이버 공격은 네트워크를 통해 순식간에 전파된다. 결국 인간 중심의 OODA

루프는 정보화 시대를 넘어서면서 한계에 이르렀다.

AI가 의사결정 체계를 근본적으로 재편하다

AI는 OODA 루프의 네 단계를 빠르게 보완하는 존재가 아니라, 구조 자체를 다시 설계하는 역할을 수행한다. Observe(관찰) 단계에서는 AI가 초 단위로 쏟아지는 다양한 형태의 데이터를 자동으로 분류하고 의미 있는 정보만 추출한다. 컴퓨터 비전 알고리즘은 드론 영상에서 차량, 인원, 무기체계를 실시간으로 식별하고, 자연어 처리 기술은 통신 감청 내용에서 핵심 키워드와 맥락을 파악한다. 이 덕분에 인간 분석관은 수많은 원자료에서 중요한 장면을 찾아내는 일에서 벗어나, 추출된 정보를 기반으로 판단에 집중할 수 있게 된다.

Orient(상황판단) 단계에서도 AI는 인간이 놓치기 쉬운 데이터 간 상관관계를 찾아내고, 모델을 통해 특정 변화가 의미하는 바를 해석한다. 예를 들어 기동 차량의 움직임 패턴과 전자파 교란이 동시에 증가한다면 이는 적이 기습을 준비하고 있을 가능성을 시사한다. 단일 지표만으로는 파악하기 어려운 복합적 징후를 AI는 패턴 인식을 통해 조기에 감지한다. 인간이 모든 요소를 동시에 고려하기 어려운 순간에도 AI는 실시간으로 전장을 재구성한다.

Decide(결심) 단계에서는 AI가 수많은 시나리오를 동시에 시뮬레이션하여 각각의 성공 가능성과 위험 요소를 계산하고, 인간 지휘관이 비교·선택할 수 있는 형태로 제공한다. 전통적으로 참모들이 며칠에 걸쳐 수행하던 '코스 오브 액션(course of action) 분석'[8]을 AI는 수 분 내에 완료한다. 이는 단순

---

8 목표를 달성하거나 임무를 완성하기 위해 선택할 수 있는 구체적인 행동 시나리오, 방책, 대안 등을 의미.

 Military AI, 전쟁의 미래를 다시 쓰다

한 속도 향상이 아니라, 더 많은 대안을 더 깊이 탐색할 수 있다는 의미다.

마지막으로 Act(실행) 단계에서는 무기체계와 지휘통제체계가 연동되어, 상황 변화에 따라 자동으로 반응하거나 필요시 즉각적인 대응 옵션을 제시한다. 방공체계는 AI를 통해 위협의 우선순위를 실시간으로 재조정하고, 가장 효과적인 요격 자산을 자동 배정한다.

이러한 변화는 단순한 속도의 향상이 아니라 전쟁의 시간 구조 자체를 AI의 속도에 맞춰 재편하는 일이다. OODA 루프의 핵심은 '상대방보다 빠르게 루프를 완성'하는 것이다. AI는 이 경쟁을 인간의 시간 척도에서 AI의 시간 척도로 전환시키고 있다.

미래를 계산하는 전쟁

AI가 OODA 루프에 결합되면서 가장 크게 바뀐 부분은 전장의 미래 단면을 실시간으로 제시할 수 있게 되었다는 점이다. 과거에는 전장을 분석한 뒤 예측하는 과정이 별도의 단계로 존재했다. 정보참모는 정보를 수집·분석하고, 작전참모는 이를 바탕으로 미래의 작전 시나리오를 구상했다. 그러나 AI는 현재의 상황 인식과 미래 예측을 동시에 수행한다.

예컨대 AI는 병력의 이동 속도와 방향, 물류 차량의 추가 투입량, 특정 지역에서 감지되는 전자파 패턴의 변화를 통합해 몇 시간 뒤 어느 지역에서 교전 위험이 높아질지 예측할 수 있다. 기계학습 모델은 과거 수천 건의 전투 데이터에서 학습한 패턴을 현재 상황에 적용하여, 적의 다음 행동을 확률적으로 제시한다. 이처럼 AI는 단순히 "지금 무엇이 일어나는지"를 설명하는 수준을 넘어서 "곧 무엇이 일어날 것인지"를 지휘관에게 제시하는 참모가 된다. 이는 단순 정보 제공이 아닌 전략적 시간 선점 능력이다.

더 나아가 AI는 예측의 신뢰도까지 함께 제공한다. 특정 예측이 85%의 확률로 타당하다면 지휘관은 선제적 조치를 취할 수 있고, 신뢰도가 낮다면 추가 정찰 자산을 투입하여 불확실성을 줄일 수 있다. 이러한 메타인지적 능력은 인간의 판단을 보완하는 강력한 도구가 된다.

---

9 미국의 빅데이터 분석 전문 소프트웨어 기업으로 방대한 데이터를 통합하여 전장을 한눈에 파악하고, 미래를 예측할 수 있는 방안을 제공하는 지휘결심 지원 플랫폼.

  Military AI, 전쟁의 미래를 다시 쓰다

이라는 사실을 조기에 감지했다. 구체적으로 전차의 이동 속도, 편대 구성, 후방 보급 차량의 증가 패턴 등이 과거 러시아군의 공세 개시 전 72시간 패턴과 92%의 유사도를 보였다. 우크라이나군은 AI의 예측 정보를 바탕으로 해당 축의 방어선을 선제적으로 강화했고, 이는 초기 단계에서 전선을 안정시키는 데 기여했다.

이 사례가 남긴 교훈은 명확하다. AI는 단순한 분석 도구가 아니라 전장을 시간적으로 선점하는 전략적 자산이며, 인간이 감당하지 못하는 속도와 규모로 미래를 계산하는 존재라는 사실이다.

데이터는 새로운 탄약이다

데이터의 품질이 전투력을 규정하다

AI 전투력은 데이터에서 시작되고 데이터로 완성된다. 모델이 아무리 정교하더라도 학습 데이터가 부정확하거나 편향되어 있으면 AI의 판단은 현실과 어긋나게 된다. 특히 작전 환경이 다양해질수록 AI에는 여러 지형, 기상, 적의 전술 유형을 포괄하는 고품질 데이터가 필요하다.

예를 들어 사막 지역에서 수집된 영상만으로 학습한 모델은 도시의 골목길이나 삼림 지역에서 등장하는 목표물을 제대로 식별하지 못한다. 밤 시간의 열신호에 기반한 데이터만 학습한 시스템은 낮 시간의 복잡한 빛 반사 패턴에 혼란을 겪는다. 이는 AI가 학습하지 않은 환경에 투입될 때 성능이 급격히 저하되는 '분포 이탈(distribution shift)' 현상이다.

실제로 2010년대 초반 아프가니스탄에서 사용된 일부 AI 표적 인식 시스템은 사막 지형에서는 높은 정확도를 보였으나, 산악 지역으로 이동하자 오탐률이 3배 이상 증가했다. 지형의 그림자, 식생의 변화, 대기 중 습도차 등이 모두 AI의 판단에 영향을 미쳤다. 결국 데이터 품질과 다양성은 AI 전투력의 상한선을 결정하며, 데이터 부족은 곧 전투력 저하로 이어졌다.

멀티 센서 융합이 만들어 내는 입체적 전장 인식

전장의 실상을 하나의 데이터 유형만으로 이해하기란 불가능하다. 영상 정보는 목표물의 형태와 움직임을 제공하지만, 전자정보는 적의 방공체계나 재밍(jamming)[10] 활동을 드러낸다. 위성 영상은 지형과 배치 상황을 보여 주지만, 통신감청 정보는 적의 지휘 통로를 확인하는 데 유용하다. 음향 센서는 차량의 엔진음을 통해 종류와 거리를 추정하고, 지진 센서는 대규모 병력 이동을 감지한다.

AI는 이러한 이질적인 데이터를 통합해 전장의 모습을 그린다. 이를 '센서 융합(sensor fusion)' 또는 '다중 출처 데이터 통합(multi source data integration)'이라 부른다. 예컨대 드론 영상에서 확인된 차량 이동이 레이더 신호 변동과 일치하고, 그 지역에서 감청된 통신 패턴이 변한다면 AI는 해당 지역이 공격 준비 단계에 돌입했을 가능성이 높다고 판단한다.

더 나아가 AI는 각 센서의 신뢰도를 동적으로 평가한다. 예를 들어 짙은 안개 속에서 광학 카메라의 신뢰도는 낮아지지만 레이더와 열화상 센서는 여전히 유효하다. AI는 환경 조건에 따라 어떤 센서를 우선적으로 신뢰할지 자동으로 조정하며, 이를 통해 24시간 전천후 작전 능력을 확보한다.

---

10 특정한 주파수의 전파를 발사하여 적의 통신, 레이더, GPS 등의 정상적인 전장 신호의 송·수신을 방해하거나 마비시키는 전자전의 기법.

     Military AI, 전쟁의 미래를 다시 쓰다

이처럼 데이터 융합은 인간이 직관적으로 해석하기 어려운 복잡한 상황을 정량적으로 파악하게 만드는 핵심 기술이다.

AI 교육의 숨은 노동, 데이터 라벨링

고품질 데이터를 확보하는 것만큼 중요한 것이 데이터에 정확한 '라벨(label)을 부여하는 작업'이다. AI가 드론 영상에서 탱크를 인식하려면, 수천 장의 탱크 이미지에 "이것은 탱크다"라는 주석이 필요하다. 이 과정은 여전히 대부분 인간의 손을 거쳐야 하며, 군사 데이터의 경우 전문성이 요구되어 더욱 까다롭다.

미군은 이 문제를 해결하기 위해 '능동 학습(active learning) 기법'[11]을 도입하고 있다. AI가 불확실한 데이터만 골라 인간에게 라벨링을 요청하는 방식으로, 필요한 라벨링 작업량을 70% 이상 줄일 수 있다. 또한 '합성 데이터(synthetic data) 생성 기술'을 활용하여 실제 전투 상황을 시뮬레이션하고, 자동으로 라벨이 부여된 데이터를 대량 생산하는 방법도 확산되고 있다.

평시 데이터 축적이 미래 전쟁의 승패를 가른다

놀랍게도 AI에게 전쟁을 가르치는 과정은 실전이 아닌 평시 훈련에서 시작된다. 많은 선진국은 실전 데이터보다도 훨씬 많은 양의 모의전 데이터를 생산하여 AI 모델을 훈련시킨다. 이러한 훈련은 지리적으로 접근이 어려운 지역이나 실제 전투에서 발생하기 힘든 극단적 상황까지 포함하므로 AI가 상상할 수 있는 거의 모든 전장 조건을 경험할 수 있게 한다.

---

11 AI 모델이 학습하는 과정에서 모든 데이터를 수동적으로 받아들이지 않고, 모델의 성능 향상에 도움이 될 만한 데이터를 자체적으로 선택하여 사람(전문가)에게 라벨링을 요청하고 학습을 수행하는 기법.

미군의 합성훈련환경 STE(Synthetic Training Environment)는 가상 전장에서 연간 수백만 건의 교전 시나리오를 생성한다. 여기에는 핵무기 사용 후 혼란, 생화학전 상황, 대규모 사이버 공격과 물리적 공격의 동시 발생 등 실전에서는 재현하기 어려운 상황들이 포함된다. AI는 이러한 시뮬레이션을 통해 디지털 전투 경험을 축적하며, 실전에서 유사한 상황이 발생했을 때 이미 경험한 것처럼 반응할 수 있게 된다.

이렇듯 평시 훈련 데이터는 실전에서 AI가 예측력과 적응력을 발휘하는 기반이 되며, AI 군대의 '디지털 전쟁 경험'은 실전에 버금가는 전투력으로 축적된다. 제2차 세계대전에서 베테랑 조종사의 가치가 컸던 것처럼, 미래 전쟁에서는 방대한 시뮬레이션 데이터로 훈련된 AI가 군의 핵심 전력 자산이 될 것이다.

데이터 보안은 곧 국가 안보다

AI 시대의 전장에서는 데이터를 얼마나 많이 확보하느냐 만큼이나 그 데이터를 얼마나 안전하게 지키느냐가 중요하다. 데이터가 유출되거나 조작되면 AI 기반 지휘체계는 적에게 속수무책으로 노출된다. 적이 아군의 AI 훈련 데이터를 입수하면, 그 AI가 어떤 패턴에 취약한지, 어떤 상황에서 오판할 가능성이 높은지를 파악할 수 있다. 이는 전통적인 암호 해독과 유사한, 그러나 훨씬 더 치명적인 형태의 정보전이다.

더욱 위험한 것은 '데이터 중독(data poisoning)' 공격이다. 적이 AI 훈련 과정에 악의적으로 설계된 데이터를 주입하면, AI는 특정 상황에서 의도적으로 잘못된 판단을 내리도록 학습될 수 있다. 예를 들어 적의 특정 차량을 민간 차량으로 오인하도록 AI를 훈련시키거나, 아군 자산을 적으로 오

　　　　　　　　　　　Military AI, 전쟁의 미래를 다시 쓰다

인하게 만들 수 있다.

군사 데이터는 소버린 클라우드(sovereign cloud)[12]와 보안 연산 환경에서 보호되어야 한다. 데이터의 이동과 저장 과정에서 발생할 수 있는 취약점도 철저히 관리되어야 한다. 데이터 접근 권한은 최소 권한 원칙(principle of least privilege)에 따라 엄격히 통제되고, 데이터 사용 이력은 블록체인 등의 기술로 변조 불가능하게 기록되어야 한다.

[사례] 미 공군의 전장관리체계 ABMS 구축

21세기 전장의 급격한 복잡화는 냉전기에 구축된 전통적 지휘통제 체계가 한계에 봉착했음을 보여 주었다. 중국과 러시아가 초장거리 정밀 타격과 분산 플랫폼 중심 교리로 전환하면서, 미국은 장비의 세대교체보다 데이터를 얼마나 빠르게 수집하고, 분석하며, 결심으로 연결하느냐가 본질임을 인식하였다. 이러한 전환 속에서 등장한 전장관리체계 ABMS(Advanced Battle Management System)는 전장을 데이터 중심 네트워크로 재구조화하려는 미 공군의 전략적 실험이었다.

ABMS의 목적은 전장 전체를 통합된 데이터 생태계로 전환하는 데 있었다. 전투기, 드론, 우주센서, 방어체계를 단일 네트워크로 묶고 클라우드 기반 지휘통제망에서 AI가 센서 데이터를 실시간 융합·분석하여 즉각 제공하는 구조다. 이는 중앙집중식 지휘통제에서 분산형·자율형 결심 구조로의 이행을 의미하며, AI는 비정형 신호를 정제하고 잠재 위협을 탐지하며 대응 옵션을 제시하였다.

---

12 데이터가 저장되고 처리되는 모든 과정이 해당 국가의 법률과 규제하에 있으며, 외국의 정부나 기업이 그 데이터에 임의로 접근할 수 없도록 물리적, 법적 통제권을 갖는 클라우드 환경.

미 공군의 'ABMS On-Ramp 실험'은 이러한 변화의 실질적 진전을 보여 주었다. 드론 스웜, 우주센서, 방공체계, 특수부대가 참여한 종합훈련에서 탐지부터 타격까지의 킬체인(kill chain) 시간이 획기적으로 단축되었고, 각 군종 간 실시간 데이터 공유가 다영역 작전의 토대를 마련하였다. AI는 포병 발사 지점과 미사일 궤도, 적 부대의 기동 패턴을 조기 포착하며 결심 우위를 구현하였다.

ABMS가 남긴 교훈은 명확하다. 무기 성능보다 데이터 통합 능력이 중요하며, AI는 인간의 결정을 대체하는 것이 아니라 가속하고 정확성을 높이는 도구라는 것이다. 기술 혁신보다 어려운 것은 조직과 문화의 변화이며, 데이터의 품질과 안전성을 담보하는 거버넌스가 핵심이다.

결국 ABMS는 데이터 중심 전쟁 시대의 패러다임 전환을 상징한다. AI가 전장을 재구성하는 시대에, 데이터 생태계를 선점한 국가만이 전장의 시간, 공간, 의사결정 속도를 지배하게 된다.

알고리즘의 편향과 불확실성

AI의 오판이 만들어 낼 수 있는 실제 위험들

AI는 강력한 도구이지만 잘못된 판단을 내릴 가능성도 존재한다. 그리고 군사작전 환경에서는 작은 오판도 심각한 결과를 초래할 수 있다. 데이터가 특정 유형이나 환경에 편중되어 있으면 AI는 전혀 다른 상황에서도 동일한 기준을 적용하려 한다. 이는 민간인을 적으로 오인하거나, 위장 패턴을 간파하지 못하는 등 전투 실패와 인명 피해로 이어질 수 있다.

Military AI, 전쟁의 미래를 다시 쓰다

2019년 미군이 실시한 모의훈련에서 드론 표적 인식 AI는 훈련장에서 95% 이상의 정확도를 보였다. 그러나 실제 환경과 유사하게 조성된 시험장으로 이동하자 정확도가 60%대로 급락했다. 원인은 훈련 데이터가 특정 기상 조건과 시간대에 편중되어 있었기 때문이다. 만약 이 시스템이 실전에 그대로 투입되었다면 아군 사상이나 민간인 피해로 이어질 수 있었다.

더 심각한 문제는 '확증 편향(confirmation bias)'의 자동화다. AI가 특정 패턴을 학습하면, 그 패턴에 부합하는 증거만 선택적으로 강조하고 반대 증거는 무시하는 경향이 생길 수 있다. 예를 들어 특정 차량 유형이 과거 공격에 자주 사용되었다면, AI는 해당 차량이 나타날 때마다 위협으로 판단하려 할 수 있다. 설령 그 차량이 민간용으로 개조되었거나 완전히 다른 맥락에서 사용되고 있더라도 말이다.

투명하지 않은 알고리즘은 전장에서 신뢰받기 어렵다

AI가 내린 판단의 근거가 설명되지 않으면, 지휘관은 AI의 권고를 신뢰하기 어렵다. 특히 민감한 교전 상황에서는 판단 과정에 대한 투명성이 필수적이며, 잘못된 결정을 내렸을 때 책임 소재를 분명히 할 수 있는 체계가 필요하다.

딥러닝 모델은 종종 '블랙박스'로 불린다. 입력과 출력은 명확하지만, 그 사이의 의사결정 과정은 수백만 개의 파라미터가 복잡하게 얽힌 수학적 연산으로 이루어져 있어 인간이 직관적으로 이해하기 어렵다. 지휘관에게 "AI가 이 지역을 타격하라고 권고합니다"라고만 말하는 것은 불충분하다. "왜 그런 판단을 내렸는가?"에 대한 설명이 필요하다.

따라서 군사 AI는 '설명 가능한 인공지능(eXplainable AI, XAI)'의 원칙을 충족해야 한다. XAI는 AI가 판단한 근거를 인간이 이해할 수 있는 형태로 제시한다. 예를 들어 "이 차량을 위협으로 판단한 이유는 이동 속도가 평균보다 40% 빠르고, 민간 차량 통행이 금지된 시간대에 이동했으며, 과거 공격에 사용된 차량과 외형이 87% 일치하기 때문"이라고 설명하는 것이다.

미국 국방고등연구계획국(DARPA)은 2016년부터 xAI 프로그램을 추진하며, 군사 AI가 "왜 그렇게 판단했는지"를 설명할 수 있는 기술 개발에 수억 달러를 투자하고 있다. 설명할 수 없는 AI는 실전에서 사용되기 어렵다. 지휘관이 이해하고 신뢰할 수 있어야만 AI는 진정한 전투력이 된다.

알고리즘 편향의 사회적·윤리적 차원

군사 AI의 편향 문제는 단순히 기술적 오류를 넘어 윤리적·정치적 파장을 일으킬 수 있다. 만약 AI가 특정 인종, 성별, 연령대를 더 위협적으로 판단하도록 편향되어 있다면 이는 차별적 무력 사용으로 이어질 수 있다. 실제로 일부 안면인식 AI는 특정 인종에서 오류율이 더 높다는 연구 결과가 있으며, 이러한 시스템이 군사 목적으로 사용될 경우 심각한 인권 침해를 초래할 수 있다.

국제인권단체들은 AI 무기체계가 특정 집단을 불균형적으로 표적화할 위험을 경고하고 있다. 예를 들어 특정 지역의 남성 성인을 모두 전투원으로 간주하는 알고리즘은 민간인 보호 원칙을 위반할 수 있다. 따라서 군사 AI 개발 과정에서는 다양한 인구학적 데이터를 균형 있게 포함하고, 편향 테스트를 철저히 수행해야 한다.

더 나아가 '알고리즘에 대한 감사(algorithm audit)' 제도가 필요하다. 독립적인 제3자가 군사 AI 시스템을 정기적으로 검토하여 편향과 오류를 발견하

    Military AI, 전쟁의 미래를 다시 쓰다

고 시정하는 체계다. 이는 AI의 신뢰성을 높일 뿐 아니라, 국제법적 책임을 명확히 하는 데도 기여할 수 있다.

적대적 AI 공격의 증가

AI 전투력은 적에게 새로운 공격 목표를 제공하기도 한다. 적은 AI를 속이기 위해 교묘한 공격 기법을 사용할 수 있다. 이렇게 인간의 눈에는 정상적으로 보이지만 AI가 오판하도록 의도적으로 설계된 데이터를 '적대적 예제(adversarial examples)'라 한다. 예를 들어 탱크 표면에 특정 패턴의 스티커를 붙이면, AI는 이를 민간 차량으로 오인할 수 있다. 디지털 이미지에 인간이 인지할 수 없는 미세한 노이즈를 추가하는 것만으로도 AI의 판단을 완전히 뒤집을 수 있는 것이다.

위장 패턴을 이용한 공격도 가능하다. 2020년 연구에서는 특정 패턴의 천을 사람이 입으면 AI 감시 시스템이 사람을 탐지하지 못하는 것으로 나타났다. 이는 적이 AI 기반 감시망을 무력화하고 기습 공격을 감행할 수 있음을 의미한다.

더욱 위험한 것은 '모델 역공학(model reverse engineering)'이다. 적이 아군 AI 시스템의 입출력 관계를 관찰하여 내부 작동 방식을 추론하고, 그 약점을 찾아내는 기법이다. 충분한 시도를 거치면 AI가 어떤 입력에 취약한지 파악할 수 있으며, 이를 악용한 공격을 설계할 수 있다.

이러한 위협에 대응하기 위해서는 '적대적 훈련(adversarial training)'이 필수적이다. AI를 훈련시킬 때 의도적으로 적대적 예제를 포함시켜 AI가 이러한 공격에 강건해지도록 만드는 것이다. 또한 다중 AI 시스템을 운용하여 하나의 AI가 속더라도 다른 AI가 이를 감지하도록 상호 검증 체계를 구축할 수 있다.

이러한 공격은 AI의 판단 체계를 직접적으로 마비시키기 때문에, AI 시대의 전쟁은 사이버전, 전자전, 심리전과 깊이 연결된다. 미래 전장에서는 물리적 화력뿐 아니라 알고리즘을 공격하고 방어하는 '인지전(Cognitive Warfare, CW)'이 승패를 가를 것이다.

[사례] 이스라엘군의 라벤더(Lavender) 시스템

이스라엘군은 가자지구 작전에서 복잡한 도시 환경과 다층적 전투 상황을 신속히 분석하기 위해 AI 기반 표적 추천 시스템인 라벤더를 도입하였다.

라벤더는 통신 기록, 출입 패턴, 위치 정보, 소셜미디어 활동 등을 종합하여 특정 인물이 적대 세력일 가능성을 자동으로 계산하는 방식이다. 시스템은 수천 명의 인물 데이터를 동시에 처리하며, 각 인물에게 1부터 100까지의 위협 점수를 부여했다. 이는 정보의 부족으로 인해 발생할 수 있는 판단 오류를 줄이고, 분석관의 업무 부담을 덜어주는 역할을 했다. 전통적 방식으로는 한 명의 분석관이 하루에 10명 정도의 프로필을 검토할 수 있었지만, 라벤더는 초 단위로 수백 건의 프로필을 생성했다.

그러나 실제 작전에서는 데이터의 불완전성과 모델의 설명 불가능성이 문제로 제기되었다. 일부 상황에서 라벤더는 판단의 근거를 충분히 제시하지 못했고, 특정 인물을 위협으로 분류한 이유가 "통신 패턴의 이상"이라는 모호한 설명에 그쳤다. 실제로 시스템의 오류율은 10% 수준으로 추정되었으며, 이는 100명 중 10명이 잘못 분류될 수 있음을 의미했다.

더욱 논란이 된 것은 인간 검토 과정의 형식화였다. 일부 보고에 따르면 작전 템포가 높아지면서 분석관들이 AI의 권고를 20초 이내에 검토하고 승인

　　　　　　　　　Military AI, 전쟁의 미래를 다시 쓰다

하는 경우가 있었다. 이는 인간이 실질적인 판단을 하기보다는 AI의 결정을 형식적으로 확인하는 고무 도장(rubber stamp) 역할에 그쳤다는 비판을 받았다. 결과적으로 민간인 피해 가능성에 대한 국제적 논란이 발생하였고, AI 기반 표적 선정의 윤리적 문제가 전면에 부상했다.

그럼에도 라벤더는 비정규전 환경에서 AI가 실시간 분석·판단 기능을 수행할 수 있다는 가능성을 보여 주었다. 시스템은 전통적 방식으로는 파악하기 어려운 네트워크 구조를 밝혀내고, 조직 내 핵심 인물을 식별하는 데 기여했다. 동시에 이 사례는 AI를 전장에 투입할 때 투명성과 감독 체계가 필수적이며, 잘못된 알고리즘이 실전에서 어떤 정치적·윤리적 위험을 초래할 수 있는지를 명확히 경고하는 사건으로 기록되었다.

라벤더 사례가 남긴 교훈은 명확하다. AI는 인간의 판단을 대체하는 것이 아니라 보조하는 도구여야 하며, 최종 결정권은 반드시 인간이 가져야 한다는 것이다. 그리고 그 인간은 AI의 판단 근거를 충분히 이해하고, 비판적으로 검토할 수 있는 능력을 갖추어야 한다. '휴먼 인 더 루프(Human in the Loop)' 원칙은 단순한 형식이 아니라, 실질적인 통제와 책임을 의미한다.

실시간 학습과 적응형 전투

강화학습 기반 전투 AI의 등장

전통적인 AI는 과거 데이터에서 패턴을 학습하는 '지도학습(supervised learning)' 방식이 주를 이뤘다. 그러나 전장은 예측 불가능한 변수가 끊임없이 등장하는 환경이며, 과거 데이터만으로는 대응하기 어려운 상황이 빈번하다. 이러한 한계를 극복하기 위해 등장한 것이 '강화학습(reinforcement learning) 기반 AI'이다.

강화학습 기반 AI는 주어진 환경에서 시행착오를 통해 최적의 행동을 스스로 찾아낸다. 인간이 일일이 가르치지 않아도, AI는 특정 행동이 좋은 결과를 가져오면 그 행동을 강화하고, 나쁜 결과를 가져오면 회피하는 방식으로 학습한다. 이는 게임에서 시작되었지만, 이제 군사 영역으로 빠르게 확장되고 있다.

2016년 알파고(AlphaGo)가 바둑 세계 챔피언 이세돌을 이긴 이후, 2019년 알파스타(AlphaStar)는 실시간 전략 게임 스타크래프트2에서 프로게이머를 압도했다. 스타크래프트는 불완전 정보, 다중 유닛 제어, 실시간 의사결정이 요구되는 환경으로, 실제 전장과 유사한 복잡성을 지닌다. 알파스타는 인간 플레이어의 전략을 모방한 것이 아니라, 수백만 번의 시뮬레이션을 통해 인간이 생각하지 못한 독창적인 전술을 스스로 개발했다.

군사 영역에서도 유사한 접근이 이루어지고 있다. 강화학습 기반 자율 전투 AI는 주어진 환경에서 살아남기 위해 스스로 전술적 행동을 선택하고 조정하는 능력을 갖추고 있다. 시뮬레이터에서 반복된 전투 경험을 통해 AI는 다양한 전술 패턴을 학습하며, 인간이 미처 고려하지 못한 최적 경로와 회피 기동을 스스로 탐색한다.

무한한 가상 훈련이 실전 전투력으로 이어지다

실전 데이터는 언제나 제한적이지만, 가상 전장은 AI가 무한히 경험을 축적할 수 있는 공간이다. AI에게 시뮬레이션된 전장 환경에서 수백만 회의 전투를 반복하게 하면, AI는 실전에서 마주할 수 있는 대부분의 변수를 사전에 경험하게 된다.

미 공군의 '공중전투진화(Air Combat Evolution, ACE) 프로그램'에서는 AI 조종사가 가상 환경에서 하루에 수천 번의 공중전을 치렀다. 인간 조종사가 평생 동안 경험해야 할 비행 상황을 AI는 며칠 만에 압축해서 경험하는 것이다. 초기에는 AI가 단순한 기동만 수행했지만 학습이 진행되면서 복잡한 회피 기동, 기습 공격, 팀플레이 등을 스스로 개발했다.

2020년 미국 국방고등연구계획국(DARPA)의 알파도그파이트(AlphaDogfight) 시험에서 AI는 베테랑 F-16 조종사를 5:0으로 완파했다. AI는 인간 조종사가 예상하지 못한 공격 각도를 선택하고, 극한의 G-포스 상황에서도 정밀한 기동을 유지했다. 인간 조종사는 "AI가 교범에 없는 전술을 사용했다"며 놀라움을 표했다.

이후 Sim2Real(Simulation to Reality)[13] 기술로 실제 무기체계에 이식되면, AI는 이미 경험 많은 조종사나 전투원처럼 행동할 수 있다. Sim2Real의 핵심은 가상 환경과 실제 환경의 차이를 최소화하는 것이다. 물리 엔진의 정밀도를 높이고, 센서 노이즈를 현실적으로 시뮬레이션하며, 예상치 못한 변수를 훈련에 포함시킨다. 이를 통해 AI는 가상에서 학습한 능력을 실전에서 그대로 발휘할 수 있다.

변화하는 전장에 적응하는 모듈형 AI

미래의 AI 무기체계는 단일한 지능으로 구성되지 않는다. 대신 '모듈형 아키텍처(modular architecture)'를 채택하여, 상황에 따라 최적의 AI 모듈을 선

---

13 가상 환경에서 학습시킨 인공지능이나 로봇의 지능을 실제 현실 세계에 그대로 적용하는 기술과 방법을 말함.

택적으로 활성화한다. 전자전 상황에서는 전파 교란에 강한 모델이 활성화된다. 도시지역 작전에서는 복잡한 움직임 패턴을 분석하는 모델이 선택된다. 고속기동전에서는 빠른 의사결정에 특화된 경량 모델이 작동한다.

이는 인간 전투원이 전문 교육을 통해 다양한 상황에 적응하는 과정과 유사하지만 훨씬 더 빠르고 정확한 방식이다. 예를 들어 AI 드론이 삼림 지역에서 작전하다가 도심으로 이동하면, 자동으로 도심 환경에 최적화된 장애물 회피 알고리즘으로 전환된다. 날씨가 악화되면 악천후 비행에 특화된 모듈이 활성화되고, 적의 전자전 공격이 감지되면 GPS 없이도 항법이 가능한 관성항법 모듈이 우선순위를 갖는다.

더 나아가 메타학습(meta learning) 기술은 AI가 '학습하는 방법을 학습'하게 만든다. 새로운 환경에 투입되었을 때 처음부터 다시 학습하는 것이 아니라, 과거 경험을 바탕으로 빠르게 적응하는 능력이다. 인간이 자전거를 타 본 경험이 오토바이를 배울 때 도움이 되는 것처럼, AI도 과거 전장 경험을 새로운 상황에 전이시킬 수 있다.

실전 피드백을 통한 지속적 개선

전통적 무기체계는 배치 후 성능이 고정되지만, AI 무기체계는 실전 데이터를 통해 지속적으로 진화한다. 작전 중 수집된 데이터는 AI 모델을 재훈련하는 데 사용되며, 이를 통해 AI는 적의 새로운 전술에 적응한다. 이는 '학습하는 무기(learning weapon)'의 개념으로, 사용할수록 더 강해지는 시스템이다.

단, 이러한 실시간 학습에는 위험도 따른다. 적이 의도적으로 잘못된 데이터를 제공하여 AI를 오염시킬 수 있기 때문이다. 따라서 실전 피드백은

     Military AI, 전쟁의 미래를 다시 쓰다

엄격한 검증 과정을 거쳐야 하며, 이상 징후가 감지되면 학습을 중단하고 인간 전문가의 검토를 받아야 한다. 연합학습(federated learning)[14] 기술을 활용하면 각 부대의 AI가 개별적으로 학습한 내용을 중앙으로 통합하되, 민감한 원본 데이터는 공유하지 않는 방식으로 보안을 유지할 수 있다.

> ### [사례] 미 공군의 스카이보그(Skyborg) 프로그램
>
> 미 공군은 유무인 복합편대(Manned-Unmanned Teaming, MUM-T)를 핵심 전략으로 설정하면서, 자율전투 AI를 도입한 스카이보그 프로그램을 개발했다. 스카이보그의 목표는 '충성스러운 윙맨(Loyal Wingman)'을 만드는 것이다. 이는 유인 전투기 조종사를 보조하면서 위험한 임무를 대신 수행하는 AI 무인 전투기를 말한다.
>
> 스카이보그는 수백만 회의 가상 공중전 시뮬레이션을 통해 표적 탐지, 회피 기동, 편대 비행, 협동 공격 등 다양한 전술을 학습했다. 강화학습 알고리즘은 AI에게 "적을 격추하고 살아남아라"라는 목표만 제시했을 뿐, 구체적인 전술은 가르치지 않았다. AI는 수없이 격추당하고 실패하는 과정을 거치며 스스로 최적의 전술을 찾아냈다.
>
> 이후 저비용 무인전투기 UCAV(Unmanned Combat Aerial Vechicle)에 탑재되어 실제 비행 시험을 수행하였다. 2021년 첫 비행 시험에서 스카이보그를 탑재한 크레이토스(Kratos)사의 무인전투기인 XQ-58A 발키리(Valkyrie)는 복잡한 기동을 성공적으로 수행했다. 2023년 고도화된 시험에서는 유인 F-16과 함께 편대 비행을 하며, 조종사의 간단한 음성 명령만으로 정찰, 표적 지정, 전자전 등의 임무를 자율적으로 수행했다.

---

14 데이터를 한곳으로 모으지 않고 여러 개의 개별 기기에서 분산하여 인공지능을 학습시키는 방법을 말함.

미 공군 스카이보그의 작전 상상도

스카이보그를 탑재한 UCAV는 위험 지역에서 독자적으로 임무를 수행할 수 있었고, 인간 조종사가 수행하기 위험한 고난도 기동을 거침없이 실행하며 높은 생존성을 보였다. 특히 적 방공망 제압 임무에서 AI 무인기가 먼저 진입하여 방공 레이더를 자극하고, 그 위치를 유인기에 전달하는 전술이 효과적이었다. 인간 조종사는 안전한 거리에서 정밀 타격을 수행할 수 있었다.

또한 편대 내 다른 자산과 데이터를 교환하면서 작전 효율을 극대화했다. 한 대의 AI 무인기가 탐지한 표적 정보가 실시간으로 다른 기체들과 공유되며, 편대는 마치 하나의 유기체처럼 움직였다. 이는 스웜 인텔리전스(swarm intelligence), 즉 집단 지능의 군사적 구현이다.

스카이보그의 가장 큰 장점은 비용 효율성이다. 유인 전투기는 대당 1억 달러 이상이지만, 스카이보그 탑재 무인기는 2~3백만 달러 수준이다. 손실을 감수할 수 있는 소모성 전력이면서도 높은 전투 효과를 발휘한다. 이는 '비대칭 전력 증폭(asymmetric force multiplication)'[15]의 전형적 사례다.

---

15 수적인 열세에 있는 군사력을 AI, 무인체계, 고도의 전략적 수단 등을 결합하여 폭발적인 전투력을 만들어 내는 현상.

　　　　　　　　　　Military AI, 전쟁의 미래를 다시 쓰다

이 사례는 AI가 단순히 자동화된 도구가 아니라, 스스로 전장을 탐색하고 새로운 전술을 창출하는 전력 증폭기로 발전하고 있음을 보여 준다. 미래 전투기 조종사는 혼자가 아니라, 수십 대의 AI 윙맨과 함께 싸우게 될 것이다.

정보 우위 경쟁과 전장 스펙트럼 통제

정보 우위가 의미하는 바의 변화

정보화 시대에는 정보의 양과 전달 속도가 우위를 결정했다. 더 많은 센서를 보유하고, 더 빠른 통신망을 구축한 측이 유리했다. 그러나 지능화 시대에는 정보의 양보다 정보의 의미를 얼마나 정교하게 추출하느냐가 중요하다.

수천 시간의 영상 데이터를 보유한 것과 그 속에서 결정적 순간을 찾아내는 것은 전혀 다른 문제다. AI는 광범위한 데이터 속에서 의미를 분류하고, 이를 전략적 가치로 전환한다. 이는 '데이터에서 지혜로의 전환(data to wisdom)'이라 불리는 과정이다.

전통적인 정보 계층 구조는 데이터(data) → 정보(information) → 지식(knowledge) → 지혜(wisdom)로 이어진다. 과거에는 이 각 단계가 인간의 분석과 판단을 통해 이루어졌다. 그러나 AI 시대에는 이 과정이 자동화되고 가속화된다. AI는 원시 데이터에서 패턴을 추출하고(정보), 패턴 간의 관계를 이해하며(지식), 행동 가능한 통찰을 제공한다(지혜).

예를 들어 적군의 보급 차량 움직임이라는 데이터는, AI를 통해 "적이 72시간 내 공격을 준비하고 있다"는 정보로 전환되고, "주공 방향은 A축선일 가능성이 78%"라는 지식으로 발전한다. 최종적으로 "A축선 방어를 즉시 강화하고 B축선에 기동 예비대를 배치하라"는 지혜로 완성된다. 이 모든 과정이 분 단위로 이루어진다.

따라서 미래 전쟁에서 정보 우위는 단순히 더 많이 아는 것이 아니라 더 빠르게, 더 깊이 이해하는 것을 의미한다. 정보의 속도, 다양성, 진실성이 모두 중요해진다.

AI 기반 전자전과 스펙트럼 전투의 심화

전자전은 현대 전장에서 상대의 감각기관을 무력화시키는 핵심 영역이다. 레이더를 교란하고, 통신을 차단하며, GPS를 방해하는 전자전은 적을 눈먼 상태로 만든다. 전통적 전자전은 인간 운용자가 위협을 식별하고 대응책을 선택하는 방식이었다. 그러나 현대 전장의 전자기 스펙트럼은 너무 복잡하고 빠르게 변화하여 인간이 실시간으로 대응하기 어렵다.

AI는 스펙트럼 내에서 나타나는 미세한 변화를 탐지하고, 적의 재밍·스푸핑 활동을 실시간으로 분석한다. 인지전자전(Cognitive Electronic Warfare, CEW)이라 불리는 이 기술은 AI가 전자기 환경을 지속적으로 모니터링하며, 적의 전자전 패턴을 학습하고 대응 전략을 자동으로 조정한다.

예를 들어 적이 특정 주파수 대역을 재밍하면, AI는 즉시 다른 주파수로 전환하거나 재밍이 약한 틈을 찾아 데이터를 전송한다. 적이 GPS 스푸핑(spoofing)[16]을 시도하면, AI는 이를 감지하고 관성항법, 천체항법, 지형대조 항법 등 대체 수단으로 자동 전환한다. 더 나아가 AI는 적의 전자전 패턴

16　무기체계(드론, 함정, 미사일 등)에서 허위의 GPS 신호를 발사하여 상대가 자신의 위치를 잘못 인식하도록 속이는 고도의 전자전 공격 기법.

　　　　Military AI, 전쟁의 미래를 다시 쓰다

을 역추적하여 재밍 장비의 위치를 파악하고, 이를 타격 표적으로 지정할 수 있다.

이러한 AI 기반 전자전 능력은 전통적인 방식보다 훨씬 신속하고 정확하여 전투 중 네트워크와 통신의 안정성을 높인다. 적응형 주파수 도약(adaptive frequency hopping), 동적 스펙트럼 관리(dynamic spectrum management), 지능형 파형 생성(intelligent waveform generation) 등이 모두 AI를 통해 자동화되고 있다.

미 해군의 차세대 재밍기(next generation jammer)는 AI를 활용하여 적 레이더의 특성을 실시간으로 분석하고, 가장 효과적인 재밍 파형을 자동 생성한다. 과거에는 사전에 프로그래밍된 재밍 패턴만 사용할 수 있었지만, 이제 AI는 상황에 맞춰 최적의 재밍 전술을 즉석에서 창출한다.

보이지 않는 전장, 인지전

전자전을 넘어선 새로운 영역이 부상하고 있다. 바로 인지전(Cognitive Warfare, CW)이다. 인지전은 적의 의사결정 과정 자체를 공격 대상으로 삼는다. 허위 정보를 주입하여 AI를 혼란시키거나, 적 지휘관의 판단을 왜곡하고, 아군 내부의 신뢰를 무너뜨리는 것이다.

AI 시대의 인지전은 더욱 정교해진다. 딥페이크 기술로 적 지휘관의 가짜 영상을 생성하거나, 소셜미디어를 통해 허위 정보를 확산시키고, 적의 AI 시스템에 교묘하게 설계된 데이터를 주입하여 오판을 유도할 수 있다. 이는 물리적 파괴 없이도 전투력을 무력화시키는 '보이지 않는 전쟁'이다.

방어 측면에서도 AI는 중요한 역할을 한다. 허위 정보 탐지 AI는 소셜미디어와 뉴스 채널을 실시간으로 모니터링하며, 비정상적인 정보 확산 패턴을 감지한다. 출처가 의심스러운 정보, 갑자기 급증하는 특정 내러티브,

조작된 이미지나 영상 등을 자동으로 식별하고 경고한다.

NATO는 2021년 인지전을 공식적인 작전 영역으로 선언했으며, 각국은 인지전 전담 부대를 창설하고 있다. 미래 전쟁에서는 총성 없는 전투가 먼저 시작될 것이며, 그 전장은 인간의 마음과 AI의 알고리즘이다.

탄력적 네트워크가 전장의 생명선이 되다

전장에서 통신이 끊어지면 지휘통제는 무너지고, 부대는 고립된다. 과거에는 유선 통신이 주류였지만, 현대전에서는 무선 네트워크가 필수적이다. 그러나 무선은 본질적으로 취약하다. 전파는 가로채이고, 교란되며, 위치를 노출시킨다.

이를 방지하기 위해 미래 군대는 탄력적 네트워크(Resilient Network) 구조를 갖춘다. 지상, 공중, 우주 기반의 자산이 서로 중첩된 다층 네트워크는 적의 공격에도 통신이 유지될 수 있도록 설계된다. 하나의 통신 경로가 차단되면 자동으로 다른 경로로 전환되며, 지상 기지국이 파괴되면 공중 중계기나 위성이 그 역할을 대신한다.

메시 네트워크(Mesh Network) 구조는 모든 노드가 서로 연결되어, 중앙 허브 없이도 통신이 가능하다. 전투원의 무전기, 차량, 드론, 센서가 모두 네트워크 노드가 되어 정보를 중계한다. 일부 노드가 파괴되어도 네트워크는 자가 치유 능력을 통해 즉시 재구성된다.

AI는 이러한 네트워크를 지능적으로 관리한다. 대역폭을 동적으로 할당하여 중요한 정보를 우선 전송하고, 혼잡을 예측하여 사전에 경로를 조정하며, 적의 감청 위험이 높은 경로는 회피한다. 소프트웨어 정의 네트워크(Software Defined Network) 기술은 네트워크 구조 자체를 소프트웨어로 제어하

　　　　　　　　　　　Military AI, 전쟁의 미래를 다시 쓰다

여, 전술 상황에 맞춰 실시간으로 재편할 수 있게 한다.

우주 기반 통신도 점차 중요해지고 있다. 정지궤도 위성은 광범위한 지역을 커버하지만 지연 시간이 길고, 적의 공격에 취약하다. 반면 저궤도 위성(Low Earth Orbit Constellation)은 낮은 고도에서 빠른 속도로 이동하며, 수백 개의 소형 위성이 협력하여 전 지구적 통신망을 형성한다. 일부 위성이 파괴되어도 전체 네트워크는 유지되며, 새로운 위성을 빠르게 발사하여 보충할 수 있다.

[사례] 스타링크(starlink)가 바꾼 우크라이나 전장

러시아의 침공 초기에 우크라이나는 주요 통신 인프라가 파괴되면서 작전 수행 능력에 심각한 타격을 받았다. 지상 기지국이 폭격당하고, 광섬유 케이블이 절단되었으며, 전력 공급이 중단되면서 기존 통신망은 사실상 마비되었다. 부대 간 조율이 어려워지고, 포병 화력 통제가 불가능해지며, 전술 상황 공유가 지연되었다.

그러나 스타링크 저궤도 위성망이 빠르게 배치되면서 우크라이나군은 다시 통신 능력을 확보할 수 있었다. 전쟁 발발 며칠 만에 수천 개의 스타링크 단말기가 우크라이나 전역에 배치되었다. 이 단말기들은 기존 인프라 없이도 위성과 직접 통신하여, 지상 시설이 모두 파괴되어도 작동했다.

스타링크는 드론 조종, 작전 상황 보고, 포병 좌표 공유, 전술 데이터 전송 등 다양한 작전에 활용되었다. 특히 드론 타격은 네트워크와 연동된 상태에서 정밀하게 수행될 수 있었다. 정찰 드론이 표적을 발견하면 실시간으로 좌표를 전송하고, 포병 부대나 공격 드론이 즉시 타격하는 '센서 투 슈터(sensor to shooter)'가 가능해졌다. 이는 우크라이나군이 각지에서 기동전과 화력전을 효과적으로 수행할 수 있는 기반을 제공했다.

2022년 하르키우 반격 작전에서 우크라이나군은 스타링크를 통해 실시간 전장 상황을 공유하며, 여러 부대가 동시다발적으로 러시아군 측면을 타격했다. 전통적으로 이러한 복잡한 기동작전은 안정적인 통신망이 필수였지만, 스타링크는 이동 중에도 끊김 없는 연결을 제공했다.

러시아군도 이를 인식하고 스타링크 신호를 재밍하려 시도했다. 그러나 스타링크는 소프트웨어 업데이트를 통해 재밍에 대응했다. AI 기반 적응형 빔포밍(Adaptive Beamforming) 기술로 재밍 신호를 회피하고, 주파수를 동적으로 변경하며, 신호 강도를 조정했다. 이는 전자전과 네트워크 방어가 실시간으로 진화하는 살아 있는 전투였다.

더 나아가 우크라이나는 스타링크 네트워크에 사이버 보안 레이어를 추가하여, 암호화된 통신과 침입 탐지 시스템을 구축했다. 러시아의 사이버 공격 시도는 대부분 차단되었으며, 일부 성공한 경우에도 피해는 국지적으로 제한되었다.

이 사례는 네트워크가 전장의 생명선이며, 정보 우위는 곧 통신 생존성(communication survivability)이라는 사실을 명확히 보여 준다. 전통적인 중앙집중형 통신망은 적의 표적이 되기 쉽지만, 분산형 탄력적 네트워크는 파괴하기 어렵다. 미래 전쟁에서는 "네트워크를 장악하는 자가 전장을 지배한다"는 격언이 현실이 될 것이다.

스타링크 사례는 또한 상업 기술의 군사적 활용 가능성을 입증했다. 전통적으로 군사 통신은 전용 위성과 장비로 구축되었지만, 상업 저궤도 위성망은 더 빠르고 저렴하며 확장 가능한 대안을 제공한다. 이는 민군 겸용 기술의 전략적 가치를 보여 주며, 미래 국방 정책의 방향을 제시한다.

   Military AI, 전쟁의 미래를 다시 쓰다

데이터, 알고리즘, 속도가 만드는 새로운 전쟁 문법

데이터는 AI의 감각이고, 알고리즘은 판단이며, 속도는 인간의 한계를 초월한 의사결정의 기반이다. 이 세 요소가 결합할 때 AI 전투력은 비로소 완성된다.

데이터는 전장의 모든 것을 숫자와 패턴으로 변환한다. 드론 영상, 위성 사진, 통신 감청, 전자파 신호는 AI가 세상을 이해하는 방식이다. 데이터의 품질과 다양성이 AI의 인식 능력을 결정하며, 데이터의 보안은 국가 안보와 직결된다. 평시 축적된 방대한 훈련 데이터는 전시 AI의 전투력으로 발현된다.

알고리즘은 데이터에서 의미를 추출하고 미래를 예측한다. 그러나 알고리즘은 완벽하지 않다. 편향과 오류의 가능성이 항상 존재하며, 적은 이를 악용하려 한다. 투명하고 설명 가능한 AI, 적대적 공격에 강건한 AI, 윤리적 원칙을 준수하는 AI가 필요하다. 알고리즘의 신뢰성은 곧 전투력의 신뢰성이다.

속도는 OODA 루프를 기계의 시간으로 압축한다. 인간이 분석하고 판단하는 데 걸리는 시간을 AI는 초 단위로 완성한다. 실시간 학습과 적응형 전투는 전장을 살아있는 유기체로 만들며, 예측 능력은 시간적 선점을 가능케 한다. 빠른 자가 이기는 것이 아니라, 빠르게 이해하고 빠르게 적응하는 자가 승리한다.

그러나 이 세 요소들이 실제 전장에서 효과적으로 작동하기 위해서는 인간 지휘관과 전투원, 그리고 AI·무기체계 간의 역할과 관계가 어떻게 조정되는지 이해해야 한다. 데이터와 알고리즘, 속도는 도구일 뿐이다. 이를 전략적 목표에 맞춰 운용하고, 윤리적 한계를 설정하며, 최종 결정을 내리는 것은 여전히 인간의 몫이다.

따라서 다음 장에서는 AI 시대의 군대가 어떻게 변화하고 있으며, 인간의 직관과 경험이 알고리즘의 연산 능력과 어떤 방식으로 결합되는지를 다룬다. 전투원의 역할, 지휘관의 책임, 기계의 자율성이 서로 얽히면서 만들어 내는 새로운 전쟁 구조는 전장뿐 아니라 군 조직 전체의 문화와 사고방식까지 변화시키고 있다.

AI는 전쟁의 본질을 바꾸지 않지만, 전쟁의 양상을 근본적으로 재편하고 있다. 전쟁에서 승리는 더 이상 누가 더 많은 병력과 무기를 보유했느냐가 아니다. 이제 누가 데이터를 더 잘 이해하고, 알고리즘을 더 현명하게 활용하며, 속도의 경쟁에서 앞서가느냐에 달려 있다.

3장 자율무기시스템

AI는 데이터를 감각으로, 알고리즘을 판단으로 전환하며 전장의 시간 구조 자체를 재편하고 있다. AI가 직접 표적을 식별하고 공격 여부를 판단하며, 때로는 인간의 개입 없이 작전을 수행하는 단계에 이르면, 전쟁은 전혀 새로운 양상과 마주하게 된다.

AI는 인간보다 빠르고 흔들리지 않으며 피로를 느끼지 않는다. 그렇기 때문에 더 효과적일 수 있지만, 바로 그 이유 때문에 위험하기도 하다. 인간이 결정을 내리지 않는 전장은 효율만을 기준으로 움직일 수 있다.

자율무기시스템(Autonomous Weapon System, AWS)은 전투 능력 향상을 목표로 개발되지만, 동시에 인간의 통제력이 약화될 수 있다는 우려를 피할 수 없다. 인간의 역할은 어디까지인가? 통제 가능한 자율성이란 어떤 의미인가?

AI 생성 이미지

자율무기 기술의 세 단계

자동화, 반자율, 완전자율의 스펙트럼

현대 무기체계는 보통 자동화에서 반자율을 거쳐 완전자율로 진화하는 단계로 설명된다. 이는 자율성의 수준 구분을 군사 무기체계에 구체적으로 적용한 것이다.

자동화 단계는 인간이 모든 결정을 내리고 기계는 단순 반복 작업을 대신 수행하는 형태였다. 초기 사격 통제 장비는 표적의 속도와 거리 측정, 탄도 계산 등 일부 수학적 연산을 대행했지만, 공격 결정은 전적으로 인간이 내렸다. 제2차 세계대전의 기계식 사격통제장치나 냉전 시대의 초기 미사일 유도 시스템이 이에 해당한다.

반자율 단계로 이동하면서 시스템은 스스로 표적을 탐지하고 분류하며 최적의 공격 시점을 계산하는 능력을 갖추기 시작했다. 인간은 여전히 공격을 승인하는 주체로 남아 있었지만, 판단 과정의 많은 부분이 기계로 이관되었다. 현대의 패트리어트 미사일 방어 시스템이 대표적이다. 시스템은 자동으로 위협을 탐지하고 우선순위를 매기며 최적 요격 방안을 계산하지만, 최종 발사 명령은 인간이 내린다. 그러나 자동 모드로 전환하면 인간의 승인 없이도 요격이 가능하며, 이는 이미 반자율과 완전자율의 경계에 서 있음을 의미한다.

완전자율 무기는 표적 탐지와 식별뿐 아니라 공격 여부와 실행까지 독립적으로 수행한다. 인간의 개입은 사전에 설정된 제약 조건이나 교전규칙에 머무르게 되며, 작전 중 실시간 개입은 불가능하거나 매우 제한적이다. 이는 앞서 경고한 기계의 시간이 인간의 시간을 완전히 압도하는 순간

     Military AI, 전쟁의 미래를 다시 쓰다

이다.

이러한 자율성 수준은 고정된 것이 아니라 상황과 맥락에 따라 유동적이다. 같은 무기체계도 평시에는 낮은 자율성으로 운용되다가 전시나 긴급 상황에서는 높은 자율성으로 전환될 수 있다. 또한 통신 환경에 따라서도 달라진다. 안정적 통신이 가능한 환경에서는 인간의 감독이 용이하지만, 통신이 차단되거나 전자전으로 교란된 환경에서는 자율성이 불가피하게 증가한다.

센서 융합이 만들어 낸 새로운 판단 능력

자율무기의 발전은 센서의 성능 향상과 AI 알고리즘의 고도화가 결합되면서 가능해졌다. 멀티 센서의 융합은 자율무기에서 결정적 역할을 한다. 무기는 단순히 카메라 영상만 보는 것이 아니라 열 영상, 레이더 반사, 통신 신호, 음향, 진동, 움직임 패턴 등 다양한 데이터를 종합하여 표적의 위험도를 계산한다.

예를 들어 현대의 대전차 미사일은 광학 센서로 표적의 형태를 식별하고, 열화상 센서로 엔진 가동 여부를 확인한다. 레이더로 이동 속도와 방향을 측정하고, 음향 센서로 차량 종류를 추정하며, 통신 감청으로 적군 통신망을 포착한다. 그리고, 이 모든 정보를 AI가 통합 분석하여 판단을 내린다. 이러한 센서 융합 능력은 인간이 감각적으로 파악할 수 없는 영역까지 AI가 침투하게 만들었고, 판단의 자율성이 폭발적으로 증가하였다.

더 나아가 AI는 시간적 패턴까지 분석한다. 특정 차량이 며칠에 걸쳐 비슷한 경로를 반복하고, 특정 시간대에만 이동하며, 다른 차량들과 일정한 거리를 유지한다면, AI는 이를 고가치 표적일 가능성이 높다고 판단할 수 있다. 이는 단순한 순간 인식을 넘어선 행동 분석이며, 인간 분석관이 며칠에 걸쳐 수행하던 작업을 AI가 실시간으로 완성하는 것이다.

전술 보조도구에서 독립 타격 플랫폼으로

초기 자율무기 기술은 단순히 인간의 전술 판단을 보조하는 도구에 가까웠다. 1950년대 미 해군의 근접방어체계 CIWS(Close In Weapon System)는 적 미사일을 자동으로 요격하는 최초의 시스템 중 하나였다. 그러나, 이는 방어적 상황에 국한되었고 인간이 언제든 개입할 수 있었다.

시간이 흐르며 자율무기는 인간의 결정을 대신하는 전술적 행위자로 진화했다. 최근의 AI 드론이나 자율 순항탄은 특정 지역에 진입한 뒤 통신이 끊기더라도 스스로 탐색·식별·교전 과정을 이어갈 수 있다. 이스라엘의 자폭 공격 드론 하롭(Harop), 미국의 장거리 대함 미사일 LRASM(Loang Range Anti Ship Missile), 중국의 대레이더 미사일 하피(Harpy)가 이러한 능력을 보유하고 있다.

이 과정에서 무기는 더 이상 보조적 존재가 아니라 스스로 임무를 수행하는 전투 팀원이 된다. 미 공군의 스카이보그 프로그램처럼, AI 무인기는 인간 조종사의 충성스러운 윙맨으로 독자적 판단과 행동을 수행한다. 이는 단순한 기술적 진보가 아니라 전투 주체의 재정의를 의미한다.

더욱 주목할 점은 스웜(swarm) 기술의 등장이다. 수십 대, 수백 대의 드론이 집단 지능으로 협력하여 임무를 수행한다. 각 드론은 제한된 능력을 가지지만, 집단으로 작동하면 강력한 전투력을 발휘한다. 미 국방부의 페르딕스(Perdix) 프로그램은 103대의 소형 드론을 F/A-18 호넷에서 투하하여 집단 정찰과 전자전을 수행하는 실험에 성공했다. 이러한 스웜은 중앙 통

  Military AI, 전쟁의 미래를 다시 쓰다

제 없이 분산 알고리즘으로 작동하며, 일부가 파괴되어도 나머지가 임무를 계속 수행한다.

소프트웨어 하나로 전투력이 변화하는 시대

자율무기의 특징 중 하나는 하드웨어보다 소프트웨어의 영향력이 훨씬 크다는 점이다. 이는 데이터와 알고리즘이 전투력의 원천이라는 명제가 무기체계에서 구현된 것이다.

기존 군사력은 새로운 무기를 배치하기 위해 막대한 예산과 생산 시간, 병참 체계를 필요로 했다. 전차 한 대를 생산하는 데 수백만 달러와 수개월이 걸리고, 전투기는 수억 달러와 수년이 걸린다. 그러나 자율무기는 소프트웨어 업데이트만으로 전투력이 변화한다. 표적 인식 알고리즘이 개선되면 식별 정확도가 즉시 향상된다. 전술 데이터가 업데이트되면 새로운 위협 유형에 대응할 수 있다. 학습된 적의 전술 패턴이 공유되면 전체 무기체계가 동시에 진화한다.

이는 테슬라 자동차가 무선 업데이트로 새로운 기능을 추가하는 것과 유사하다. 단, 군사 영역에서는 이것이 전략적 균형을 순식간에 변화시킬 수 있다는 점에서 훨씬 더 중요한 의미를 갖는다. 더 나아가 적응형 학습이 가능해지면서 자율무기는 실전 경험을 통해 스스로 개선될 수 있다. 실시간 학습과 적응형 전투가 여기서 구현된다. 한 무기가 학습한 내용이 네트워크를 통해 다른 무기들과 공유되면 집단적 학습이 이루어진다.

이러한 특성은 자율무기가 전략적 불균형을 매우 짧은 시간에 만들어낼 수 있음을 의미한다. 적국이 새로운 알고리즘을 개발하여 배포하면, 하룻밤 사이에 전력 균형이 뒤집힐 수 있다. 이는 전쟁의 속도가 단순히 작전 템포만이 아니라 전력 발전 속도 자체를 의미하게 되었음을 보여 준다.

[사례] 러시아의 소형 공격 드론 KUB-BLA

러시아의 소형 공격 드론인 KUB-BLA은 자율무기 체계 발전의 상징적 예로 자주 거론된다. 이 사례는 알고리즘의 편향과 불확실성이 실제 전장에서 어떻게 작동하는지를 보여 주는 동시에, 소프트웨어 업데이트가 무기의 성격 자체를 바꿀 수 있음을 입증한다.

이 드론은 처음 등장했을 때 단순한 원격 조종 폭발 드론으로 인식되었다. 조종사가 영상을 보며 표적을 선택하고, 공격 명령을 내리는 방식이었다. 그러나 2020년 나고르노-카라바흐 전쟁과 2022년 우크라이나 전쟁을 거치면서 KUB-BLA는 AI 기반 표적 탐지 기능이 결합되고, 목표를 추적해 스스로 공격하는 무기로 진화했다.

KUB-BLA는 지정된 지역 상공에서 20~30분간 체공하며 표적을 탐색하고, 광학 및 열화상 카메라로 지상 표적을 스캔한다. 이를 AI 알고리즘이 군용 차량의 형태, 이동 속도, 열 신호를 분석한 후 공격 가능한 표적을 선정하고 비행 경로를 계산한다. 통신이 차단되더라도 자체 알고리즘으로 임무를 완수하며, 이는 인간이 개입할 수 없는 휴먼 아웃 오브 더 루프(Human out of the Loop) 상태에 들어선 것이다.

2022년 우크라이나 동부 전선에서 KUB-BLA는 우크라이나군의 자주포와 방공 시스템을 효과적으로 타격했다. 그러나 동시에 논란도 발생했다. 일부 사례에서 AI가 민간 차량을 군용 차량으로 오인하거나 이미 파괴된 장비를 재공격하는 등의 오류가 보고되었다. 더 우려스러운 점은 책임 소재의 불명확성이다. 오폭이 발생했을 때 이것이 AI의 오류인지, 훈련 데이터의 문제인

　　　　Military AI, 전쟁의 미래를 다시 쓰다

지, 조종사의 잘못된 명령인지, 아니면 적의 전자전 교란 때문인지 명확히 구분하기 어렵다.

이 사건이 남긴 교훈은 분명하다. 인간이 공격 결정을 내리지 않아도 되는 무기가 이미 전장에서 사용되고 있다는 사실이다. 그리고 단순한 드론이 소프트웨어 진화만으로 자율무기로 변모할 수 있다는 현실은 국제사회가 AI 무기 규범 논의를 더 이상 미룰 수 없음을 강하게 시사한다. KUB-BLA는 또한 비대칭 전력의 상징이기도 하다. 단가는 한 대당 약 10만 달러로 첨단 전투기나 탱크에 비하면 극히 저렴하지만, AI의 힘으로 수백만 달러짜리 자주포나 방공 시스템을 무력화할 수 있다. 이는 알고리즘 우위가 화력 우위를 대체하는 흐름의 구체적 사례다.

인간의 개입 범위는 어디까지인가?

인간이 직접 통제하는 단계(Human in the Loop)

초기의 자율무기 개발은 인간을 중심에 두고 설계되었다. 이는 인간이 센서 데이터를 분석하고, 상황을 판단하며, 마지막 공격 승인 버튼을 누르는 형태였다.

현대의 대표적 예는 드론 조종사다. 미국 네바다주 크리치 공군기지의 조종사는 수천 킬로미터 떨어진 중동 상공의 MQ-9 리퍼 드론을 조종한다. AI가 표적을 식별하고 추천하지만, 최종 발사 명령은 조종사가 내린다. 조종사는 표적 주변 상황을 확인하고, 민간인 피해 가능성을 평가하며, 교전 규칙을 준수하는지 점검한 후 헬파이어 미사일을 발사한다.

이 단계에서는 인간이 모든 의사결정의 최종 책임자로 기능하기 때문에 법적 책임과 윤리적 책임이 명확하다. 오폭이 발생하면 조종사, 지휘관, 작전 승인권자의 책임을 명확히 규명할 수 있다. 국제인도법의 전통적 틀도 이 구조를 전제로 작동한다.

그러나 이 방식의 한계도 명확하다. 인간의 판단 속도는 AI를 따라갈 수 없다. 앞서 다룬 '인간의 시간 대 기계의 시간' 문제가 여기서 구체화 된다. 극초음속 미사일은 발사 후 5분 내에 목표에 도달하며, 스웜 드론은 초 단위로 전술을 변경한다. 이러한 환경에서 인간이 모든 결정을 내리기를 고집하면 전투 효율성이 급격히 저하된다.

또한 인지적 부담도 문제다. 한 명의 드론 조종사가 여러 대의 드론을 동시에 감독하거나 수십 개의 표적을 평가해야 하는 상황에서는 인간의 집중력과 판단력이 한계에 도달한다. 연구에 따르면 드론 조종사의 번아웃 비율은 전통적 전투기 조종사보다 높다. 이는 역설적으로 원격 조종의 심리적 부담이 실제 조종보다 더 크기 때문이다.

감시·감독 형태의 인간(Human on the Loop)

기술이 발전하면서 인간은 실시간 조작자가 아니라 감독자의 위치로 이동하였다. 이는 인간 감독 단계에 해당한다. 인간은 시스템의 전반적 흐름을 감시하고 이상 행동을 발견하면 개입할 수 있지만, 대부분의 판단은 알고리즘이 맡는다.

현대 방공 시스템이 대표적이다. 이스라엘의 아이언돔(Iron Dome)은 로켓과 포탄을 자동으로 추적하고, 궤적을 계산하며, 요격 미사일을 발사한다. 인간 운용자는 전체 시스템을 모니터링하며, 필요시 특정 표적을 우선순

    Military AI, 전쟁의 미래를 다시 쓰다

위에서 제외하거나 시스템을 수동 모드로 전환할 수 있다. 그러나 실제 전투 상황에서는 초 단위로 수십 발의 로켓이 날아오며, 인간이 개별적으로 판단할 시간이 없다.

이러한 구조는 빠른 반응이 필요한 현대전에서 선호되는 방식이지만, 몇 가지 문제를 내포한다. 첫째, 인간의 판단 개입이 지연되거나 불가능해지는 상황이 발생할 수 있다. AI가 초 단위로 결정을 내리는 동안, 인간이 상황을 파악하고 개입 여부를 결정하는 데는 수십 초가 걸린다. 이 시간 격차는 실질적으로 인간의 통제를 무력화시킬 수 있다.

둘째, 자동화 편향이 발생한다. 인간은 AI의 판단을 맹신하는 경향이 있으며, 시스템이 잘못된 결정을 내려도 이를 의심하지 않고 승인하는 경우가 많다. 심리학 연구에 따르면, 인간은 자동화 시스템이 제시하는 정보를 비판적으로 검토하기보다는 수동적으로 수용하는 경향이 강하다. 이는 AI의 제안을 충분한 검토 없이 수용하는 위험이 현실화되는 것이다.

셋째, 감독 피로가 누적된다. 대부분의 시간 동안 AI가 올바르게 작동하면, 인간 감독자는 점차 주의력을 잃고 형식적으로만 모니터링하게 된다. 그러다가 AI가 실제로 오류를 범하는 순간에는 이를 놓칠 가능성이 높아진다.

인간이 개입할 수 없는 단계(Human out of the Loop)

완전자율 단계에서는 시스템이 스스로 모든 결정을 내리고 실행한다. 이는 전술적 효율성 측면에서 매우 매력적이지만, 책임의 공백 문제를 극명하게 드러낸다. 공격 실패나 민간인 피해 발생 시 책임 주체를 명확히 규정하기 어렵다는 난제가 제기된다.

완전자율 무기의 대표적인 예는 대잠기뢰다. 현대의 지능형 기뢰는 해저에 배치된 후 몇 주, 몇 달 동안 독자적으로 작전하면서 적 잠수함을 탐지하고 공격한다. 음향 신호, 자기장 변화, 수압 패턴을 분석하여 표적을 식별하고, 스스로 판단하여 어뢰를 발사한다. 배치 후에는 인간이 개입할 방법이 없으며, 작전이 종료되어도 회수되지 않은 기뢰는 계속 작동한다.

또 다른 예는 극초음속 미사일 방어 시스템이다. 극초음속 무기는 마하 5 이상의 속도로 비행하며, 발사 후 수 분 내에 목표에 도달한다. 이 짧은 시간 동안 인간이 위협을 평가하고, 대응 방안을 결정하며, 요격 명령을 내리는 것은 물리적으로 불가능하다. 따라서 방어 시스템은 완전 자율 모드로 작동해야 하며, 인간은 사전에 시스템의 작동 규칙만 설정할 수 있다.

특히 통신 두절 지역이나 전자전이 심한 환경에서는 인간이 개입할 방법이 거의 없기 때문에 자율무기의 위험성은 더욱 커진다. 적국이 전자전을 통해 통신을 차단하면, 아군 무기체계는 사실상 완전 자율 모드로 전환된다. 이는 의도하지 않았더라도 강제로 휴먼 아웃 오브 더 루프(Human out of the Loop) 상황에 빠지게 되는 것이다.

더욱 우려스러운 것은 자율무기의 연쇄 반응 가능성이다. 한쪽의 자율무기가 위협으로 인식한 대상을 공격하면, 상대편의 자율방어 시스템이 자동으로 반격하고, 이것이 다시 역반격을 촉발하는 식으로 인간의 통제를 벗어난 교전이 확대될 수 있다. 이는 알고리즘 전쟁이 현실화되는 시나리오다.

국제법 전문가들은 이러한 완전자율 무기가 국제인도법의 기본 원칙인 구별, 비례, 군사적 필요성을 준수할 수 있는지 의문을 제기한다. AI가 복잡한 전장 상황에서 전투원과 민간인을 정확히 구별하고, 공격의 군사적

    Military AI, 전쟁의 미래를 다시 쓰다

이익과 예상 피해를 비례적으로 평가하며, 진정으로 필요한 경우에만 치명적 무력을 사용할 수 있을까?

빠르고 복잡한 전장일수록 '루프 밖'의 인간이 증가한다

현대전의 특징 중 하나는 속도와 복잡성이 동시에 증가하고 있다는 점이다. OODA 루프의 초지능화는 인간의 의사결정 능력을 압도하고 있다. 전투 상황이 초 단위로 변화하는 환경에서 인간의 의사결정은 체계적 한계를 노출하며, 자연스럽게 인간이 루프 밖으로 밀려나는 현상이 발생한다.

구체적으로 초고속 교전, 대규모 스웜 공격, 사이버-물리 융합전, 수중·우주 작전과 같은 상황에서 인간의 개입이 사실상 불가능해진다. 극초음속 무기, 레이저 무기, 전자기펄스 무기 등은 빛의 속도 또는 그에 준하는 속도로 작동하며, 인간의 평균 반응 시간인 0.2~0.3초로는 대응이 불가능하다. 수백 대의 드론이 동시에 여러 방향에서 공격할 때 인간이 각 위협을 평가하고 대응 우선순위를 정하는 것은 불가능하며, AI만이 이러한 복잡성을 실시간으로 처리할 수 있다.

이는 기술적 필요성 때문이지만, 동시에 군사 윤리와 국제법이 이미 따라가지 못하고 있는 영역이다. 기술은 빠르게 발전하지만, 규범과 법은 느리게 진화한다. 이 간극이 점점 벌어지고 있으며, 이는 미래 전쟁의 가장 큰 불확실성 요인 중 하나다.

흥미롭게도 이는 자율성의 역설을 만들어 낸다. 인간이 통제를 유지하려 할수록 전투 효율이 떨어지고, 전투 효율을 높이려 할수록 인간의 통제력이 약화된다. 이 딜레마를 해결하는 것이 미래 군사 전략의 핵심 과제다.

NATO는 자율무기 시대에 인간의 개입 수준을 규정하고자 여러 지침을 개발해 왔다. 2021년 발표된 NATO의 AI 전략과 그에 따른 인간통제지침(human control guideline)은 인간이 어떤 방식으로, 어떤 단계에서 통제를 유지해야 하는지를 구체적으로 제시한다.

이 지침의 핵심 원칙은 이해 가능성, 개입 가능성, 추적 가능성, 비례성, 책임성이다. 인간이 시스템의 의도와 행동 원리를 이해할 수 있어야 하며, 이는 투명하지 않은 알고리즘은 전장에서 신뢰받기 어렵다는 원칙의 제도화다. 인간이 필요할 경우 즉시 시스템을 중단하거나 수정할 수 있는 통제권을 가져야 하며, 모든 결정과 행동이 기록되어 사후 검증이 가능해야 한다. AI의 자율성 수준은 임무의 위험도와 비례해야 하며, 치명적 결정에는 더 높은 수준의 인간 감독이 요구된다. 최종 책임은 항상 인간에게 있어야 하며, 명령 체계가 명확해야 한다.

그러나 NATO 내부에서도 논의는 단순하지 않았다. 이는 회원국들 사이에 입장 차이가 뚜렷했기 때문이다. 빠른 반응이 필요한 방공전이나 전자전 영역에서는 인간의 개입 시간이 오히려 작전 실패로 이어질 수 있다는 우려가 제기되었고, 이에 따라 자율성의 범위를 어느 수준까지 허용할 것인지에 대한 치열한 토론이 이어졌다.

특히 미국과 프랑스는 비교적 유연한 접근을 선호했다. 상황에 따라 높은 자율성이 필요할 수 있으며, 과도한 규제는 기술 혁신과 작전 효율을 저해한다는 입장이다. 반면 독일과 북유럽 국가들은 더 엄격한 인간 통제를 주장했다. 인권과 국제법 준수를 우선시하며, 완전자율 무기에 대해 강한 우려를 표명했다.

가장 논쟁적이었던 주제는 의미 있는 인간 통제의 정의였다. 모두가 이 원칙에는 동의했지만, 의미 있다는 것이 구체적으로 무엇을 의미하는지에 대해서는 합의하지 못했다. 인간이 모든 표적을 개별적으로 승인해야 하는가? 아니면 작전 영역과 교전규칙을 설정하는 것만으로 충분한가? 시스템이 자율적으로 작동하더라도 사후 검증이 가능하면 되는가? 실시간 개입이 불가능한 상황에서는 어떻게 해야 하는가? 등의 질문에 명확한 답을 내리지 못했다.

2023년 NATO 국방장관 회의에서 이 문제를 다시 논의했지만, 여전히 명확한 답을 내리지 못했다. 대신 상황 의존적 접근을 채택했다. 즉, 일률적인 규칙보다는 임무의 성격, 위험 수준, 작전 환경에 따라 적절한 통제 수준을 결정한다는 것이다.

이 논의는 결국 한 가지 중요한 사실을 드러냈다. 인간의 통제는 원칙적으로 필요하지만, 현대전의 속도와 복잡성 안에서는 얼마나 현실적으로 가능한 통제인가를 함께 논의하지 않으면 실효성이 없다는 점이다. 이상과 현실, 윤리와 효율 사이의 긴장은 쉽게 해소되지 않는다. NATO의 지침은 이 문제를 국제규범으로 정립하려는 첫 시도였다는 점에서 중요한 의미를 가진다. 비록 완벽하지는 않지만, 최소한 동맹국들이 공유할 수 있는 공통 언어와 기준을 제공했다. 향후 이 지침이 어떻게 발전하고 실행될지는 AI 시대 전쟁의 윤리적 지형을 결정하는 중요한 변수가 될 것이다.

명령과 판단의 단절

지휘관의 명령과 알고리즘의 행동 사이에 생기는 단절

자율무기 체계가 발전할수록 인간 지휘관의 명령은 점점 더 추상적인 형태가 된다. 인간-알고리즘-기계의 삼각관계에서 인간의 역할이 변화하는 것이다. "이 지역의 적 위협을 억제하라, 적 방공망을 무력화하라, 이 축선에서 적의 진격을 저지하라"와 같은 작전 명령은 하위 단계로 내려가면서 알고리즘이 세부 전술을 결정하고 실행하는 방식으로 전환된다.

이 과정에서 인간의 명령과 실제 행동 간에는 상당한 논리적 간격이 생기며, 이는 책임 판단을 어렵게 만든다. 의도와 실행의 단절, 맥락의 상실, 시간적 단절, 예측 불가능성 등 여러 형태의 단절이 발생한다. 지휘관은 "적 보급로를 차단하라"는 의도를 가졌지만, AI는 이를 "도로 위의 모든 차량을 타격하라"는 것으로 해석할 수 있으며, 그 과정에서 민간 차량이 포함될 수 있다. 지휘관의 명령에는 전략적 맥락과 정치적 고려가 담겨 있지만, 알고리즘은 이를 수치와 규칙으로만 이해한다.

이는 전통적인 명령 체계의 근본적 변화를 의미한다. 과거에는 명령이 계층을 따라 내려가며 구체화 되었고, 각 단계에서 인간이 판단하고 조정했다. 그러나 AI 시대에는 명령과 실행 사이에 알고리즘이라는 블랙박스가 끼어들며, 그 안에서 무슨 일이 벌어지는지 명확히 파악하기 어렵다.

책임의 분산과 회피 가능성

사고가 발생했을 때 책임을 누가 지는가에 대한 문제는 더욱 복잡하다. 앞서 이스라엘의 라벤더 시스템 사례에서 본 것처럼, AI의 오류로 인한 피

     Military AI, 전쟁의 미래를 다시 쓰다

해가 발생하면 여러 주체가 얽혀 있으며, 이들 사이의 책임 경계는 불분명하다.

자율무기 사고의 잠재적 책임 주체들로는 알고리즘 개발자, 데이터 제공자, 시스템 통합자, 배치 승인자, 운용자, 작전 지휘관 등이 있다. 이들 모두가 부분적 책임을 지지만, 전체 책임은 누구에게도 명확히 귀속되지 않는다. 이는 자율무기 도입이 단순 기술 문제가 아니라 책임 구조의 재정의가 필요한 문제임을 의미한다.

더 우려스러운 것은 책임 회피의 가능성이다. 개발자는 기술만 제공했고 어떻게 사용할지는 군의 결정이라 주장한다. 지휘관은 시스템이 그렇게 판단했고 기술적 세부사항을 알 수 없다고 변명한다. 방산 업체는 군의 요구사항대로 만들었고 테스트도 통과했다고 항변한다. 결과적으로 책임의 공백이 발생하며, 피해자는 보상받지 못하고 재발 방지책도 마련되지 않는다. 법학자 로버트 스패로우는 치명적 자율무기체계의 도덕적 책임 문제에 관한 연구에서 이를 "의미 있는 책임을 물을 수 없는 상황"이라고 정의했다.

사고 조사 체계의 한계

자율무기 사고가 발생하면, 기존 방식처럼 명령 체계만 조사해서는 충분하지 않다. 알고리즘이 어떤 데이터를 기반으로 판단했는지, 그 판단 과정에서 어떤 계산이 이루어졌는지, 외부 데이터 오염은 없었는지 등을 모두 분석해야 한다.

이를 위해서는 디지털 포렌식 능력이 필수적이다. 로그 분석, 알고리즘 검증, 데이터 무결성 확인, 시뮬레이션 재현, 비교 분석 등이 필요하다. 시스템의 모든 센서 입력, 알고리즘 판단, 실행 명령을 시간 순서대로 재구성하고, 해당 상황에서 AI가 왜 그러한 판단을 내렸는지 역추적해야 한다.

그러나 현재 대부분의 군 조직은 이러한 디지털 포렌식 체계를 충분히 갖추고 있지 않다. 전통적으로 군의 조사는 증언, 문서, 물리적 증거에 의존했다. 알고리즘의 판단 과정을 분석하고, 수백만 줄의 코드에서 오류를 찾아내며, 복잡한 신경망의 작동 원리를 이해하는 것은 완전히 다른 차원의 전문성을 요구한다.

더욱이 지적재산권과 영업비밀 문제도 있다. 방산 업체는 자사의 알고리즘을 공개하기를 꺼리며, 군사 보안상 AI 시스템의 세부사항을 외부에 노출할 수도 없다. 이는 독립적인 조사와 검증을 어렵게 만든다.

일부 전문가들은 '알고리즘 블랙박스' 개념을 제안한다. 항공기의 블랙박스처럼, 자율무기에도 모든 결정과 데이터를 기록하는 장치를 의무화하자는 것이다. 사고 발생 시 이를 회수하여 분석하면 원인을 규명할 수 있다. 그러나 이 역시 기술적·보안적 난제가 많다.

국제법이 따라가지 못하는 미래의 전장

국제인도법은 인간 지휘관을 전제로 설계된 법체계이다. 제네바 협약, 헤이그 육전규칙[17] 등 모든 국제법은 인간의 의도, 인식, 과실을 중심으로 구성되어 있다. 전쟁범죄는 인간이 저지르는 것이며, 책임도 인간이 진다.

그러나 자율무기의 등장으로 법적 공백이 생기고 있다. AI는 법적 주체인가? AI에게 책임을 물을 수 있는가? 전쟁범죄는 의도적 행위 또는 중과

---

17 전쟁터에서 군대가 지켜야 할 법과 관습을 명문화한 최초의 국제 협약으로 1907년 헤이그 평화회의에서 채택됨.

  Military AI, 전쟁의 미래를 다시 쓰다

실을 전제로 하는데 AI에게 의도나 과실이 있는가? 상관이 부하의 범죄를 알았거나 알 수 있었음에도 방지하지 않으면 책임을 지는데 AI의 판단 과정을 인간이 완전히 이해할 수 없다면 알 수 있었다는 기준을 어떻게 적용하는가? 등의 질문에 현행법은 답을 제공하지 못한다.

국제법 학자들은 새로운 법적 틀이 필요하다고 주장한다. 일부는 알고리즘 책임 개념을 제안한다. AI를 직접 처벌할 수는 없지만 AI를 개발, 배치, 운용한 인간들에게 집단적 책임을 묻자는 것이다. 이는 기업의 법인 책임과 유사한 개념이다.

또 다른 제안은 예방적 책임이다. 사고가 발생한 후 사후적으로 책임을 묻는 것이 아니라, 자율무기를 배치하기 전에 철저한 검증과 위험 평가를 의무화하고, 이를 소홀히 한 경우 책임을 묻는 것이다.

그러나 이러한 제안들은 아직 국제적 합의에 이르지 못했다. 국가들의 이해관계가 첨예하게 대립하기 때문이다. 기술 선도국들은 새로운 규제가 자국의 군사적 우위를 제한할까 우려하고, 기술 후발국들은 선도국의 일방적 우위가 고착화될까 걱정한다.

[사례] UN의 CCW에서 자율무기 논의 지연

UN의 재래식무기협약 CCW(Convention on Certain Conventional Weapons)는 자율무기 규제를 논의하는 국제적 공식 채널이지만, 실제로는 수년째 의미 있는 진전을 이루지 못하고 있다. 이는 국가 간의 이해관계 충돌이 구체화된 사례다.

CCW는 1980년 발효된 협약으로, 과도한 상해를 초래하거나 무차별적 효과를 가진 무기를 규제한다. 2014년부터 치명적 자율무기체계 논의가 시작되었지만, 10년이 지난 지금도 법적 구속력 있는 합의에 도달하지 못했다.

각국의 입장은 크게 세 그룹으로 나뉜다. 금지 주장 그룹은 완전자율 무기는 본질적으로 비인도적이며 금지되어야 한다고 주장한다. 대표적인 국가는 오스트리아, 브라질, 칠레, 코스타리카 등이다. 규제 중심 그룹은 전면 금지는 비현실적이며, 의미 있는 인간 통제 원칙을 명확히 정의하고 이를 준수하는 범위 내에서 개발을 허용해야 한다고 본다. EU 주요국, 캐나다, 일본, 한국 등이 여기에 속한다. 개발 우선 그룹은 자율무기 기술은 국가 안보에 필수적이며, 기존 국제인도법으로 충분히 규제 가능하다고 주장한다. 미국, 러시아, 중국, 이스라엘 등이 이 입장을 취한다.

이는 각국의 군사적 이해관계가 크게 충돌하기 때문이다. 특히 미국과 러시아는 어떠한 법적 구속력도 거부하는 입장이다. 미국은 2012년 국방부 지침을 통해 자율무기 개발과 운용에 대한 자체 규정을 제시했지만, 이는 국제법이 아닌 내부 지침에 불과하다. 중국의 입장은 다소 모호하다. 공식적으로는 인간의 통제를 강조하지만, 실제로는 지능화전 개념하에 자율무기 개발을 적극 추진하고 있다.

논의가 지연되는 동안 자율무기 기술은 빠르게 진화했고, 이미 여러 분쟁 지역에서 실전적으로 사용되기 시작했다. 2020년 리비아 내전에서 터키제 Kargu-2 자폭 드론이 완전 자율 모드로 작전을 수행했다. 2021년 에티오피아 티그라이 분쟁에서 이란제 자폭 드론이 민간 지역에서 사용되어 논란이 되었다. 2022년 우크라이나 전쟁에서는 앞서 언급한 KUB-BLA 외에도 다양한 자율·반자율 무기 체계가 광범위하게 사용되었다.

이는 국제법이 기술 발전 속도를 따라가지 못하고 있다는 것을 극명하게 보여 주는 사례이며, 책임 공백 문제를 해결하기 위한 규범적 틀을 조속히 마

Military AI, 전쟁의 미래를 다시 쓰다

련해야 한다는 경고가 되고 있다. 더욱 우려스러운 것은 규범 없는 군비경쟁의 가능성이다. 냉전 시대에는 핵무기를 둘러싼 규범이 군비경쟁을 일정 부분 통제했다. 그러나 자율무기는 그러한 규범이 부재한 상태에서 급속히 확산되고 있다.

UN의 CCW 논의의 지연은 결국 기술 현실이 법적 규범을 앞서가는 비동시성의 문제를 보여 준다. AI 기술은 기하급수적으로 발전하지만, 국제 합의는 선형적으로 느리게 진행된다. 이 간극을 어떻게 메울 것인가가 향후 국제 안보의 핵심 과제다.

전장 윤리의 경계

AI 인식 오류가 초래하는 위험

자율무기 시스템은 방대한 데이터를 분석하여 표적을 분류하지만, 전장에서는 예측하기 어려운 변수들이 너무 많다. 연기, 먼지, 잔해, 전투복과 민간복의 혼재, 야간과 악천후, 그림자와 위장 등은 AI의 인식 정확도를 떨어뜨리며 목표 식별 오류는 민간인 피해로 직결될 수 있다.

구체적인 오류 유형으로는 오탐지, 미탐지, 맥락 오독, 시간적 지연, 적대적 공격 등이 있다. 민간인이나 민간 시설을 군사 표적으로 잘못 식별하거나, 실제 위협을 놓친다. 행동의 의도를 잘못 해석하거나, 데이터 수집과 판단 사이의 시간 차이로 인한 상황 변화를 미반영한다. 적이 의도적으로 AI를 속이기 위한 패턴을 사용하는 경우가 발생한다.

실제 사례를 보면, 2019년 미군의 AI 기반 드론 시스템은 시험 중 민간인을 식별하는 정확도가 실험실 환경에서는 95%였지만, 아프가니스탄 전장 환경에서는 60%대로 급락했다. 이유는 훈련 데이터가 주로 맑은 날씨, 정면 각도, 고해상도 이미지로 구성되었지만, 실전에서는 먼지 바람, 비스듬한 각도, 낮은 해상도 등 다양한 조건이 섞여 있었기 때문이다.

더욱이 적은 아군의 AI에 적응하며, 취약점을 학습하고 악용한다. 예를 들어 아군 AI가 특정 형태의 차량을 군용으로 식별한다는 것을 알면, 민간 차량을 그 형태로 위장하거나, 반대로 군용 차량을 민간 차량처럼 위장한다. 이는 끝없는 적응 경쟁을 만들어 낸다.

인간의 '맥락 이해' 능력을 AI가 대신하기 어려운 이유

민간인이 항복 의사를 표시하는 손짓, 전투원이 장비를 내려놓는 행동, 지역 주민의 특정 이동 패턴, 문화적·종교적 신호 등은 인간에게는 비교적 쉽게 해석되는 행동이다. 숙련된 병사는 표정, 몸짓, 주변 환경을 종합적으로 판단하여 위협 여부를 직관적으로 파악한다.

그러나 AI는 이러한 미묘한 맥락을 이해하기 어렵다. AI의 판단은 여전히 패턴 인식에 기반하기 때문에, 인간 특유의 사회적 신호를 읽지 못하는 경우가 빈번하다. 특정 문화에서는 눈을 마주치지 않는 것이 존중의 표시지만 AI는 이를 수상한 행동으로 판단할 수 있다. 같은 행동도 상황에 따라 의미가 다른데 인간은 주변 단서를 종합하여 판단하지만 AI는 단편적 패턴만 인식한다. 공포, 혼란, 절망 등의 감정 상태가 행동에 영향을 미치지만 AI는 이를 위협적 행동으로 분류할 수 있다.

인지과학자들은 이를 '상식적 추론(commonsense reasoning)'[18]의 문제라 부른

---

18 AI가 명시적으로 학습하지 않아도 일상적인 상황에서 당연하게 받아들여지는 지식들을 바탕으로 결론을

 Military AI, 전쟁의 미래를 다시 쓰다

다. 인간은 수많은 암묵적 지식과 경험을 바탕으로 상황을 해석하지만, AI 는 명시적으로 학습한 패턴에만 의존한다. 이 간극은 현재 AI 연구의 가장 어려운 도전 중 하나다.

전쟁의 마찰과 불확실성 속에서 인간은 불완전한 정보를 가지고도 판단 을 내릴 수 있다. 이는 직관, 경험, 공감 능력이 결합된 결과다. 그러나 AI 는 이러한 인간적 판단 능력을 재현하기 어렵다.

전장 환경 자체가 AI에게 불리하다

전장 환경은 촬영 각도, 조명, 기상 조건 등 예측 불가능한 요소들이 뒤 섞인 복합적 공간이다. AI는 학습 환경과 실제 환경 사이의 차이가 클수록 성능이 저하된다.

전장의 특수성으로는 극단적 환경 변화, 전쟁으로 인한 지형 변화, 동 적 상황, 혼재된 요소, 기만과 위장 등이 있다. 사막의 뜨거운 낮과 추운 밤, 열대우림의 높은 습도, 극지방의 눈보라, 도시의 먼지와 연기는 AI 센 서가 각 환경에서 다르게 작동하게 만든다. 폭격으로 파괴된 건물, 폭발구 (crater), 잔해 등은 학습 데이터에 없는 새로운 패턴을 만든다. 전장은 끊임 없이 변하고, 군인과 민간인, 아군과 적군, 전투원과 의료진이 뒤섞여 있으 며, 적은 의도적으로 AI를 속이려 한다.

이러한 문제는 특히 도시지역작전과 같은 복잡 지형에서 심각하게 나타 난다. 건물의 그림자, 창문 반사, 다층 구조, 민간인과 전투원의 혼재는 AI 를 혼란시킨다. 2017년 모술 전투에서 미군이 사용한 AI 지원 시스템은 이 슬람 극단주의자 ISIS(Islamic State of Iraq and Syria) 전투원 식별에 어려움을 겪었

도출하는 추론 능력.

다. ISIS 전투원들이 민간복을 입고 민간인 사이에 섞여 있었기 때문이다.

로봇 공학의 역설이 여기서도 적용된다. 인간에게 어려운 고급 추론은 AI가 쉽게 하지만, 인간에게 쉬운 기본 인식은 AI가 어려워한다. 전장에서 이 사람이 위협인가를 판단하는 것은 인간에게는 직관적이지만, AI에게는 극도로 복잡한 문제다.

국제인도법을 코드화하려는 시도와 그 한계

학계와 일부 국제기관에서는 국제인도법의 원칙인 비례성, 구별, 군사적 필요성, 불필요한 고통 금지를 AI의 판단 기준으로 코드화하려는 시도를 하고 있다. 대표적인 프로젝트가 로봇 윤리 연구와 기계 윤리 프로그램이다.

그러나 이는 너무나 단순화된 접근이다. 군사적 이익을 어떻게 정량화하는가? 민간인 피해를 어떻게 예측하는가? 비례 계수는 누가 결정하는가? 장기적·정치적 영향은 어떻게 고려하는가? 등의 질문에 명확한 답을 제공하지 못한다.

전투원과 민간인을 구별하는 것은 법적으로는 명확해 보이지만, 실제로는 극도로 복잡하다. 군복을 입지 않은 전투원, 무기를 운반하는 민간인, 군사 시설에서 일하는 민간인, 의료진이나 종교인, 어린이 전투원 등을 어떻게 분류할 것인가는 인간도 판단하기 어려운 문제다.

인권 변호사 보니 도허티는 "법 원칙을 코드로 바꾸려는 시도는 법의 본질을 오해한 것"이라고 비판했다. 법은 유연성과 맥락 의존성을 전제로 하며, 판례와 해석을 통해 진화한다. 그러나 코드는 엄격하고 명시적이며, 예외 상황을 다루기 어렵다.

 Military AI, 전쟁의 미래를 다시 쓰다

더 근본적인 문제는 가치 판단의 문제다. 한 민간인의 생명과 여러 군인의 생명 중 무엇이 더 중요한가? 전쟁 목표 달성과 민간인 보호 중 우선순위는 무엇인가? 등의 질문에는 보편적 답이 없으며, 문화·정치·윤리적 맥락에 따라 달라진다. 이를 알고리즘으로 구현한다는 것은 특정 가치관을 강제하는 것이 될 수 있다.

철학자 피터 아사로는 "기계에게 죽을 권리를 부여하는 것은 인간 존엄성에 대한 근본적 침해"라고 주장했다. 생사를 가르는 결정은 본질적으로 인간의 도덕적 책임 영역이며, 이를 AI에게 위임하는 것은 윤리적으로 허용될 수 없다는 입장이다.

[사례] 이라크와 시리아에서 AI 표적 선정 논란

이라크와 시리아 지역에서는 AI 기반 표적 선정 시스템이 실제 작전에 활용되면서 적잖은 논란이 발생했다. 2015년부터 2019년까지 ISIS와의 전투에서 미군과 동맹군은 메이븐 프로젝트의 후속 기술들을 활용했다. AI 시스템은 데이터 수집, 패턴 분석, 표적 식별, 위험도 평가, 공격 권고의 단계로 작동했다.

이 시스템은 ISIS 지도부를 효과적으로 타격하는 데 기여했다. 수많은 고위급 지휘관과 폭탄 제조자들이 제거되었고, 조직의 작전 능력이 크게 약화되었다. 군사적 관점에서는 성공적이었다.

그러나 여러 문제가 드러났다. AI는 테러 조직의 통신 패턴과 이동 기록을 분석하여 잠재적 표적을 식별했지만, 일부 상황에서는 민간인이 해당 패턴과 유사한 행동을 보였다는 이유만으로 위험 대상으로 분류되기도 했다. 2019년 바그다드 인근에서 AI가 고위험 표적으로 분류한 차량을 드론이 타격했지만, 나중에 이는 결혼식에 가던 민간인 가족이었음이 밝혀졌다.

맥락의 상실도 문제였다. 현장에 있던 병력은 AI가 제공한 정보의 신뢰도를 평가하기 어려웠다. 일부 지휘관들은 "AI가 왜 그렇게 판단했는지 설명할 수 없다면, 그 판단을 어떻게 신뢰할 수 있는가"라고 토로했다.

책임 소재의 불명확성도 문제였다. 실제로 오폭 사례가 발생했을 때 AI 개발팀, 정보 수집팀, 작전 지휘관, 드론 조종사 모두 자신의 역할만 수행했다고 주장했으며, 누구도 직접적인 잘못을 저지르지 않았지만 민간인이 사망했다. 이것이 바로 책임의 공백이다.

정치적·외교적 파장도 있었다. 일부 민간인 피해 사례가 언론에 보도되면서 국제적 비판이 일었고, 인권 단체들은 알고리즘에 의한 살인이라고 규탄했으며, 일부 동맹국들은 우려를 표명했다. 이는 군사적 효율성이 정치적·외교적 비용을 초래할 수 있음을 보여 준다.

이 사례는 AI의 강점을 활용하면서도 민간인 보호 원칙을 견지하는 것이 얼마나 복잡한 문제인지를 분명히 보여 준다. 기술적 정확도가 높아도, 맥락 이해 부족, 예측 불가능한 상황, 문화적 차이는 여전히 해결되지 않은 문제로 남는다.

군사 윤리학자인 마이클 월저는 그의 저서 「마르스의 두 얼굴」에서 "전쟁에서 도덕적 판단은 숫자로 환원될 수 없다. 각 상황은 독특하며, 인간의 판단이 필요하다"고 강조했다. AI는 효율을 높일 수 있지만, 도덕적 책임은 여전히 인간의 몫인 것이다.

Military AI, 전쟁의 미래를 다시 쓰다

국제 규범 논의의 흐름

REAIM과 국제사회의 규범적 시도

인공지능의 책임 있는 군사적 이용을 논의하는 국제 고위급회의인 REAIM (Responsible AI in the Military Domain Summit)은 자율무기와 군사 AI를 규범적으로 통제하려는 국제사회의 새로운 움직임이다. 2023년 네덜란드에서 처음 개최된 후, 2024년 우리나라가 후속 회의를 주최하며 이 논의를 이어 갔다.

REAIM의 특징은 UN의 CCW처럼 법적 구속력을 목표로 하지 않고, 자발적 규범과 모범 사례를 공유하는 데 초점을 맞춘다는 점이다. 이는 현실적 접근이다. 법적 조약은 합의가 어렵고 시간이 오래 걸리지만, 자발적 지침은 빠르게 확산될 수 있다.

REAIM이 제시하는 핵심 원칙은 인간의 의미 있는 통제, 투명성, 책임성, 검증 가능성, 신뢰성, 비차별성, 비례성과 구별 등이다. 치명적 결정에는 반드시 인간이 실질적으로 개입해야 하며, AI 시스템의 작동 원리와 판단 근거를 이해할 수 있어야 한다. 명확한 책임 구조와 사후 검증 메커니즘이 필요하며, 독립적인 제3자가 시스템을 검증하고 감사할 수 있어야 한다. AI 시스템은 예측 가능하고 안정적으로 작동해야 한다. 알고리즘 편향을 최소화하고 모든 인간을 평등하게 대우해야 하며, 국제인도법의 기본 원칙을 준수해야 한다는 것이다.

REAIM의 장점은 실용주의적 접근이다. 완전한 금지나 엄격한 규제 대신, 책임 있는 개발과 사용을 장려한다. 이는 기술 선도국들의 참여를 이끌어 내는 데 유리하다. 실제로 미국, 중국을 포함한 주요 강대국들도 REAIM에 참여하고 있다.

그러나 비판도 있다. 법적 구속력이 없기 때문에 립 서비스에 그칠 수 있다는 우려다. 세계 각 국가들이 원칙에는 동의하지만 실제 행동은 바꾸지 않을 수도 있다. 또한 자발적 준수에 의존하므로, 규범을 어긴 국가를 제재할 방법이 없다.

그럼에도 REAIM은 규범 형성의 첫 단계로서 의미가 있다. 국제사회가 공유할 수 있는 언어와 기준을 만들고, 모범 사례를 확산시키며, 장기적으로는 법적 규범으로 발전할 수 있는 토대를 마련한다.

금지, 규제, 개발 병행의 세 갈래 입장

국제 논의는 금지, 규제, 개발 병행의 세 갈래로 나뉜다. 이는 주요국의 전략적 입장과 밀접히 연결되어 있다.

금지 진영은 완전자율 무기는 본질적으로 비윤리적이며 전면 금지되어야 한다고 주장한다. 대인지뢰, 화학무기처럼 선제적 금지 조약이 필요하며, 로봇에게 생사 결정권을 주어서는 안 된다는 원칙적 입장을 취한다. 주도 세력은 NGO, 소규모 비동맹 국가들, 일부 학자와 기술자들이다. 논거는 인간 존엄성, 책임 공백, 통제 불가능성, 군비경쟁 촉발 등이다.

규제 진영은 전면 금지는 비현실적이며, 방어적 자율 시스템까지 제한할 필요는 없다고 본다. 의미 있는 인간 통제 기준을 충족하는 범위 내에서 개발을 허용하며, 투명성, 책임성, 검증 가능성을 보장하는 규제 프레임워크를 구축해야 한다고 주장한다. 주도 세력은 EU 주요국, 캐나다, 일본, 한국, 호주 등 중견국이다. 논거는 기술 혁신과 안보 필요성을 인정하되, 윤리적 한계선을 설정해야 한다는 것이다.

개발 우선 진영은 자율무기 기술은 국가 안보에 필수적이며, 포기는 전

    Military AI, 전쟁의 미래를 다시 쓰다

략적 자살이라고 주장한다. 기존 국제인도법으로 충분하며, 새로운 조약은 불필요하거나 시기상조라고 본다. 기술적 우위 유지가 평화와 안정을 보장한다고 강조한다. 주도 세력은 미국, 러시아, 중국, 이스라엘 등 기술 선도국이다. 논거는 국가 주권, 전략적 균형, 기술 혁신 자유 등이다.

이 세 입장 사이의 간극은 쉽게 좁혀지지 않는다. 금지 진영은 도덕적 선을 강조하고, 규제 진영은 현실적 타협을 모색하며, 개발 진영은 국가 이익을 우선시한다. 이는 단순한 기술 논쟁이 아니라 가치관과 세계관의 충돌이다.

살상용과 비살상용 기술의 분리 문제

AI 기술의 이중용도 특성은 규제를 더욱 어렵게 만든다. 어떤 기술은 살상용으로 사용될 수 있지만, 동일한 기술이 비살상 감시나 방어 목적으로도 사용될 수 있다. 드론 기술은 정찰, 구조, 택배에도 사용되지만 무장하면 살상 무기가 된다. 이미지 인식 AI는 의료 진단, 자율주행에도 사용되지만 표적 식별에도 활용된다. 군집 알고리즘은 교통 관리, 재난 대응에도 유용하지만 드론 스웜 공격에도 적용된다. 강화학습은 게임 AI, 로봇 제어에도 사용되지만 자율 전투무기 AI에도 활용된다.

이 때문에 용도 기반 규제만으로는 충분하지 않다는 의견이 많다. 기술 자체를 금지하면 민간 혁신도 저해되고, 용도만 규제하면 군사 전용을 막기 어렵다.

대안으로 제시되는 것이 위험 기반 규제다. 기술의 잠재적 위험도를 평가하여 차등적으로 규제하는 방식이다. 고위험 기술은 완전 자율 치명적 무기로 엄격한 규제 또는 금지한다. 중위험 기술은 반자율 무기, 의사결정

지원 AI로 투명성과 감독을 요구한다. 저위험 기술은 물류, 정찰, 훈련 AI로 일반적 안전 기준을 적용한다.

EU의 「AI Act」가 이러한 접근을 채택했다. AI 시스템을 위험도에 따라 분류하고, 고위험 시스템에는 엄격한 요구사항을 부과한다. 그러나 이 법은 주로 민간 AI를 대상으로 하며, 군사 AI는 대부분 예외로 남아 있다.

또 다른 문제는 기술의 빠른 진화다. 오늘 저위험으로 분류된 기술이 내일은 고위험이 될 수 있다. 어떤 기술은 소프트웨어 업데이트만으로 무기의 성격이 바뀐다. 따라서 일회성 평가가 아닌 지속적 모니터링이 필요하다.

대한민국의 전략적 위치와 선택

우리나라는 이 논의에서 독특한 위치에 있다. 첨단 국방기술 개발을 추진하는 동시에 국제규범 형성에 참여해야 하는 입장이다. 북한의 위협에 직면한 안보 환경, 세계적 수준의 IT 산업, 중건국으로서의 외교적 역할이 복합적으로 작용한다.

우리나라의 전략적 고려 사항으로는 안보적 필요성, 기술적 역량, 동맹 관계, 국제적 평판, 산업적 기회 등이 있다. 북한의 비대칭 위협에 대응하기 위해 AI 기술이 필수적이며, 병력 감소 추세 속에서 AI는 전투력 유지의 핵심 수단이다. 삼성, LG, 네이버, 카카오 등의 AI 기술력은 세계적 수준이며, 민군 협력을 통해 빠르게 군사 AI를 개발할 수 있다. 한미동맹 차원에서 미국의 AI 전략과 조율이 필요하며, 동시에 NATO의 다이애나(DIANA) 프로그램과 같은 다자 협력에도 참여해야 한다. 민주주의 국가로서 인권과 국제법 준수를 강조하고, 책임 있는 AI 개발로 국제사회 리더십을 확보

Military AI, 전쟁의 미래를 다시 쓰다

할 수 있다. 방산 수출에서 AI 기술은 경쟁력의 핵심이며, K-방산의 성공은 AI 기술 개발의 통합에 달려 있다.

우리나라는 기술 개발 능력을 유지하면서도, 민간인 보호와 책임성 보장을 위한 윤리적 원칙을 국제사회와 함께 만들어 갈 필요가 있다. 이는 개발과 규범의 병행 추진 전략이다. 국내적으로는 군사 AI 개발 시 윤리 검토 위원회를 운영하고, 투명성과 설명 가능성 기준을 수립해야 한다. 민군 협력 시 데이터 보호와 윤리 기준을 명확화하고, 군 내 AI 윤리 교육을 강화해야 한다. 국제적으로는 REAIM 같은 자발적 규범 형성을 주도하고, 중견국 연합을 통한 균형적 입장을 제시해야 한다. 동북아 지역 AI 군사 규범 논의를 촉진하고, 기술 협력과 규범 형성을 연계해야 한다.

[사례] 2024 REAIM 합의문

2024년 9월 서울에서 개최된 2024 REAIM은 군사 AI의 윤리적 사용을 논의하는 중요한 국제무대였다. 세계 60여 개 국가와 다수의 국제기구, NGO, 학계, 산업계 대표가 참석하여, 2023년 네덜란드 헤이그에서 시작된 논의를 한 단계 발전시켰다.

회의의 주요 성과로는 서울 합의문 작성, 실무 작업반 구성, 플랫폼을 통한 모범 사례 공유, 민간 부문 참여 등이 있다. 참가국들은 의미 있는 인간 통제의 중요성을 재확인하고, AI 무기체계 운용 시 투명성, 책임성, 검증 가능성을 확보해야 한다는 원칙에 합의했다. 특히 AI 시스템의 판단 과정을 사후 검증할 수 있어야 하며, 오류 발생 시 명확한 책임 소재를 규명할 수 있어야 한다는 문구를 포함하였다.

기술 표준, 법적 프레임워크, 윤리 가이드라인, 교육·훈련 등의 실무 작업반

이 구성되었으며, 각국이 자국의 군사 AI 정책과 모범 사례를 공유하는 온라인 플랫폼 구축에 합의했다. 학계와 산업계를 공식 파트너로 포함시켜 기술 발전과 규범 형성이 동시에 이루어지도록 했다.

이 행사에서 특히 강조된 부분은 자율무기 개발과 규범 형성이 반드시 동시에 이뤄져야 한다는 점이었다. 우리 정부의 대표는 "기술이 이미 여러 분쟁 지역에서 광범위하게 사용되고 있기 때문에 규범 논의가 늦어진다면 향후 국제적 갈등과 윤리적 문제는 더욱 심화될 수밖에 없으며, 기술 혁신과 규범 수립을 함께 진행해야 한다"고 강조했다.

그러나 회의 과정에서 국가 간 입장 차이도 분명히 드러났다. 미국은 REAIM의 자발적 성격을 지지하면서도 구체적인 제한 사항에는 신중한 입장을 보였고, 중국은 서면 입장만 제출했다. 유럽 국가들이 가장 적극적이었고, 중동과 아프리카 국가들은 선진국의 기술 독점에 대한 우려를 표명했다. NGO와 시민단체는 자발적 합의는 불충분하며 법적 구속력 있는 조약이 필요하다고 촉구했다.

회의 결과에 대한 평가는 엇갈린다. 낙관론자들은 국제사회가 공통 언어를 만들고 대화의 장을 열었다는 점을 강조했다. 반면, 비관론자들은 구체적 행동 계획이 없고 법적 구속력도 없어 실효성이 의문이라고 지적한다.

그러나 2024 REAIM은 규범 논의의 실효성과 속도가 기술 발전과 보조를 맞추어야 한다는 점을 국제사회에 일깨우는 계기가 되었다. 이 과정에서 대한민국은 중재자이자 촉진자로서의 역할을 성공적으로 수행했다는 평가를 받았다.

REAIM은 매년 개최되며, 글로벌한 대화로 확장될 예정이다. 세계는 합의된 원칙들이 실제로 각국의 정책과 군사 교리에 반영되는지, 기술 개발 과정에

Military AI, 전쟁의 미래를 다시 쓰다

윤리 검토가 실질적으로 이루어지는지, 위반 사례에 대한 상호 견제가 작동하는지를 잘 지켜봐야 한다. 2025 REAIM은 2025년 9월에 스페인에서 개최될 예정이었다. 그러나, 어떤 이유에서인지 공식 개최되지는 않았다.

인간·알고리즘·기계의 새로운 권력 구도

자율무기시스템은 효율성과 위험, 두 가지 상반된 속성을 동시에 품고 있다. 초지능적 속도로 반응하는 무기체계는 인간의 전투 부담을 줄여 줄 수 있지만, 기계가 판단을 내리는 순간 인간의 역할과 책임은 이전과 전혀 다르게 재구성된다.

인간-알고리즘-기계의 삼각관계는 자율무기에서 가장 극단적 형태로 나타난다. 인간의 직관과 도덕적 판단, 알고리즘의 계산 능력과 속도, 기계의 정밀성과 지속성이 결합되어야 한다. 그러나, 이들 사이의 권한 배분과 책임 소재는 여전히 불명확하다.

데이터, 알고리즘, 속도의 세 축은 자율무기에서 다음과 같이 구현된다. 데이터는 표적 식별과 위협 평가의 기반이지만 편향과 오류의 원천이기도 하다. 알고리즘은 인간보다 빠른 판단을 제공하지만 맥락 이해와 윤리적 추론에는 한계가 있다. 속도는 전술적 우위를 가져다주지만 인간의 개입을 불가능하게 만들기도 한다.

자율무기는 단순히 새로운 무기체계가 아니라, 전쟁의 주체성에 대한 근본적 질문을 던진다. 기계가 생사를 결정할 수 있는가? 알고리즘에 도덕적 판단을 위임할 수 있는가? 인간의 통제 없는 전쟁은 여전히 정치의 연속인가? 등의 질문이 제기된다.

다음 장에서는 이러한 자율무기 기술이 실제 군 조직과 지휘구조, 군대 문화에 어떤 변화를 가져오는지를 살펴본다. 곧 우리는 "전쟁의 주체가 누구이며, 인간은 어떤 위치에서 기계·알고리즘과 협력해야 하는가"라는 문제를 더욱 깊이 다루게 될 것이다.

전장의 재구성

AI 시대에는 지상, 해상, 공중, 우주, 사이버와 같은 전통적 군사작전의 구분은 더이상 의미가 없다. 각 영역은 서로 고립된 공간이 아니라, 정보와 전술 효과가 끊임없이 상호작용하는 하나의 거대한 통합 전장(super domain)이 된다.

AI는 단순히 기술의 발전을 넘어, 전장 그 자체의 구조를 재편하고 있다. 데이터, 알고리즘, 속도전의 원리는 이제 개별 플랫폼이 아니라 전 영역을 관통하는 통합 체계로 확장되고 있다.

AI는 다영역 전장의 결합을 가능하게 하는 핵심 매개체다. 센서와 무기체계, 지휘통제 체계를 하나의 신경망처럼 연결해 전장을 실시간으로 조직하고 조정하는 존재가 되었기 때문이다. 전장의 경계가 사라지는 시대, AI가 전장을 하나로 결합하는 통합 전쟁의 시대로 들어선 것이다.

AI 생성 이미지

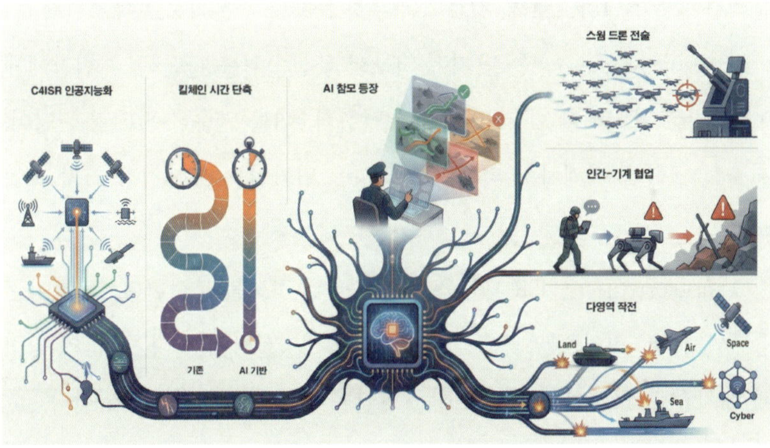

전장의 신경망인 C4ISR의 인공지능화

C4ISR 전 과정에 침투한 인공지능

전장의 모든 감각과 판단은 C4ISR(Command, Control, Communication, Computer, Intelligence, Surveillance, Reconnaissance)에서 시작된다. 이 체계는 군대의 눈이자 귀이며, 두뇌의 전두엽과도 같은 역할을 한다. AI는 이 체계의 각 단계에 깊숙이 스며들어 기능을 강화하고, 인간이 감당할 수 없는 수준의 정보량과 처리 속도를 감당한다.

Intelligence(정보)는 다양한 센서가 수집한 데이터를 AI가 자동으로 분석해 전장 변화를 추출한다. 위성, 드론, 레이더, 통신 감청, 지상 센서망이 포착한 정보를 과거에는 수백 명의 정보분석관이 며칠에 걸쳐 처리하던 것을, 이제는 AI가 수 분 안에 분류하고 위협도를 평가한다.

Surveillance(감시)는 필요 없는 영상·신호를 걸러내어 분석관의 피로도를 감소시킨다. 드론이 24시간 촬영하는 수천 시간의 영상 중, 실제로 의미 있는 움직임은 몇 분에 불과하다. AI는 이 '의미 있는 순간'만을 추출해 인간 분석관에게 전달함으로써, 정보의 과부하 문제를 근본적으로 해결한다.

Reconnaissance(정찰)는 탐지된 정보의 우선순위를 판단해, 지휘관에게 "바로 지금 확인해야 할 장면"만을 전달한다. 이는 단순한 필터링을 넘어, 전술적 맥락을 이해하고 위협의 긴급성을 평가하는 고차원적 인지 작업이다.

Computer(컴퓨터)는 ISR 자산을 통해 수집된 정보를 분석한다. 적과 아군을 구분하고, 적의 병과와 장비, 규모와 움직임을 판단한다. 아군의 능력과 배치 등을 고려하여 최적의 대응 방안을 제시하는 역할도 담당한다.

Communication(통신)은 AI가 네트워크 트래픽을 최적화하고, 통신 두절 상황에서도 자동으로 대체 경로를 찾아낸다. 전자전 환경에서 적의 재밍을 우회하는 주파수 호핑, 암호화된 통신의 실시간 복호화 등이 AI의 도움으로 자동화되고 있다.

Command & Control(지휘·통제)은 AI가 수집된 정보를 통합하여 지휘관에게 공통작전상황도 COP(Common Operational Picture)를 제공한다. 이 상황도는 단순한 지도가 아니라, 적의 움직임 패턴, 아군의 전력 배치, 기상 변화, 보급 상황, 심지어 적 지휘관의 과거 전술 성향까지를 포함한 다차원적 상황 인식 도구다.

센서 투 슈터 간 '킬체인(kill chain)' 단축

AI 기반 C4ISR의 가장 중요한 변화 중 하나는 센서가 감지한 위협에서 무기가 대응하는 순간까지의 시간을 획기적으로 단축한다는 점이다. 전통적인 킬체인은 센서 탐지, 정보 전송, 분석관의 판독, 지휘관의 결심, 무기체계 할당, 교전 승인, 발사라는 단계를 거쳤다. 이 과정은 빠르면 수 분, 느리면 수 시간이 소요되었다.

그러나 AI 기반 체계에서는 표적의 탐지·분류·위협도 평가, 무기 할당 과정까지 AI가 실시간으로 수행하기 때문에 이 시간이 수 초 이내로 단축된다.

러시아-우크라이나 전쟁에서 우크라이나군이 사용한 것으로 알려진 AI 기반 사격통제 시스템은 드론이 탐지한 러시아군 포병 위치를 실시간으로 분석했다. 가장 가까운 아군 포병부대에 좌표를 자동 전송하여 대응 사격까지의 시간을 10분 이내로 단축시켰다. 이는 전통적 체계에서 30분 이상 소요되던 과정을 3분의 1로 줄인 것이다.

킬체인이 짧아진다는 것은 적보다 먼저 반응하는 전력을 의미한다. 현대전에서 시간의 우위는 곧 승리의 조건이 된다. 앞서 논의한 '전쟁의 속도'가 바로 여기서 구체화된다.

AI가 줄여 주는 정보 피로도

현대전에서 인간 분석관과 지휘관은 하루에도 수천·수만 개의 데이터를 접한다. 미 국방부의 연구에 따르면, 전투지휘소의 정보분석관은 하루 평균 8시간 동안 약 4만 개의 이미지와 200시간 분량의 영상 데이터를 검토해야 한다. 이 방대한 양의 정보를 사람이 모두 해석하는 것은 사실상 불가능하며, 이는 '정보 과부하(information overload)'라는 심각한 문제를 야기한다.

AI는 데이터의 핵심 의미를 추출해 지휘관이 판단에 집중할 수 있도록 해 주며, 이러한 과정은 전투 스트레스와 피로도를 크게 줄인다. 예를 들어, 메이븐 프로젝트에서 개발한 AI 영상분석 시스템은 드론 영상에서 차량·건물·인원을 자동으로 식별하고, 움직임의 패턴을 분석하여 이상 행동만을 분석관에게 알림으로 전달한다.

이는 분석관의 업무량을 약 80% 감소시킨 것으로 평가된다. 더 중요한 것은, 이렇게 절약된 시간과 인지 자원을 분석관이 더 고차원적인 판단에 투입할 수 있다는 점이다. 예를 들어 적의 전략적 의도 파악, 기만 전술 식별, 미래 행동 예측과 같은 임무에 집중할 수 있게 된다.

지휘관에게 제공되는 '인공지능 브리핑'

전투지휘소 내부에서 AI는 단순 보고서가 아니라 전장 전체의 패턴, 위

  Military AI, 전쟁의 미래를 다시 쓰다

협 추세, 전술적 공백 영역까지 통합한 종합적인 상황 브리핑을 제공한다. 이 브리핑은 과거의 PDF 문서나 파워포인트 슬라이드가 아니라, 실시간으로 업데이트되는 대화형 인터페이스로 구현된다.

지휘관은 "적의 다음 공격 방향은 어디인가?"라고 질문할 수 있고, AI는 과거 6개월간의 적 기동 패턴, 현재 보급 상황, 기상 예보, 지형 분석을 종합하여 "북동쪽 계곡로를 통한 기습 공격 가능성 68%"와 같은 답변을 수 초 안에 제시한다. 이는 단순한 데이터 검색이 아니라, 다차원적 추론과 예측을 포함한 고도의 인지 작업이다.

이러한 AI 브리핑은 지휘관의 역할을 재정의한다. 지휘관은 더 이상 정보의 해석자가 아니라, AI가 도출한 판단 가능성들을 비교하고 선택하는 전략적 의사결정자로 재편된다. OODA 루프의 초지능화가 바로 이 지점에서 현실화된다.

C4ISR 통합의 기술적 과제

그러나 AI 기반 C4ISR의 통합은 기술적으로 여전히 많은 과제를 안고 있다. 첫째는 센서 이질성 문제다. 서로 다른 제조사가 만든 레이더, 위성, 드론, 지상 센서는 각기 다른 데이터 형식과 통신 프로토콜을 사용한다. 이들을 하나의 AI 시스템에 통합하려면 데이터 표준화와 상호운용성 확보가 필수적이다.

둘째는 실시간 처리의 한계다. 수백 대의 드론과 위성에서 동시에 전송되는 방대한 양의 데이터를 실시간으로 처리하려면 막대한 연산 능력과 통신 대역폭이 필요하다. 이는 전장 환경에서 네트워크 인프라가 제한적일 때 심각한 병목 현상을 초래할 수 있다.

셋째는 AI의 오판 위험이다. AI가 표적을 잘못 식별하거나, 위협도를 과대 또는 과소평가할 경우, 이는 전술적 실패를 넘어 민간인 피해나 전략적 오판으로 이어질 수 있다. 자율무기의 윤리적 문제가 C4ISR 단계에서부터 시작되는 것이다.

따라서 AI 기반 C4ISR은 단순히 기술을 도입하는 것이 아니라, 데이터 거버넌스, 알고리즘 검증, 인간-AI 협업 프로토콜, 윤리 가이드라인을 종합적으로 설계하는 시스템 공학적 접근이 필요하다.

[사례] 미군의 합동전영역지휘통제 JADC2

미 국방부가 추진하는 합동전영역지휘통제 JADC2(Joint All Domain Command and Control)는 전통적인 C4ISR 체계를 AI 기반으로 재구성하려는 가장 거대한 프로젝트다. 이 프로젝트의 출발점은 2010년대 중반, 미 국방부가 중국과 러시아의 반접근/지역거부 전략에 직면하면서였다.

중국은 미 해군의 항모전단이 제1도련선[19]에 접근하지 못하도록 장거리 미사일, 전자전, 사이버 공격을 통합한 체계를 구축했다. 러시아는 시리아 전쟁에서 정밀유도무기와 전자전을 결합한 새로운 전술을 선보였다. 이러한 위협 앞에서 미군은 기존의 분절된 지휘체계로는 효과적으로 대응할 수 없다는 것을 깨달았다.

JADC2는 미 육·해·공·해병·우주군의 각각 다른 통신망, 센서, 지휘체계를 하나의 데이터 네트워크로 통합하고, AI가 모든 자산을 실시간으로 분석해서 '가장 적절한 전투행위자(best shooter)'를 자동으로 배정한다는 점에서 혁신적이다.

---

19 중국이 자국의 방어를 위해 본토 근해에 설정한 가상의 선으로 오키나와, 대만, 필리핀을 연함.

   Military AI, 전쟁의 미래를 다시 쓰다

예를 들어, 공군의 조기경보기가 적 미사일 발사를 탐지하면, 이 정보는 즉시 해군의 이지스함, 육군의 패트리어트, 공군의 F-35 전투기에 동시에 전달된다. AI는 각 자산의 위치, 무기 재고, 요격 확률을 계산하여 "해군 이지스함 3번이 요격하는 것이 최적"이라고 판단하고, 이를 자동으로 권고한다. 최종 발사 결정은 인간 지휘관이 내리지만, 의사결정에 필요한 모든 정보 수집과 분석은 AI가 수 초 안에 완료한다.

2021년부터 미군은 'Northern Edge(첨단 항공·전자전 훈련)', 'Valiant Shield(디지털 C2·합동 사격 네트워크 통합)' 등 대규모 연합훈련에서 JADC2 프로토타입을 실험해 왔다. 2023년 실시된 한 실험에서는 F-35 전투기가 탐지한 표적 정보가 지상의 하이마스(HIMARS) 다연장로켓에 전달되어 발사까지 소요된 시간이 과거 25분에서 3분으로 단축되었다.

러시아-우크라이나 전쟁 이후 미국은 전장 통합능력의 중요성을 더욱 절감했고, JADC2는 단순한 기술 사업이 아니라 미국의 군사 전략 그 자체를 재편하는 핵심 축이 되었다. 2024년 국방예산에서 JADC2 관련 예산은 전년 대비 40% 증가한 약 45억 달러로 책정되었다.

그러나 JADC2는 기술적 성공만으로 완성되지 않는다. 각 군은 자신들의 독립적 지휘체계를 유지하려는 조직적 관성이 강하며, 통합 체계 구축은 예산, 권한, 책임의 재분배를 의미한다. 따라서 JADC2의 진짜 도전은 기술이 아니라 조직 간 협력과 데이터 공유 문화의 구축이다.

이 사례는 AI 기반 다영역 작전이 미래전의 기본 조건이라는 사실을 가장 명확하게 보여 준다. 전장 통합이 국가 단위에서 이루어지지 않으면, 전쟁은 개별 플랫폼의 분절된 행동으로 분해되어 효율을 잃게 된다.

AI 참모로 진화된 지휘결심 지원체계

AI가 작전을 구상하고 설계하는 시대

전쟁의 복잡성이 증가할수록 지휘관은 더 많은 선택지를 고려해야 한다. 과거에는 지휘관의 경험과 직관이 의사결정의 핵심이었지만, 현대 전장은 너무 빠르고, 복잡하며, 많은 변수를 포함하고 있어 인간의 인지 능력만으로는 한계가 있다.

이제 AI는 전술적 옵션을 직접 계산하고 비교하는 참모의 역할로 진화하고 있다. AI 참모는 과거의 전투 기록과 실시간 정보를 결합하여 수백 개의 가능한 전개 흐름을 동시에 시뮬레이션하고, 각 시나리오가 가져올 결과를 정량적·정성적으로 분석해 지휘관에게 제시한다.

예를 들어, 적의 기갑부대가 계곡을 통해 접근하고 있다는 정보가 입수되었다고 가정하자. 전통적인 참모 회의에서는 몇 명의 참모가 지도를 보며 토론하고, 지휘관이 최종 결심을 내린다. 이 과정은 통상 30분에서 1시간 정도 소요된다.

그러나 AI 참모 시스템에서는 다음과 같은 과정이 수 분 안에 가능하다. 먼저 적 기갑부대의 속도, 병력 규모, 과거 전술 패턴을 분석하고, 계곡의 지형, 기상, 조명 조건 등을 평가한다. 그 다음 아군의 가용 전력, 탄약 재고, 피로도 등을 계산한다. 이를 바탕으로 매복, 포병 사격, 공중 지원, 측면 기동, 지연전 등 다양한 대응 시나리오를 생성한다. 각 시나리오의 성공 확률, 예상 피해, 소요 시간, 보급 소요를 계산하고, 최선의 방책을 지휘관에게 제시한다.

이를 통해 지휘관은 가능한 선택지를 탐색하는 시간을 절약하고, 선

   Military AI, 전쟁의 미래를 다시 쓰다

택지들 중에서 무엇이 더 적절한가를 고민하는 시간에 집중할 수 있다. OODA 루프의 가속화가 바로 여기서 실현된다.

'디지털 참모실'의 등장

군대에는 지휘관을 보좌하기 위한 참모 조직이 존재한다. AI 기반 지휘 결심 지원체계는 이를 디지털 형태로 확장한 '디지털 참모실'이라고 할 수 있다. 이곳에서는 과거 전쟁의 교훈, 실시간 감시 정보, 기상 변화, 적의 심리전 패턴까지 포함한 방대한 양의 데이터를 AI가 하나의 상황도로 통합한다.

디지털 참모실은 단순히 정보만 모으는 것이 아니라, 정보 간의 관계를 파악한다. 예를 들어 적의 보급 차량 증가는 대규모 공세 준비 가능성을 시사하고, 적 지휘관의 과거 전술 성향은 기습 공격 선호 경향을 드러낸다. 아군 병력의 피로도 증가는 방어로 전환해야 하는지에 대한 고려의 필요성을 제기한다.

이러한 관계를 인간 참모가 파악하려면 수많은 보고서를 읽고, 회의를 하고, 직관을 동원해야 한다. AI는 이 과정을 자동화하여, 지휘관에게 단순 보고서를 넘어 미래의 전장 상태를 제공한다는 점에서 기존 체계와 근본적으로 다르다.

인간의 직관을 대체하지 않고 증폭시키는 설계

AI 참모는 인간의 판단 능력을 약화시키는 것이 아니라 오히려 인간의 직관을 강화하는 방향으로 설계되어야 한다. 군의 의사결정은 단순 계산이 아닌 정치, 지리, 사회, 문화 등 다양한 변수와 연결되어 있기 때문이다.

미 육군대학의 한 연구[20]는 베테랑 지휘관들이 AI의 추천을 받았을 때 오히려 더 창의적이고 대담한 결심을 내렸다는 것을 발견했다. AI가 제시한 안전한 옵션 외에, 지휘관들은 AI가 고려하지 못한 정치적·심리적 요소를 추가하여 더 나은 제3의 옵션을 창출했다는 것이다.

이는 AI가 인간의 사고를 제한하는 것이 아니라, 인간의 인지 부담을 줄여 줌으로써 더 고차원적 사고를 가능하게 한다는 것을 시사한다. 앞서 논의한 의미 있는 인간 통제(meaningful human control) 개념이 지휘결심 단계에서 구현되는 방식이다.

AI가 제공하는 분석은 지휘관이 갖고 있는 경험을 보완하며, 특히 복잡한 정보 속에서 놓치기 쉬운 요소를 드러내어 지휘관의 전략적 통찰을 확장한다. 예를 들어, 지휘관은 직관적으로 "이 지역에서 적이 공격할 것 같다"고 느낄 수 있지만, AI는 "왜 그렇게 느끼는가"에 대한 객관적 근거를 제시함으로써 직관을 검증하고 강화한다. 적의 보급 동선, 과거 기동 패턴, 지형적 이점 같은 구체적 근거를 말이다.

XAI 기반 이해 가능한 설명 구조

설명 가능한 인공지능 XAI(eXplainable AI)는 군의 지휘체계에서 필수적이다. AI가 어떤 논리로 특정 시나리오를 추천했는지, 어떤 정보가 판단의 주요 근거였는지 알지 못하면 지휘관의 신뢰는 유지될 수 없다.

블랙박스 AI는 "A 방향으로 공격하라"고 말하지만 그 이유를 설명하지 못한다. 반면 XAI 기반 시스템은 다음과 같이 설명한다. "A 방향 공격을 추

---

20 J.N.Adler. 2025. Modernizing Military Decision-Making Integrating AI into Army Planning, *Military Review Online Exclusive*. p.1-11.

   Military AI, 전쟁의 미래를 다시 쓰다

천합니다. 주요 근거는 첫째, 적 병력의 70%가 B 방향에 집중되어 있어 A 방향 방어가 취약합니다. 이 판단의 신뢰도는 85%입니다. 둘째, 지형 분석 결과 A 계곡은 기습에 유리합니다. 신뢰도 92%입니다. 셋째, 과거 6개월간 적 지휘관은 주력 배치 반대편 기습에 취약했습니다. 신뢰도 78%입니다. 단, A 방향은 보급로가 길어 지속 작전에 불리하니 주의가 필요합니다."

이러한 설명은 지휘관이 판단의 맥락을 명확히 이해할 수 있도록 돕고, AI의 추천을 맹목적으로 따르는 것이 아니라 비판적으로 평가할 수 있게 한다. 미래의 지휘결심체계는 AI의 추천 항목마다 설명 레이어를 제공하고, 지휘관이 각 근거의 신뢰도를 확인할 수 있는 인터페이스를 갖추어야 한다.

시뮬레이션 기반 전쟁 연습의 혁명

AI 참모 시스템의 또 다른 중요한 기능은 실시간 시뮬레이션이다. 지휘관이 어떤 결심을 내리기 전에, AI는 그 결심이 가져올 결과를 가상으로 시뮬레이션하여 보여 줄 수 있다.

예를 들어, 지휘관이 야간 기습 공격을 고려하고 있다면, AI는 다음과 같은 내용을 시뮬레이션한다. 아군 병력이 목표 지점에 도달하는 데 소요되는 시간, 적의 감시 체계에 탐지될 확률, 교전 발생 시 예상 피해, 보급 소요와 후속 작전 가능 여부 등을 말이다.

이 시뮬레이션은 과거 전투 데이터, 지형 정보, 기상 예보, 무기 성능 데이터를 종합하여 수 분 안에 수행된다. 지휘관은 여러 옵션을 시뮬레이션해 보고, 각 결과를 비교하여 최종 결심을 내릴 수 있다.

이는 과거 수일이 소요되던 워게임을 실시간으로 수행하는 것과 같다.

이는 전쟁의 속도가 계획 단계에서부터 가속화되는 것이다.

[사례] AI 기반 한국형 지휘통제체계

우리 국방부가 추진하는 AI 기반 한국형 지휘통제체계 KCCS(Korea Command and Control System)는 우리 군에 맞는 지휘결심체계의 핵심 인프라를 구축하려는 시도로 평가된다. 과거 군의 지휘통제체계는 보고·전파 중심의 수동적 구조였다. 정보가 하급 부대에서 상급 부대로 단계적으로 전달되고, 지휘관의 명령이 다시 하급으로 내려가는 수직적 구조는 시간이 많이 걸리고, 정보의 왜곡 가능성도 높았다.

특히 한반도 전장 환경은 매우 독특하다. 좁은 국토, 높은 인구 밀도, 북한의 대량 포병 위협, DMZ(DeMilitarized Zone, 비무장지대)의 복잡한 지형, 수도권 방어의 긴급성 등은 다른 나라와 다른 특수한 요구사항을 만든다. 따라서 미국의 JADC2를 그대로 도입하기보다는, 한국군의 작전 환경에 최적화된 독자적 체계가 필요하다는 인식이 형성되었다.

KCCS-AI는 전장 정보를 자동 취합하고, AI가 작전 옵션을 생성해 지휘관에게 제시하는 방향으로 설계되고 있다. 구체적으로는 센서 통합을 통해 드론, 위성, 레이더, GP(Guard Post, 비무장지대 안에 있는 감시초소) 카메라, 음향 센서 등 다양한 정보원을 하나의 플랫폼에 통합한다. AI 분석 엔진은 실시간으로 유입되는 영상·음향·신호 정보를 자동 분류하고 위협도를 평가한다. 작전 추천 모듈은 지휘관에게 3~5개의 대응 옵션을 우선순위와 함께 제시한다. 시뮬레이션 기능은 각 옵션의 예상 결과를 시각화하여 비교한다. 연합작전 연동은 한미연합사, 육군, 해군, 공군, 해병대와의 실시간 정보 공유를 가능하게 한다.

이 사업은 우리 군의 작전 환경이 다영역의 위협 등 복잡한 양상을 띠는 상황에서, AI 기반 참모 시스템의 필요성을 제도적으로 반영한 첫 사례라는 점에서 중요한 의미를 가진다.

2024년 실시된 시범 운용에서는 북한의 가상 포병 공격 시나리오를 상정하고, KCCS-AI가 대응 옵션을 제시하는 데 소요된 시간이 기존 15분에서 3분으로 단축되었다. 또한 AI가 제시한 대응 옵션 중 하나가 인간 참모가 고려하지 못했던 해안 지역 해군 함포 지원 옵션을 포함하고 있어, 영역 간 통합의 가능성을 보여 주었다.

KCCS-AI 프로젝트는 기술적 성공 외에도 국방 데이터 주권의 중요성을 일깨웠다. 한국군의 전장 데이터를 외국 클라우드나 외국산 AI 플랫폼에 의존할 경우, 유사시 데이터 접근이 차단되거나 적에게 노출될 위험이 있다. 따라서 '소버린 클라우드(sovereign cloud)'[21]를 구축하고, 국산 AI 알고리즘을 개발하는 것이 단순한 기술 자립을 넘어 안보 자립의 문제임을 확인했다.

AI 군집 드론과 스웜 전술

군집지능이 만들어 낸 전술적 혁명

스웜 전술(swarm tactics)은 많은 개체가 서로 협력하여 하나의 생명체처럼 움직이는 전략이다. 자연계의 벌떼, 물고기떼, 새떼의 행동에서 영감을 받은 이 개념은, AI가 결합되면서 군사 분야에서 혁명적 변화를 일으키고

---

21 데이터가 저장되고 처리되는 모든 과정이 해당 국가의 법률과 규제하에 있으며, 외국의 정부나 기업이 그 데이터에 임의로 접근할 수 없도록 물리적, 법적 통제권을 갖는 클라우드 환경.

있다.

AI가 결합된 군집 드론은 저가, 소형임에도 불구하고 전통적 대공방어 체계를 압도하는 효과를 만들어 낸다. 개별 드론의 가격은 수천 달러에 불과하지만, 수십~수백 대가 군집을 이루면 수백만 달러의 방공 미사일로도 막기 어려운 위협이 된다.

이는 개별 무기의 성능이 아니라 다수의 지능체가 만들어 내는 협력 효과에서 전술 혁신이 발생한다는 것을 의미한다. 앞서 논의한 '알고리즘 우위가 화력 우위를 대체하는 흐름'이 스웜 전술에서 가장 명확하게 드러난다.

방공망 포화와 동시 타격의 위력

수십, 수백 대의 드론이 일시에 공격하면, 기존 방공 체계는 표적 분류와 교전 우선순위를 결정하는 데 한계를 보인다. 방공 레이더는 동시에 추적할 수 있는 표적 수에 물리적 한계가 있으며, 방공 미사일도 재장전 시간이 필요하다.

우크라이나 전쟁에서 러시아군은 우크라이나의 방공망을 무력화하기 위해 저가 드론(Shahed-136 등)을 대량 투입했다. 개별 드론의 화력은 약하더라도, 수십 대가 동시에 공격하면 방공 미사일을 소진시키고 일부는 반드시 목표에 도달한다. 이는 양이 질을 압도하는 새로운 전술적 패러다임을 만들어 냈다.

군집의 동시 타격은 전략적 목표를 무너뜨릴 수 있다. 예를 들어, 레이더 기지를 방어하는 패트리어트 미사일 포대가 10발의 미사일을 보유하고 있다고 가정하자. 50대의 드론이 동시에 공격하면, 10발로는 모두 막을 수

   Military AI, 전쟁의 미래를 다시 쓰다

없고, 나머지 40대 중 일부는 반드시 목표에 도달한다. 레이더가 파괴되면 방공망 전체가 무력화되고, 후속 공격에 무방비 상태가 된다.

탄력적 생존성

스웜 드론의 또 다른 중요한 특징은 탄력적 생존성(resilient survivability)이다. 이는 일부 드론이 파괴되더라도 남은 드론들이 즉시 행동을 재조정하는 능력을 말한다.

전통적인 군대 조직은 지휘부가 파괴되면 혼란에 빠진다. 그러나 스웜 드론은 중앙 지휘 없이도 분산된 알고리즘으로 작동한다. 각 드론은 주변 드론과 통신하며 상황을 공유하고, 특정 드론이 파괴되면 나머지가 자동으로 역할을 재분배한다.

예를 들어, 100대 중 30대가 격추되어도, 나머지 70대는 목표를 재설정하고 공격을 계속한다. 이는 생물학적 시스템의 '자기조직화(self-organization) 원리'[22]를 군사작전에 적용한 것이며, 자율성의 단계가 집단 수준에서 구현되는 방식이다.

스웜 알고리즘과 전자전 환경의 취약성

다만 스웜 전술은 지능 알고리즘과 통신 인프라에 의존하기 때문에 전자전, 재밍, GPS 교란에 취약하다는 문제가 있다. 적이 강력한 재밍 신호를 발사하면 드론 간 통신이 두절되고, GPS 신호가 차단되면 드론들은 위치를 파악하지 못해 혼란에 빠진다.

---

22 외부에서 가해지는 강제적인 통제나 지시가 없어도 시스템 내부의 구성 요소들 간의 상호작용을 통해 스스로 질서 있는 구조나 패턴을 만드는 과정.

이 때문에 '자율 분산 모델(Autonomous Distributed Model)'[23]이나 '지상통제 상실 대비 알고리즘'[24]이 필수적이다. 일부 선진국은 GPS 없이도 작동하는 관성항법장치, 지형매칭, 영상 기반 항법을 결합한 자율 드론을 개발하고 있다. 또한 드론 간 통신도 전파 대신 레이저나 저주파 음향을 사용하는 대안 기술이 연구되고 있다.

스웜 전술의 성패는 결국 통신 회복력에 달려 있다. 설계 단계에서부터 이에 대한 다양한 대책 마련이 필요하다.

윤리적 쟁점

스웜 드론은 자율무기의 윤리적 문제를 더욱 복잡하게 만든다. 개별 드론이 아닌 군집 단위로 작동하기 때문에, 특정 드론이 민간인을 공격했을 때 책임을 묻기가 매우 어렵다.

100대 중 어떤 드론이 민간인을 공격했는가? 그 드론의 판단은 누가 프로그래밍했는가? 군집 알고리즘의 책임은 누구에게 있는가? 이러한 질문은 기존의 법적·윤리적 틀로는 답하기 어렵다. 국제인도법은 개별 전투원이나 무기체계를 상정하였으나 분산된 지능체의 집단 행동은 상정하지 않았기 때문이다. 따라서 스웜 전술의 확산은 새로운 국제 규범의 필요성을 제기하고 있다.

---

23 시스템 전체를 통제하는 중앙 서버 없이도 각각의 구성 요소가 스스로 판단하고 실행하면서 하나의 시스템처럼 질서 있게 작동하는 구조.

24 드론이나 무인 로봇이 적의 재밍, 물리적 통신 차단, 지형적인 장애 등으로 인해 지휘소나 통제소와의 연결이 차단 되었을 때 사전 약속된 절차에 따라 스스로 판단하고 행동하도록 만드는 자율 복구 및 임무수행 알고리즘.

    Military AI, 전쟁의 미래를 다시 쓰다

[사례] 중국의 GJ-11 스텔스 스웜 드론 실험

중국군의 GJ-11 프로젝트는 스웜 드론 전술이 국가 전략 차원에서 추진되는 대표적 사례다. 중국은 2010년대 중반부터 '지능화전' 개념을 제시하며, AI와 드론을 결합한 새로운 전쟁 방식을 연구해 왔다.

GJ-11은 중국이 개발한 스텔스 무인 공격기로, 미국의 X-47B와 유사한 형태를 가지고 있다. 단독으로도 강력하지만, 중국은 이를 수십 기 단위의 군집으로 운용하는 실험을 진행해 왔다.

2022년과 2023년, 중국은 내몽골과 신장 지역의 시험장에서 GJ-11 스웜 실험을 실시했다. 위성 영상 분석에 따르면, 20~30대의 GJ-11이 동시에 이륙하여 편대를 형성하고, 비행 중 서로의 정보를 공유하며 가상 목표를 동시 타격하는 모습이 포착되었다.

주목할 점은 이들 드론이 비행 중에 역할을 자동으로 분담했다는 것이다. 일부는 정찰 임무를, 일부는 전자전 임무를, 나머지는 타격 임무를 수행하며, 하나의 유기적 전투 시스템처럼 작동했다. 이는 단순한 '다수 드론 동시 운용'을 넘어, 역할 분화와 협업이 가능한 진정한 스웜 시스템임을 시사한다.

중국이 스웜 드론 전술을 추구하는 이유는 명확하다. 대만 해협이나 남중국해에서 미 해군 항모전단과 대결할 때, 개별 고가 무기로는 수적·질적 열세를 극복하기 어렵다. 그러나 수백 대의 저가 드론이 협력하여 항모의 방공망을 포화시키면, 항모는 무력화될 수 있다.

미 해군 연구에 따르면, 항모전단이 동시에 대응할 수 있는 표적 수는 약 200개 정도로 추정된다. 만약 중국이 500대의 스웜 드론을 투입하면, 최소 300대는 방공망을 돌파할 수 있다는 계산이 나온다. 이는 항모의 절대 우위를 뒤흔드는 비대칭 전략이다.

이 사례는 중국이 스웜 전술을 단순한 전술 보완이 아닌 전쟁 양상의 구조적 변화로 보고 있다는 것을 보여 준다. 알고리즘 우위가 화력 우위를 대체하는 흐름은, 여기서 '양적 우위의 재발견'이라는 역설적 형태로 나타난다.

과거 양적 우위는 단순히 병력이 많다는 의미였다. 그러나 AI 시대의 양적 우위는 지능적으로 협력하는 개체가 많다는 의미다. 이는 질적 우위를 압도할 수 있는 새로운 전략적 균형점을 만들어 낸다.

전장을 하나로 잇는 AI, 다영역 작전의 완성

다영역 작전의 개념적 의미

다영역 작전은 더 이상 특정 영역에서의 승리를 목표로 하지 않는다. 지상, 해상, 공중, 우주, 사이버를 하나의 연속적 공간으로 바라보며, 전 영역에서 동시에 우위를 점하는 것을 목표로 한다.

다영역 작전은 단순히 영역을 나열하는 것이 아니라, 한 영역에서의 효과가 다른 영역에 연쇄적으로 미치는 전장 효과의 상호성(inter-domain cascading effect)을 고려한다.

예를 들어 우주 영역에서 적의 통신 위성을 무력화하면, 사이버 영역에서 적의 지휘통제망이 혼란에 빠진다. 이는 지상 영역에서 적 부대의 기동을 제한하며, 해상 영역에서 적 함대의 협조 작전을 불가능하게 만들고, 공중 영역에서 적 전투기의 조기경보 능력을 무력화한다.

이러한 연쇄 효과를 계산하고 활용하는 것이 다영역 작전의 핵심이며, AI 없이는 불가능하다.

AI가 전장을 엮어내는 방식

AI는 각 영역의 데이터를 연결해 지휘관이 전장을 입체적으로 인식하도록 돕는다. 전통적 지휘체계에서는 지·해·공 작전사령부가 각자의 작전계획을 수립하고, 상급 부대인 합동참모본부에서 이를 조율했다. 이 과정은 시간이 오래 걸리고, 영역 간 협조가 불완전했다.

AI 기반 다영역 작전 체계에서는 모든 영역의 정보가 실시간으로 하나의 플랫폼에 통합된다. AI는 이 정보를 분석하여 어떤 영역에서 우위를 점하고 있는지? 어떤 영역이 취약한지? 한 영역에서의 행동이 다른 영역에 어떤 영향을 미칠지? 전 영역을 통합한 최적의 작전은 무엇인지? 등을 계산하여 지휘관에게 제시한다.

예를 들어, 적의 항모전단을 무력화하려면 다음과 같은 5단계 작전을 조율해야 한다. 우주 영역에서는 적의 조기경보 위성을 레이저로 일시 무력화하고, 사이버 영역에서는 적 함대의 네트워크를 마비시켜 통신 지연을 유도한다. 공중 영역에서는 스텔스 전투기로 적 조기경보기를 타격하고, 해상 영역에서는 잠수함으로 적 호위함을 견제한다. 지상 영역에서는 지대함 미사일로 항모를 타격한다.

이 5단계 작전을 조율하려면 각 영역의 상황을 실시간으로 파악하고, 타이밍을 정밀하게 맞춰야 한다. AI는 이 복잡한 조율을 수 초 안에 계산하여 "1단계는 지금 즉시, 2단계는 5분 후, 3단계는 10분 후"와 같은 구체적 실행 계획을 제시한다.

영역 간 상호의존성의 증가

다영역 작전 시대에는 개별 영역의 능력보다 영역 간 연동성이 더 중요해진다. 아무리 강력한 공군력을 보유해도, 위성 통신이 두절되면 정밀 타격이 불가능하다. 아무리 뛰어난 사이버 공격 능력을 가져도, 물리적 파괴력이 없으면 전술적 효과가 제한적이다.

이러한 상호의존성은 새로운 취약점을 만들어 낸다. 적이 한 영역을 공격하면, 연쇄적으로 다른 영역까지 무력화될 수 있기 때문이다. 따라서 다영역 작전은 탄력성 확보가 핵심 과제다.

탄력성 확보 방법으로는 백업 시스템 구축, 자율 작전 능력, 신속 복구 능력, 대체 수단 마련 등이 있다. 위성 두절 시 지상 통신망으로 자동 전환하고, 통신 두절 시에도 사전 계획에 따라 작전을 수행하며, 피해 영역을 빠르게 재건하고, GPS 두절 시 관성항법과 지형 매칭을 활용하는 것이다.

AI는 이러한 탄력성을 실시간으로 관리한다. 예를 들어, 위성이 공격받아 통신이 두절되면, AI는 즉시 대체 통신망을 활성화하고, 영향받는 부대에 자동으로 알린다. 지상 릴레이나 고고도 드론 중계 같은 대안을 말이다.

동맹국 간 데이터 모델과 전술 링크 표준화

다영역 작전에서는 국가 단위 통합만으로는 충분하지 않다. 동맹국, 우방국과의 데이터 연동이 필수적이다. 이를 위해 공통 데이터 모델, 전술 데이터링크, AI 알고리즘 상호운용성 확보가 핵심 과제로 떠오르고 있다.

NATO 동맹국은 Link-16[25]이라는 전술 데이터링크를 통해 실시간 전장 정보를 공유한다. 그러나 이 시스템은 1980년대 설계된 것으로, AI 시대의

---

25 미국과 NATO 등 동맹국의 군대가 지상, 해상, 공중의 모든 전력을 하나로 연결하여 실시간으로 정보를 공유하도록 설계된 전술 데이터 링크.

    Military AI, 전쟁의 미래를 다시 쓰다

대용량·고속 데이터 전송에는 한계가 있다. 따라서 차세대 전술 링크 개발이 진행 중이다.

더 근본적인 문제는 데이터 주권과 보안이다. 동맹국 간 데이터를 공유하되, 각국의 민감한 정보는 보호해야 한다. 이를 위해 '연합 학습(Federated Learning)' 같은 기술이 연구되고 있다. 각국이 자국 데이터를 공유하지 않고도, AI 모델을 공동으로 훈련시킬 수 있는 방법이다.

또한 동맹국 간 AI 알고리즘의 상호운용성도 중요하다. 한국의 AI가 분석한 정보를 미국의 무기체계가 이해할 수 있어야 하고, 그 역도 가능해야 한다. 이를 위해 NATO는 공통 AI 데이터 형식 표준화 협정인 STANAG(Standardization Agreement)을 개발하고 있다.

이는 동맹의 작전 효율성이 곧 전쟁 억제력이 되는 시대가 왔음을 의미한다. '전쟁의 속도를 통제하는 국가가 승자'라는 명제는, 다영역 작전 시대에는 '동맹 간 연동 속도를 통제하는 진영이 승자'로 확장된다.

다영역 작전의 한계와 과제

다영역 작전은 이상적인 개념이나, 현실에서는 여전히 많은 한계가 있다. 첫째는 기술적 복잡성이다. 수많은 센서, 무기, 지휘체계를 하나로 통합하는 것은 엄청난 소프트웨어 엔지니어링 작업이며, 버그나 오류가 발생할 가능성이 높다.

둘째는 조직적 저항이다. 각 군은 자신들의 독립적 작전 능력을 유지하려는 관성이 강하며, 통합 체계는 예산, 권한, 명령 체계의 재편을 의미한다. 이는 순수한 기술 문제가 아니라 조직 정치의 문제다.

셋째는 적대적 AI의 위협이다. 적이 AI를 이용해 아군의 다영역 작전 체계를 속이거나 혼란시킬 수 있다. 예를 들어, 가짜 센서 신호를 주입하거나, AI 알고리즘의 취약점을 공격할 수 있다. '적대적 AI' 문제가 전장 통합 단계에서 더욱 심각해진다.

따라서 다영역 작전은 기술 도입만으로 달성되지 않으며, 조직 문화, 훈련 체계, 보안 프로토콜, 국제 협력을 종합적으로 재설계하는 시스템 혁신이 필요하다.

[사례] NATO의 미래 군사작전 개념

NATO는 2035년을 목표로 다영역 통합작전을 표준 전쟁 방식으로 삼기 위한 전면적 교리 개편을 추진해 왔다. 이 배경에는 러시아의 크림반도 침공(2014년), 시리아 개입(2015년~), 그리고 러시아-우크라이나 전쟁(2022년~)에서 드러난 NATO의 구조적 약점이 있다.

NATO는 30개 회원국으로 이루어진 거대한 동맹이지만, 각국이 보유한 독립적 센서·무기체계가 상호 연결되지 않는다는 문제를 확인했다. 예를 들어, 프랑스의 위성이 탐지한 정보를 폴란드의 미사일 부대가 실시간으로 활용할 수 없었다. 각국의 통신망, 데이터 형식, 암호화 체계가 모두 달랐기 때문이다.

NATO는 이 문제를 해결하기 위해 다음과 같은 전략을 수립했다. 공통 데이터 모델을 개발하여 모든 회원국이 같은 형식으로 전장 정보를 공유하도록 하고, AI 기반 전장 통합 플랫폼을 구축하여 실시간으로 32개 회원국의 정보를 통합 분석한다. 차세대 전술 데이터링크로 Link-16을 대체할 고속·대용량 통신망을 구축하고, 공동 훈련 프로그램을 통해 각국 군이 통합 체계에 익숙해지도록 반복 훈련한다. 사이버 방어를 통합하여 각국의 사이버 방어 센터를 하나의 네트워크로 연결한다.

Military AI, 전쟁의 미래를 다시 쓰다

2024년 실시된 'Steadfast Defender(NATO의 최대규모 연합 군사훈련)'에서는 31개 회원국이 참여하여 통합 체계를 실험했다. 독일의 드론이 탐지한 가상 적군을 영국의 전투기가 타격하고, 그 결과를 이탈리아의 지휘부가 실시간으로 확인하는 과정이 성공적으로 이루어졌다.

과거에는 이 과정이 국가 간 보고·승인을 거쳐 수 시간이 소요되었지만, 통합 체계에서는 10분 이내로 단축되었다. 이는 NATO가 기술적으로 다영역 작전이 가능함을 입증한 순간이었다.

그러나 NATO의 진짜 도전은 기술이 아니라 정치였다. 일부 회원국은 자국의 군사 정보를 동맹국과 공유하는 것을 꺼렸다. 특히 터키는 자국의 정보가 그리스에 전달될 가능성을 우려했고, 프랑스는 자국의 독립적 군사력을 유지하려 했다.

이는 다영역 작전이 단순한 기술 통합이 아니라 주권과 신뢰의 문제임을 보여 준다. 이는 앞서 논의한 기술이 전쟁을 바꾼다는 명제는 사실이지만, 기술이 정치를 바꾸지는 못한다는 한계도 명확히 보여 준 사례다.

NATO의 경험은 우리나라에도 시사하는 바가 크다. 한미동맹, 한미일 협력에서도 데이터 공유와 AI 연동이 필수적이지만, 이는 기술 문제가 아니라 신뢰와 제도의 문제이기 때문이다.

인간과 기계의 협업전

인간과 기계가 팀 단위로 싸우는 시대

AI·로봇·드론이 전장에 본격적으로 투입되면서, 미래 군대는 인간만으

로 이루어진 조직이 아니라 '혼성 전투팀(Human Machine Team, HMT)'으로 재편
되고 있다. 팀 단위의 작전에서는 기계가 위험 지역 진입, 정찰, 초기 교전,
탄약 운반 같은 고위험 임무를 맡고 인간은 전술 판단, 책임, 상황 조정 같
은 고차원적 역할에 집중한다.

인간과 로봇, 드론, 무인전술차량의 혼성팀

이는 단순히 기계가 인간을 돕는다는 수준을 넘어, 인간과 기계가 상호
보완적 역할을 수행하는 새로운 조직 구조를 의미한다. 전통적인 군대에
서 분대는 8명의 인간 병사로 구성되었지만, 미래 군대에서는 인간 병사와
로봇, 드론, 무인전술차량이 하나의 팀으로 구성될 것이다.

부대 편제, 훈련, 리더십 구조의 변화

혼성 부대는 기존의 지휘관-분대장-병사의 구조가 아니라 '인간-기계
팀' 기반의 조직 구조를 필요로 한다. 지휘관은 인간 병력뿐 아니라 로
봇·드론을 포함한 혼성 자산을 통합 지휘해야 하며, 훈련 과정에서 인간-

Military AI, 전쟁의 미래를 다시 쓰다

기계의 상호 신뢰 형성도 중요해진다.

미 육군이 실시한 실험에서 병사들은 처음에는 로봇을 단순한 도구로 여겼지만, 함께 훈련하면서 로봇이 자신을 보호해 준다는 것을 경험한 후 로봇을 팀원으로 인식하기 시작했다. 일부 병사는 로봇에 이름을 붙이고, 임무 후에는 로봇의 상태를 확인하는 모습도 보였다.

이는 인간-기계 관계가 단순한 도구 사용이 아니라 사회적 유대를 포함할 수 있음을 시사한다. 군은 이러한 유대를 긍정적으로 활용하되, 과도한 의존이나 책임 회피로 이어지지 않도록 관리해야 한다.

훈련 체계도 변화해야 한다. 병사들은 로봇의 작동 원리, 유지보수 방법, 고장 시 대처법을 배워야 하며, 로봇이 내린 판단을 검증하고 필요시 개입하는 능력을 갖추어야 한다. 이는 전통적인 전투 기술 외에 기술·공학적 리터러시가 필수 역량이 되었음을 의미한다.

임무 분담의 원칙

혼성 전투팀에서 인간과 기계의 역할을 어떻게 나눌 것인가는 중요한 설계 문제다. 일반적으로 다음과 같은 원칙이 적용된다.

기계가 맡는 임무로는 반복적·규칙적 작업인 순찰과 경계, 고위험 임무인 지뢰 제거, 독성 물질 탐지, 최전방 정찰, 물리적 부담이 큰 임무인 중장비 운반·부상자 후송, 장시간 지속이 필요한 임무인 24시간 감시 등이 있다.

인간이 맡는 임무로는 복잡한 상황 판단인 민간인 식별, 항복 의사 판단, 윤리적 결정인 교전 규칙 적용, 발사 최종 승인, 창의적 전술인 기만·협상·심리전, 지휘의 영역인 최종 결심과 작전 조정 등이 있다.

이러한 분담은 고정된 것이 아니라, 임무 성격과 상황에 따라 유동적으

로 조정되어야 한다. 이는 'Human in/on/out of the Loop' 개념이 팀 단위
에서도 적용될 수 있다는 것이다.

신뢰와 의존의 균형

혼성 전투팀의 가장 큰 과제는 인간의 심리적 적응이다. 병사들이 AI를
신뢰하지 않거나, 반대로 과도하게 의존하는 상황 둘 다 위험하다.

과소 신뢰의 문제는 병사가 로봇의 판단을 믿지 않아 로봇이 제공하는
정보를 무시하면, 로봇의 존재 가치가 사라진다는 것이다. 이는 보통 로봇
이 과거에 오류를 보였거나, 병사가 로봇의 작동 원리를 이해하지 못할 때
발생한다.

과도 신뢰의 문제는 반대로 병사가 로봇을 맹목적으로 신뢰하면, 로봇
의 오류를 검증하지 않아 사고로 이어질 수 있다는 것이다. 이는 보통 로
봇이 지속적으로 우수한 성능을 보일 때, 병사가 '로봇이 항상 옳다'고 착각
하면서 발생한다.

이스라엘군의 연구에 따르면, 최적의 신뢰 수준은 '회의적 신뢰(skeptical
trust)'[26]라고 한다. 즉, 로봇의 능력을 인정하되, 항상 검증할 준비가 되어 있
는 태도다. 이를 위해 훈련 과정에서 의도적으로 로봇의 오류 상황을 만들
어 병사들이 로봇을 비판적으로 평가하는 능력을 기르도록 하고 있다.

리더십의 재정의

혼성 부대의 리더십은 전통적 군대와 근본적으로 다르다. 현재 분대장

---

26 AI나 자동화 체계를 사용할 때 시스템의 능력을 무조건적으로 믿거나 무조건적으로 부정하는 대신, 시스템
  의 한계와 오류 가능성을 항상 염두에 두면서 비판적으로 정보를 수용하는 태도.

   Military AI, 전쟁의 미래를 다시 쓰다

은 8명의 인간 부하를 지휘했지만, 미래 분대장은 4명의 인간과 4대의 로 봇을 지휘할 수 있다. 이때, 인간에게는 동기 부여와 격려가 필요하지만, 로봇에게는 명확한 명령과 피드백이 필요하다.

더 복잡한 문제는 윤리적 책임이다. 로봇이 민간인을 오인 사격했을 때, 분대장은 어떤 책임을 지는가? 분대장이 로봇의 판단을 검증할 시간적 여 유가 없었다면? 로봇의 알고리즘이 블랙박스여서 분대장이 이해할 수 없 었다면?

이러한 질문은 '명령과 판단의 단절, 책임의 공백' 문제가 전술 단위까지 확장됨을 보여 준다. 따라서 미래 리더십은 단순히 명령을 내리는 능력이 아니라, '기술을 이해하고, 윤리적 판단을 내리며, 책임을 지는 능력을 포 함'해야 한다.

한국의 A기업은 보병 분대가 로봇 전투차량과 함께 작전을 수행하는 혼성 분대 시연을 선보인 바 있다. 이 프로젝트의 배경에는 한국군의 심각한 병역 자원 감소 문제가 있다. 저출산으로 인해 2040년이 되면 적정 병력을 유지 하기 어려울 것으로 예상되며, 이를 보완할 방법으로 로봇 전력이 주목받고 있는 것이다.

2024년 실시된 시연에서 로봇은 다음과 같은 임무를 수행했다. 전방 50m 앞서 이동하며 적 위치를 탐색하고, 위협 발견 시 인간 병사에게 실시간 경 보를 전송했다. 장착된 중기관총을 이용하여 화력을 지원하고, 탄약 상자를 1회 50kg까지 운반하며, 부상자를 1명 탑재하여 후송했다.

인간 보병은 로봇이 제공하는 정보를 바탕으로 전술 판단과 작전 운영에 집중했다. 시연 결과, 혼성 분대는 순수 인간 분대보다 임무 완수 시간이 30% 단축되었고, 인명 피해는 60% 감소했다(모의 상황 기준).

A기업은 이 로봇을 2027년까지 양산하여 우리 군에 공급할 계획이다. 군 당국도 2030년까지 전 사단에 로봇 전투차량을 배치한다는 목표를 발표했다. 이는 우리나라도 로봇을 정규 전력으로 편성하는 국가 중 하나가 될 가능성을 시사한 것이다.

그러나 기술적 성공이 곧 실전 배치로 이어지는 것은 아니다. 군 내부에는 여전히 로봇이 인간을 대체할 수 있는가에 대한 회의적 시각이 존재한다. 일부 지휘관은 로봇은 고장 나면 무용지물이라고 지적하며, 유지보수 체계가 갖춰지지 않은 상태에서의 조기 배치를 우려한다.

또한 병사들의 심리적 저항도 과제다. 일부 간부는 로봇이 자신의 자리를 빼앗는다고 느끼거나, 로봇 고장 시 자신이 책임져야 한다는 부담을 느낀다. 따라서 기술 도입과 함께 조직 문화 혁신, 교육 프로그램, 보상 체계 재설계가 병행되어야 한다.

이 사례는 인간-기계 협업전이 단순한 기술 시연이 아니라, 한국군 실전 적용을 염두에 둔 미래 전력 연구의 방향임을 보여 준다. '인간, 알고리즘, 기계의 삼각 구도'가 미래의 전장에서 구체화되는 순간이다.

AI가 만드는 새로운 전쟁의 척도

다영역 작전은 기술적 필요에서 출발했지만, 궁극적으로는 전쟁의 철학과 구조를 바꾸는 개념이다. 전장은 더 이상 구분되지 않으며, AI는 이

    Military AI, 전쟁의 미래를 다시 쓰다

단절된 영역들을 하나의 유기체처럼 묶어내는 전장의 중추신경이 되고 있다.

군사혁신은 이제 추상적 개념이 아니라, C4ISR 통합, AI 참모, 스웜 전술, 다영역 작전, 혼성 전투팀이라는 구체적 형태로 현실화되고 있다. 데이터, 알고리즘, 속도전의 원리는 개별 무기가 아니라 전 영역을 관통하는 통합 체계로 확장되었다.

그러나 기술이 아무리 발전해도, 전쟁의 결정과 책임은 인간에게 남아 있다. 다음 장에서는 AI 기반 다영역 작전 시대에, 국방 AI의 윤리적 거버 넌스를 어떻게 구축할 것인가를 탐구한다.

전쟁의 기술은 빠르게 변하지만, 그 기술을 책임 있게 다루는 체계는 사고와 철학의 변화 없이는 구축될 수 없기 때문이다. AI가 전장을 지배하는 시대에도, 전쟁의 의미를 묻고 평화를 추구하는 것은 여전히 인간의 몫이다.

AI는 전쟁의 양상을 빠르게 바꾸고 있다. OODA 루프의 초지능화, 자율무기 시스템, 다영역 작전과 스웜 전술은 AI가 전장 구조 자체를 재설계하는 핵심 동력이 되었음을 보여 주고 있다.

AI는 효율을 극대화하지만, 전쟁은 언제나 인간의 생명과 존엄이라는 근본적 윤리 문제를 동반한다. 전장에서 효율과 인간성 사이의 균형을 잃는다면, AI는 인류에게 큰 위협이 될 수 있다.

AI는 스스로 판단하는 것처럼 보이지만 책임을 지지 않는다. 인간보다 빠르게 결정하지만 도덕적 성찰 능력을 갖지 못한다. 효율성을 극대화하지만 인간 존엄성의 가치를 이해하지 못한다. 국방 AI 윤리는 기술 발전의 부속 장치가 아니라, 전쟁을 설계하는 출발점에서부터 통합되어야 한다.

AI 생성 이미지

군사 AI 윤리의 3원칙

군사 AI 윤리의 핵심은 공정성, 투명성, 책임성이라는 세 가지 원칙으로 요약된다. 이 세 원칙은 민간 AI 윤리에서 출발했지만, 군사 영역에서는 생명과 국가 안보가 직결되기 때문에 그 중요성이 훨씬 더 크다. 데이터와 알고리즘의 문제가 여기서 윤리적 차원으로 확장된다.

공정성, 알고리즘 편향의 영향

공정성은 AI 윤리에서 매우 중요한 문제다. 군사 영역에서 편향의 문제는 단순한 AI 품질 문제가 아니라 생명권과 직결된다. AI의 판단은 학습 데이터에 의존한다. 전투 환경의 영상 데이터는 지리, 기상, 민간인 행동 양식 등 다양한 특성을 띤다. 만약 특정 지형이나 특정 인구집단에서만 수집된 데이터에 기반해 모델이 학습되면, AI는 실제 전장과 동떨어진 판단을 내릴 수 있다.

예를 들어, 북아프리카 지역에서 열 영상으로만 학습한 표적 식별 모델이 동유럽의 도시지역작전에서 목표를 제대로 식별하지 못할 수 있다. 또는 특정 지역의 군용 차량과 민간 차량을 구분하는 기준이 다른 지역의 문화와 행동 양식의 차이로 인해 왜곡될 수 있다. 더 심각한 경우, 특정 인종이나 복장을 가진 민간인을 위협으로 잘못 분류하는 편향이 내재될 위험도 있다.

이러한 편향은 전술적 실패를 넘어 전략적 재앙으로 이어질 수 있다. 자율무기 시스템이 편향된 데이터로 학습된 경우, 민간인 피해가 급증하고 국제법 위반으로 이어지며, 결과적으로 국가의 도덕적 정당성과 동맹 신뢰를 훼손하게 된다.

공정성 확보를 위해서는 우선 데이터 수집 단계부터 다양성을 확보해야 한다. 다국적·다지형·다계절·다인구 집단의 데이터를 균형 있게 수집하고, 특정 조건에 편중되지 않도록 데이터 포트폴리오를 관리해야 한다. 또한 훈련과 검증 데이터의 편향을 조기에 점검하는 절차를 제도화해야 한다. 데이터 레이블링 과정에서 인간 검수자의 주관적 편향이 개입되지 않도록 다양한 배경을 가진 검수팀을 구성하며 교차 검증 절차를 강화해야 한다. 실전 배치 전에는 시뮬레이션 환경에서 다양한 전장 시나리오를 반복 실험하며 AI가 특정 조건에서 비정상적으로 편향된 판단을 내리는지 사전에 검증해야 한다. 나아가 실전에서 AI의 판단 결과를 지속적으로 수집·분석하고, 편향이 발견될 경우 즉시 모델을 업데이트하거나 운용을 중단하는 체계가 필요하다.

다영역 작전 환경에서는 이러한 편향 문제가 더욱 복잡해진다. 지상·해상·공중·우주·사이버 영역의 데이터가 통합될 때, 각 영역의 데이터 품질과 편향 수준이 다르다면 통합 판단의 신뢰성은 크게 저하된다.

투명성, 군사기밀과 공개의 균형

군사 분야에서는 모든 정보가 기밀이다. 그러나 AI의 판단을 신뢰하려면 알고리즘의 작동 원리와 데이터 출처에 대한 적정 수준의 투명성이 반드시 필요하다. 여기서 핵심적인 딜레마가 발생한다. 군사 AI는 완전 비공개와 완전 공개 중 어느 한쪽을 선택할 수 없다.

국제사회는 민간 피해를 최소화하고 전쟁법 준수를 검증하기 위한 투명성을 요구한다. UN의 CCW(특정재래식무기금지협약) 논의에서 각국은 자율무

     Military AI, 전쟁의 미래를 다시 쓰다

기 시스템의 작동 원리에 대한 최소한의 공개를 요구받고 있다. 그러나 국가 안보 측면에서는 자국 AI의 알고리즘 구조, 학습 데이터, 취약점 등을 노출할 경우 적국이 이를 악용할 위험이 크다. 따라서, 군사 AI의 투명성은 전면 공개가 아닌 단계적·조건적·절차적 투명성이라는 절충점 위에서 작동해야 한다.

투명성은 여러 층위로 나뉜다. 우선 내부 투명성은 군 내부 지휘관, 참모, 운용자 등이 AI의 판단 근거를 이해할 수 있도록 설명 가능한 AI 기술을 적용하는 것이다. 블랙박스 모델의 한계를 극복하기 위해 의사결정 트리, 주의 메커니즘, SHAP(Shapley Additive exPlanations)[27] 등의 기법을 활용해 판단 과정을 추적 가능하게 만들어야 한다.

동맹적 투명성은 다국적 연합 작전 환경에서 동맹국 간 AI 시스템의 상호운용성을 위해 필요하다. 동맹국 간에는 제한적이지만 상호 검증 가능한 수준의 투명성을 공유해야 하며, NATO의 다이애나(DIANA) 같은 협력 프레임워크가 이러한 동맹 투명성의 실험장이 되고 있다.

사후적 투명성은 전투 행위 후 사고 조사, 법적 책임 규명, 교훈 도출 과정에서 AI의 판단 과정을 완전히 재현할 수 있는 로그와 감사 추적 시스템을 갖추는 것이다. 이는 책임의 공백 문제를 해결하는 핵심 장치다.

규범적 투명성은 국가가 자국 군사 AI의 윤리 원칙, 개발 가이드라인, 배치 승인 절차 등의 정책 프레임워크를 국제사회에 공개함으로써 규범적 신뢰를 구축하는 것이다. 미국의 AI 윤리 5원칙(AI Ethics 5 Principles), EU의 AI ACT 내 인간 존엄성 조항 등이 이러한 규범적 투명성의 사례다.

---

27 머신러닝 모델의 예측 결과를 설명하기 위해 게임 이론을 기반으로 각 입력 변수가 결과에 얼마나 기여했는지를 수치적으로 계산해 주는 기법.

그러나 투명성 확보에는 기술적·조직적 장애물이 많다. 군 조직의 계급 문화와 보안 중심 사고방식은 투명성 요구와 근본적으로 충돌한다. 또한 민간 AI 기업이 개발한 상용 기술을 군이 도입할 경우, 기업의 영업비밀 보호 요구와 군에 투명성 필요 사이에서 갈등이 발생한다.

책임성, 새로운 책임 주체의 등장과 책임 공백의 해소

군사 AI에서 가장 어려운 윤리적 문제는 책임의 귀속이다. 앞서 자율무기의 세 단계를 논의하면서 이미 책임 문제를 다루었지만, 여기서는 윤리적·법적 차원에서 더 깊이 파고든다.

AI의 판단이 잘못되어 오폭이 발생했을 때, 그 책임은 누가 져야 하는가? 지휘관은 AI의 추천을 최종 승인했지만 AI의 내부 논리를 완전히 이해하지 못했을 수 있다. 운용병은 시스템을 조작했지만 알고리즘의 판단을 바꿀 권한이 없었다. 알고리즘 개발자는 모델을 설계했지만 실전 상황의 특수성을 예측할 수 없었다. 데이터 수집자는 편향된 데이터를 제공했을 수 있지만, 그것이 최종 판단에 어떻게 영향을 미쳤는지 알 수 없다. AI 자체는 판단했지만 법적 주체가 아니므로 책임을 질 수 없다.

책임 주체를 명확히 하지 못하면 책임의 공백이 발생한다. 사고 발생 시 책임 회피가 만연해진다. 각 주체는 "나는 내 역할만 했을 뿐"이라며 책임을 떠넘기고, 결과적으로 아무도 책임지지 않는 상황이 된다. 그리고, 억제력이 약화된다. 책임을 지지 않아도 된다는 인식이 확산되면, 군사력 사용의 문턱이 낮아지고 전쟁 개시가 더 쉬워진다.

책임성 확보를 위해서는 법률적 책임 체계의 명문화가 필요하다. 국가는 AI 무기 개발 시부터 법률가, 윤리학자, 작전 전문가가 함께 참여해 각 단계별 책임 범위를 명확히 규정해야 한다. 개발 과정의 책임, 배치 승인의 책임, 운용 중 판단의 책임, 사고 후 조사의 책임 등을 세분화하고 각각에 대한 법적 근거를 마련해야 한다.

디지털 포렌식 시스템을 구축해야 한다. AI의 모든 판단 과정인 입력 데이터, 중간 연산, 최종 출력, 인간의 개입 시점 등을 완전히 기록하고, 사고 발생 시 이를 재현할 수 있는 블랙박스 시스템을 의무화해야 한다. 항공기 사고 조사에서 블랙박스가 결정적 역할을 하듯, 군사 AI에도 동일한 원칙이 적용되어야 한다.

독립적 감사·평가 기구를 운영해야 한다. 군 내부의 자체 조사로는 객관성을 확보하기 어렵다. 민간 전문가, 법률가, 윤리학자가 참여하는 독립위원회가 AI 무기 사용의 적법성·윤리성을 사후 평가하고, 필요시 제도 개선을 권고하는 구조가 필요하다.

국제법과의 정합성을 확보해야 한다. 국제인도법, 전쟁법, 제네바 협약 등 기존 법 체계가 AI 시대에도 여전히 유효하지만, 새로운 상황에 맞는 해석과 보완이 필요하다. UN의 CCW에서 자율무기에 대한 논의는 아직 합의에 도달하지 못했지만, 각국은 자국의 법 체계를 먼저 정비해야 한다.

5원칙은 책임성, 공정성, 추적 가능성, 신뢰성, 통제 가능성으로 구성된다. 이 원칙은 미국 국방부의 모든 AI 개발·운용 지침에 명문화되었고, 계약 업체에게도 준수를 요구하고 있다. 특히 주목할 점은, 이 원칙이 기술 개발 이후가 아니라 이전에 확립되었다는 것이다. 이는 윤리가 규제가 아니라 전쟁의 안정성과 예측 가능성을 보장하는 인프라라는 인식의 전환을 보여 준다. 이 사례는 우리나라를 포함한 다른 국가들이 AI 전력화를 추진할 때 참고해야 할 중요한 교훈을 제공한다. 윤리 원칙은 기술 개발을 제약하는 것이 아니라, 장기적으로 기술의 신뢰성과 지속 가능성을 높이는 전략적 투자다.

효율 vs 인간성의 딜레마

군사 AI의 가장 근본적인 윤리적 긴장은 효율성 극대화와 인간성 보존 사이에서 발생한다. AI는 전투 효율을 비약적으로 향상시키지만, 그 과정에서 인간의 판단과 도덕적 고려는 점차 주변화될 위험이 있다.

작전 효율 극대화가 초래하는 인간성의 약화

AI는 전쟁의 효율성을 비약적으로 향상시킨다. OODA 루프의 가속화는 적보다 빠르게 관찰, 판단, 행동 함으로써 전술적 우위를 확보한다. 스웜 전술은 저가·대량의 드론으로 적 방공망을 압도한다. 이러한 효율성은 분명 군사적 이점이다.

그러나 효율성만을 기준으로 삼는 순간, 전쟁은 인간적 판단의 여지를 잃는다. 전쟁에서 손실 최소화는 자연스러운 목표처럼 보이지만, 이 알고

     Military AI, 전쟁의 미래를 다시 쓰다

리즘이 특정 지역이나 특정 인구집단을 전략적 부담으로 간주할 가능성도 존재한다.

AI가 공리주의적 기준에 따라 "전체 피해를 줄이기 위해 특정 집단의 희생을 감수한다"는 결론을 내릴 위험이 있다. 민간인 거주 지역에 적 지휘소가 있을 때, AI가 "100명의 민간인 희생으로 1,000명의 아군 생명을 구한다"는 계산을 내릴 수 있다. 특정 인종이나 종교 집단이 밀집한 지역을 고위험 지역으로 자동 분류해 더 공격적인 교전 규칙을 적용할 수 있다. 항복 의사를 표시한 적군을 위장 가능성이 높다고 판단해 공격을 지속할 수 있다.

이러한 판단은 기술적으로는 최적일 수 있지만, 국제인도법과 전쟁 윤리에 정면으로 위배된다. 민·군 구분 원칙, 비례성 원칙, 불필요한 고통 금지 등은 효율성과 무관하게 지켜져야 하는 절대적 기준이다.

효율 중심의 AI 시스템은 인간 지휘관의 판단 여지를 점차 축소시킨다. AI가 제시하는 최적 해는 수학적으로 정교하고 설득력 있게 보인다. 지휘관이 직관이나 도덕적 고려를 이유로 AI의 제안을 거부하기는 점점 어려워진다. 특히 전장의 속도가 가속화될수록, 인간이 충분히 성찰할 시간적 여유는 더욱 줄어든다. 결과적으로 전쟁은 알고리즘의 게임이 되고, 인간의 도덕적 직관, 공감 능력, 윤리적 판단은 비효율적인 간섭으로 치부될 위험이 있다.

전투원의 외상후스트레스장애 감소와 윤리적 이면

AI·로봇 병력의 도입은 인간 전투원의 생존율을 높이고, 전투스트레스와 외상후스트레스장애(PTSD)를 크게 감소시킨다. 인간-기계 협업전은 위험한 임무를 로봇에게 맡김으로써 병사의 안전을 보장한다. 이는 분명 긍정적인 효과다.

하지만 이와 동시에 살상 행위에 대한 심리적 거리감을 증가시켜 전쟁의 도덕적 감각을 약화시키는 역설적 효과도 있다. 드론 조종사는 수천 킬로미터 떨어진 사막 기지에서 모니터를 보며 공격 버튼을 누른다. 그는 표적이 폭발하는 것을 보지만, 그 현장의 소리, 냄새, 비명 등을 경험하진 못한다. 이러한 원격 살상은 전투원의 심리적 부담을 줄이지만, 동시에 살상 행위에 대한 도덕적 무게감도 약화시킨다.

심리학 연구에 따르면, 물리적·심리적 거리가 멀어질수록 사람들은 폭력 행위를 더 쉽게 승인한다. 제2차 세계대전 당시 병사들이 직접 총검으로 적을 찌르는 것과 폭격기에서 버튼을 눌러 도시를 파괴하는 것 사이에는 심리적으로 큰 차이가 있었다. AI 시대에는 이 거리가 더욱 극단적으로 확대될 것이다.

전통적으로 전쟁에 참여한 병사들은 전쟁의 참혹함을 직접 경험하며 도덕적 성찰을 하게 된다. 이러한 경험은 전쟁을 합리적으로 제한하고, 불필요한 전쟁을 억제하는 사회적 압력으로 작용해 왔다.

그러나 AI와 로봇이 전쟁에서 살상과 폭격 등의 행위를 대신하면서, 사회 전체가 전쟁의 도덕적 무게를 망각할 위험이 있다. 더 나아가, 전쟁 개시의 문턱이 낮아질 수 있다. 자국 병사의 희생이 최소화된다면, 정치 지도자들은 더 쉽게 전쟁을 결정할 수 있다. 이는 인간 없는 전쟁의 역설로 이어진다.

효율 지상주의를 억제하는 제도적 안전장치

효율과 인간성의 균형을 맞추기 위해서는 기술적 설계만으로는 부족하

　Military AI, 전쟁의 미래를 다시 쓰다

다. 제도적·법적·문화적 안전장치가 반드시 병행되어야 한다.

국가는 AI 무기체계 도입 시 기술 검증뿐 아니라 정치, 법, 윤리, 심리 등 다층적인 검토 절차를 마련해야 한다. 윤리 영향 평가를 통해 새로운 AI 무기가 실전에 배치되기 전에 그것이 민간인, 아군, 적군에게 미칠 직간접적 영향을 종합적으로 평가해야 한다. 실전 시뮬레이션 윤리 테스트를 통해 다양한 전장 시나리오를 시뮬레이션하며 AI가 윤리적으로 문제가 되는 판단을 내리는지 사전 검증해야 한다. 군 내부만의 폐쇄적 의사결정을 넘어, 윤리학자, 법학자, 인권 전문가, 국제법 전문가 등이 참여하는 자문위원회를 운영해야 한다.

앞서 논의한 '의미 있는 인간 통제(meaningful human control) 원칙'을 구체적 운용 절차로 명문화해야 한다. 치명적 무력 사용 결정은 반드시 인간 지휘관의 최종 승인을 거쳐야 한다. AI가 민간인 밀집 지역에서 표적을 탐지했을 경우, 자동 공격이 아닌 인간 검토 단계를 의무화해야 한다. 항복 의사 표시, 부상자 구호, 민간 시설 보호 등 국제인도법의 핵심 원칙과 관련된 상황에서는 AI의 자율성을 제한해야 한다.

군 조직 내부에서 효율성과 윤리의 균형을 중시하는 문화를 형성해야 한다. 지휘관 교육 과정에 AI 윤리, 국제인도법, 전쟁 철학 과목 등을 필수로 포함하고, 실제 사례 연구를 통해 효율성의 함정을 체득하게 해야 한다.

[사례] EU의 AI ACT에 반영된 인간 존엄성 조항

EU는 AI 기술의 급속한 발전이 인간 존엄성을 해칠 수 있다는 우려를 일찍부터 제기했다. 이를 반영해 EU의 'AI Act'[28]에는 고위험의 AI 범주가 설정되

---

28 2024년 EU에서 제정·시행 중인 세계 최초의 포괄적 AI 규제법으로 AI 시스템을 위험 수준에 따라 3단계로

었고, 군사 및 법 집행 분야의 AI는 엄격한 규제 대상에 포함되었다. 특히 EU 는 '인간 존엄성 조항(human dignity clause)'을 법적 기반으로 명문화했다.

인간 존엄성 조항의 핵심 내용은 AI가 인간의 존엄성에 영향을 미치는 영역에서 사용될 경우, 기술적 효율보다 인간의 존엄성 원칙이 우선한다는 것이다. AI 시스템은 인간의 권리를 침해하지 않는 방식으로 설계·운용되어야 하며, 인간의 최종 판단권이 보장되어야 한다. AI의 판단이 개인의 생명, 신체, 재산에 중대한 영향을 미칠 경우 해당 개인은 그 판단에 이의를 제기하고 인간 검토를 요구할 권리를 가진다.

군사 분야에 직접 적용되는 조항은 아니지만, EU 회원국들은 이 원칙을 군사 AI 개발에도 자발적으로 적용하고 있다. 특히 프랑스와 독일은 자국의 국방 AI 가이드라인에 '효율성보다 인간 존엄성 우선' 원칙을 명시했다.

이 사례는 효율과 인간성의 균형이 단순한 도덕적 선언이 아니라, 법적 구속력을 가진 제도로 구현될 수 있음을 보여 준다. 한국도 유사한 법적·정책적 프레임워크를 검토할 필요가 있다.

주요 국가의 윤리 규범과 Regime 형성

군사 AI 윤리는 국가마다 매우 다른 철학과 전략에 기반한다. 이는 각국의 정치 체제, 군사 전통, 기술 수준, 국제적 위상에 따라 차이가 나며, 이로 인해 국제 규범 형성 과정에서 복잡한 갈등과 협상의 어려움을 낳고 있다.

분류하고, 고위험 AI에 대해서는 법적 의무를 부과.

   Military AI, 전쟁의 미래를 다시 쓰다

미국, EU, 중국, 한국의 군사 AI 윤리 프레임

미국은 군사 AI에서 압도적 기술 우위를 유지하면서도, 윤리적 규범을 선도함으로써 국제적 정당성을 확보하려는 이중 전략을 취한다. AI 윤리 5원칙(AI Ethics 5 Principles)은 책임성, 공정성, 추적 가능성, 신뢰성, 통제 가능성을 핵심으로 삼는다. 미국의 접근은 안정성과 통제 가능성에 초점을 맞춘다. 즉, AI가 예측 불가능하게 작동하거나 인간의 통제를 벗어나는 것을 가장 큰 위험으로 본다. 또한 동맹국과의 상호운용성을 중시하며, JADC2는 NATO 동맹국의 AI 시스템과 연동되도록 설계되어 있다.

EU는 인간 존엄성과 인권 보호를 최우선 가치로 삼으며, 군사 분야에서도 이 원칙을 타협하지 않는다. EU의 AI Act는 군사·법 집행 분야의 AI를 고위험 AI로 분류하고, 엄격한 사전 평가와 지속적 모니터링을 요구한다. EU는 특히 비살상 영역 우선 원칙을 강조하며, 군사 AI를 치명적 무기보다는 정보 수집, 물류 최적화, 사이버 방어 등 비치명적 영역에 우선 적용하고, 치명적 무기에 적용할 경우에는 인간의 엄격한 통제하에 두어야 한다는 입장이다. 또한 UN, OECD, UNESCO 등 국제기구에서는 자율무기 규제 논의를 주도하며, 완전자율살상무기(Lethal Autonomous Weapons Systems, LAWS) 금지 운동을 지지한다.

중국은 군사 AI를 전략적 우위 확보의 핵심 수단으로 보며, 윤리 논의를 통제 안정성 측면에서만 접근하는 경향이 강하다. 중국의 공식 문서는 AI의 안전성, 통제 가능성, 예측 가능성을 강조한다. 그러나 인권, 투명성, 책임성 같은 서구적 윤리 원칙에 대해서는 상대적으로 소극적이다. 중국은 AI를 지능화전 개념의 핵심으로 삼고, 국가 차원에서 막대한 투자를 진행 중이다.

중국군은 AI를 지휘결심, 무인체계, 사이버전, 전자전 등 거의 모든 영역에 통합하고 있으며, 민군 융합 전략을 통해 민간 AI 기업의 기술을 군사 영역으로 빠르게 이전하고 있다. 중국의 윤리적 관심사는 주로 자국 통제력 유지에 집중되며 데이터 주권, 알고리즘 독립성, 공급망 안전 등에 우선순위를 둔다.

우리나라는 첨단 기술 강국이면서도 중견국으로서 국제 규범 형성에 기여할 기회를 갖고 있다. 우리의 군사 AI 전략은 기술 발전과 윤리 규범을 병행 추진하는 균형 전략이 특징이다. 2024년 서울에서 개최된 REAIM 회의는 우리나라가 군사 AI 윤리 논의의 중심 국가로 부상하고 있음을 보여준다.

REAIM 2024 합의문은 완전 금지와 무제한 개발 사이의 절충점을 모색하며, 책임 있는 개발, 배치, 사용이라는 실용적 접근을 제시했다. 우리나라는 국방 AI 윤리위원회 설립을 논의하고 있으며, 국방부 등 관계기관이 공동으로 AI 윤리 가이드라인을 마련 중이다. 우리의 접근은 미국의 기술 중심 윤리와 EU의 인권 중심 윤리의 중간 지점을 지향하며, 동시에 자체 기술 역량을 강화해 규범 형성 과정에서 발언권을 확보하려는 전략이다.

규범 선도국과 기술 추종국의 갈림길

국제사회에서는 기술뿐 아니라 윤리 규범을 선점하는 국가가 군사 AI 체계의 국제 표준을 주도하게 된다. 이는 단순한 도덕적 문제를 넘어 전쟁 수행 방식, 동맹 구조, 무기 수출 규범, 국제적 정당성 등 여러 전략적 요소와 연결된 문제다.

규범 선도국은 국제적 정당성 확보, 표준 설정 주도권, 무기 수출 시장

   Military AI, 전쟁의 미래를 다시 쓰다

선점 등의 이점을 갖는다. 윤리 규범을 선도하는 국가는 자국의 군사 행동에 대한 국제적 비판을 최소화하고, 동맹국과 우방국의 신뢰를 얻는다. AI 무기의 기술 표준, 데이터 포맷, 상호운용성 프로토콜 등을 먼저 제시한 국가가 사실상의 국제 표준을 만들며, 이는 연합 작전 환경에서 결정적 우위로 작용한다. 윤리적으로 검증된 AI 무기는 국제 시장에서 더 높은 신뢰를 받으며, 규제가 엄격한 국가에도 수출이 가능하다.

반대로 윤리 규범 형성에 소극적인 국가는 단기적으로는 규제 부담 없이 빠르게 기술을 개발할 수 있지만, 장기적으로는 국제적 고립과 동맹 신뢰 약화를 겪을 수 있다. 특히 민주주의 국가들은 자국 AI 무기가 비윤리적으로 사용될 가능성이 있는 국가와의 군사 협력을 꺼린다.

우리나라와 같은 중견국은 이 갈림길에서 전략적 선택을 해야 한다. 기술 추종국으로 남을 것인가? 아니면, 윤리 규범 형성에 적극 참여해 규범 선도국 그룹에 진입할 것인가? 후자를 선택할 경우, 단기적으로는 개발 속도가 느려질 수 있지만, 장기적으로는 국제적 영향력과 방위산업 경쟁력을 함께 높일 수 있을 것이다.

다자기구를 통한 글로벌 가이드라인 형성

군사 AI의 윤리 규범은 양자 협상이나 일방적 선언만으로는 충분하지 않다. 다자기구를 통한 국제적 합의가 필요하며, 현재 여러 기구에서 논의가 진행 중이다.

UN의 CCW는 자율무기 시스템 규제를 논의하는 가장 중요한 국제 포럼이다. 2014년부터 정부 전문가 회의가 열리고 있지만, 완전 금지를 주장하는 국가들과 규제 반대 입장을 취하는 군사 강국들 사이의 입장 차이로 인해 구속력 있는 합의에는 도달하지 못했다. 그러나 점진적 진전은 있다. 2023년 회의에서는 인간 통제의 중요성, 국제인도법 준수 의무, 책임성 확보 필요성 등에 대한 공감대가 형성되었다. 비록 법적 구속력은 없지만, 이러한 합의는 각국의 국내 정책 수립에 영향을 미치고 있다.

REAIM은 UN의 CCW보다 실용적인 접근을 취하며, 금지보다는 책임 있는 개발·배치·사용 원칙을 강조한다. 서울에서 개최된 2024 REAIM에서는 군사 AI가 국제인도법을 준수해야 하고, 치명적 무력 사용 결정에는 인간의 통제가 유지되어야 하며, AI 시스템은 추적 가능하고 감사 가능해야 한다는 합의가 이루어졌다. 또한 국가 간 경험과 모범 사례를 공유하는 협력 플랫폼 구축에 합의했다. 한국이 REAIM을 주최한 것은, 단순한 기술 수입국이 아니라 규범 형성 과정에 적극 참여하는 국가로 자리매김하려는 전략적 선택이었다.

UNESCO, OECD, ICRC(International Committee of the Red Cross, 국제적십자위원회)도 각각의 관점에서 군사 AI 윤리에 기여하고 있다. UNESCO는 AI 윤리헌장을 통해 보편적 윤리 원칙을 제시하고 있으며, OECD는 회원국 간 AI 정책 조율을 추진하고 있다. ICRC는 국제인도법 관점에서 자율무기의 위험성을 지속적으로 경고하며, 각국에 자발적 규제를 촉구하고 있다.

이러한 다자기구의 노력은 즉각적인 법적 구속력을 갖지는 못하지만, 연성 규범으로 작동하며 장기적으로 국제 관습법 형성에 기여한다.

[사례] UNESCO의 AI 윤리 권고

2021년 UNESCO는 193개 회원국의 만장일치 합의로 'AI 윤리에 관한 권고'를 채택했다. 이는 AI 개발, 운용 전반에 적용되는 포괄적 윤리 기준을 제시

　　　　Military AI, 전쟁의 미래를 다시 쓰다

한 최초의 국제 규범이다. 핵심 원칙은 인간 중심성, 투명성과 설명 가능성, 책임성, 공정성과 비차별, 안전과 보안이다.

군사 분야에 직접 적용되는 조항은 아니지만, UNESCO의 원칙은 군사 AI 윤리를 수립하는 각국에 보편적 토대를 제공했다. 현재 작성 중인 우리나라 '국방 AI 윤리 가이드라인'은 UNESCO의 원칙을 상당 부분 참고하고 있다.

이 사례는 국제 규범이 위에서 아래로 강제되는 것이 아니라, 각국이 자발적으로 수용하고 자국 상황에 맞게 해석하고 적용하는 아래에서 위로의 과정을 통해 형성됨을 보여 준다. 우리나라가 국제 규범 형성 과정에 적극 참여하는 것은 단순히 윤리적 책임을 다하는 것을 넘어, 미래 국제 질서에서 발언권을 확보하는 전략적 투자다.

인간 중심 기술의 복원

군사 AI 윤리의 궁극적 지향점은 AI 중심 설계에서 인간 중심 설계로의 전환이다. 이는 AI를 포기하자는 것이 아니다. AI가 인간의 판단을 대체하는 것이 아니라 증폭하는 방향으로 설계되어야 한다는 의미다.

AI 중심 설계의 함정에서 벗어나기

군사 AI 개발은 종종 효율성, 속도, 정확성에만 초점을 맞추는 경향이 있다. 개발자는 얼마나 빠르게 표적을 탐지하고, 얼마나 정확하게 명중시키는가에 집중한다. 그러다 보니 정작 "이 시스템을 사용하는 인간은 어떤 상황에서 어떤 판단을 내려야 하는가?"라는 질문은 뒤로 밀린다.

이러한 AI 중심 설계는 인간의 역할이 수동적 감시자로 전락하고, 인간은 AI의 제안을 승인하거나 거부하는 단순한 역할만 하게 되며, 실질적 판단 능력을 상실하게 만든다. AI가 제공하는 정보의 양과 속도가 인간의 처리 능력을 초과하면, 인간은 제대로 된 판단을 내릴 수 없다. AI에 대한 맹목적 신뢰는 비판적 검토를 약화시키고, 반대로 과도한 불신은 유용한 정보를 무시하게 만든다.

인간 중심 설계는 기술 개발 초기 단계부터 인간의 가치, 행동, 인지적 한계, 도덕적 판단을 중심에 두는 접근이다. 구체적으로 인간의 인지 한계를 고려한 정보 제시가 필요하다. AI는 방대한 데이터를 분석할 수 있지만, 인간에게는 핵심만 추려서 직관적으로 제시해야 한다. OODA 루프의 가속화가 인간의 판단 능력을 압도하지 않도록, 정보 제시 방식과 속도를 인간 중심으로 조정해야 한다.

인간의 최종 판단권을 보장해야 한다. 치명적 무력 사용, 민간인 밀집 지역 공격, 항복 의사 표시 대응 등 도덕적으로 민감한 상황에서는 AI가 추천만 하고 인간이 최종 결정하도록 명확히 구분해야 한다. AI는 인간의 파트너로 설계되어야 한다. 인간-기계 협업전 개념처럼, AI와 인간이 서로의 강점을 보완하는 구조를 만들어야 한다. AI는 효율성뿐 아니라 윤리적 고려 사항도 함께 제시해야 한다. 예를 들어, "이 공격은 목표를 90% 확률로 파괴하지만, 민간인 피해 가능성이 30%입니다"라는 식으로 지휘관이 균형 잡힌 판단을 할 수 있도록 도와야 한다.

설명 가능한 모델과 인간 친화적 인터페이스

인공지능이 아무리 뛰어난 판단을 내린다고 해도, 지휘관이 그 판단을

Military AI, 전쟁의 미래를 다시 쓰다

이해하지 못하면 전투 지휘는 이루어질 수 없다. 따라서 군사 AI는 설명 가능한 구조, 직관적인 사용자 인터페이스, 명확한 경고와 상태 표시 기능 등을 갖추어야 한다.

알고리즘의 편향과 블랙박스 문제는 여기서 중요해진다. 딥러닝 모델은 높은 성능을 보이지만, 내부 작동 원리를 이해하기 어렵다. 예를 들어, AI가 특정 건물을 적 지휘소로 분류했지만, 그 근거가 무엇인지 알 수 없다면 지휘관은 그 판단을 신뢰할 수 없다. 만약 AI가 열 영상에서 비정상적인 발열 패턴, 통신 신호 증가, 차량 출입 빈도 증가를 근거로 제시한다면, 지휘관은 그 판단의 타당성을 평가하고 추가 정보를 요청하거나 다른 판단을 내릴 수 있다.

주의 메커니즘은 이미지 분석 AI가 어느 부분에 주목해서 판단했는지 시각화한다. 결정 트리 기반 설명은 복잡한 딥러닝 모델의 출력을 단순한 규칙 형태로 근사해서 설명한다. 반사실적 설명은 "만약 이 요소가 달랐다면 판단이 어떻게 바뀌었을까?"를 제시해, 핵심 판단 요소를 드러낸다. 딥러닝의 사후 설명 기법인 SHAP(Shapley Additive exPlanations), LIME(Local Interpretable Model aonostic Expianation) 알고리즘[29]은 모델의 각 입력 요소가 최종 판단에 얼마나 기여했는지를 정량적으로 분석한다.

인간 친화적 인터페이스는 복잡한 데이터를 지도, 그래프, 색상 코딩 등으로 직관적으로 표현한다. 수백 개의 정보를 나열하는 대신, 지휘관이 당장 결정해야 할 핵심 사항만 강조한다. AI의 판단에 대한 신뢰도를 명확히 표시해, 지휘관이 불확실성을 인지하도록 한다. "이 단계에서 귀하의 승인

---

29 복잡한 머신러닝 모델의 예측 결과를 설명하기 위해 어떤 한 개의 예측 결과 주변만 국소적으로 살펴보고, 이해 가능한 간단한 모델로 설명해 주는 기법.

이 필요합니다"와 같이, 인간이 개입해야 할 지점을 명확히 알린다. AI 참모 시스템은 이러한 원칙들이 통합된 사례다. AI 참모는 지휘관에게 다양한 작전 시나리오를 제시하되, 각 시나리오의 장단점, 위험 요소, 윤리적 고려 사항을 함께 제공해, 지휘관이 충분한 정보를 바탕으로 스스로 판단하도록 돕는다.

개발 단계부터 윤리 전문가의 참여

군사 AI는 기술자 혼자 설계할 수 없다. 개발 초기 단계부터 법률가, 윤리학자, 인문학 연구자, 심리학자 등 다양한 분야의 전문가가 참여해야 한다.

기술자는 "이렇게 하면 더 빠르고 정확하다"고 생각하지만, 법률가는 "이건 국제법 위반이다"라고 지적한다. 윤리학자는 "이건 인간 존엄성을 침해한다"고 경고하고, 심리학자는 "이렇게 설계하면 운용자가 인지 과부하를 겪는다"고 조언한다. 이러한 다양한 관점이 설계 초기부터 통합될 때, 기술적으로 우수하면서도 윤리적으로 안전한 시스템이 탄생할 수 있다.

AI 무기 개발 프로젝트마다 윤리·법률 전문가로 구성된 자문위원회를 설치하고, 주요 설계 결정마다 자문을 받는다. 개발팀 내부에 윤리 전문가를 상주시켜, 일상적 설계 논의에 참여하게 한다. 이는 실리콘밸리의 일부 AI 기업이 도입한 모델이다. 개발된 시스템을 윤리·법률·인권 전문가들이 공격하듯이 검토해서 잠재적인 윤리 문제를 사전에 발견한다.

군 조직과 방산 업체는 전통적으로 폐쇄적이고 계층적인 문화를 갖고 있어, 외부 전문가의 참여를 꺼린다. 그러나 AI 시대에는 이러한 문화가 오히려 위험 요소가 된다. 국방부와 방위사업청은 민간 전문가의 참여를 제도화하고, 그들의 의견이 실제 설계에 반영되도록 권한을 부여해야 한다.

윤리 영향 평가

AI 무기가 실전에서 어떤 영향을 미칠지 사전에 평가하는 절차가 필요하다. 이는 환경영향평가나 핵무기 안전성 평가와 유사한 개념으로, AI의 판단이 민간인, 적군, 아군에게 미칠 직·간접적 영향을 종합적으로 검토한다.

윤리 영향 평가는 다양한 전장 상황에서 AI가 어떻게 작동하는지 시뮬레이션하고, AI가 특정 조건에서 비정상적으로 편향되거나 오류를 범하는 패턴이 있는지 분석한다. AI의 판단이 국제인도법을 준수하는지 법률 전문가가 검토하고, AI가 윤리적으로 어려운 상황에서 어떤 판단을 내리는지 테스트하며, 그 판단이 사회적으로 수용 가능한지 평가한다. 해당 AI 무기의 사용이 국내외 여론, 동맹국 신뢰, 국제적 평판에 미칠 영향을 평가한다. 또한, AI 무기의 확산이 지역 안보 환경, 군비 경쟁, 전쟁 개시 문턱 등에 미칠 장기적 영향을 전략적으로 분석한다.

평가 결과는 단순한 통과/탈락 판정이 아니다. 평가 과정에서 발견된 문제점을 바탕으로 시스템을 개선하고, 운용 지침을 보완하며, 교육 프로그램을 설계한다. 심각한 윤리적 문제가 발견될 경우, 배치를 연기하거나 설계를 근본적으로 재검토한다.

[사례] 한국의 '국방 AI 윤리위원회' 설립 논의

우리나라는 국방 AI 적용이 확산됨에 따라 AI 윤리 기준을 제도적으로 마련하기 위한 국방 AI 윤리위원회 설립을 논의하고 있다. 이 논의는 국방부, 방위사업청, ADD, 학계, 법조계, 시민사회가 함께 참여하고 있다.

위원회의 주요 역할은 AI 무기 개발, 실험, 운용 전 과정에서 윤리·법적 기준을 사전 관리하고, 신규 AI 시스템에 대한 윤리 영향을 평가한다. AI 관련 사고나 논란 발생 시 독립적 조사 및 권고를 수행한다. 국방 AI 윤리 가이드라인을 지속적으로 개선하고, 국제 규범 논의에 한국 입장 제시를 위한 자문을 제공하는 것이다.

이 위원회가 실제로 설립되고 실효성 있게 운영된다면, 우리나라는 군사 AI 윤리 거버넌스의 모범 사례를 만들 수 있다. 중요한 것은 위원회가 형식적 자문기구가 아니라, 실질적 권한과 독립성을 갖춘 기구로 설계되어야 한다는 점이다.

우리 군이 앞으로 AI 기반 전력화를 추진하는 과정에서, 이러한 윤리위원회는 기술의 안전장치가 아니라 전투력의 안정성을 보장하는 핵심 요소가 될 것이다. 윤리와 전투력은 대립하는 것이 아니라, 장기적으로 함께 가야 하는 동반자다.

전쟁의 철학적 질문, AI가 판단할 수 있는가?

군사 AI 윤리의 가장 깊은 층위에는 철학적 질문이 자리한다. AI는 진정으로 판단할 수 있는가?, 책임을 지지 않는 주체에게 결정을 맡길 수 있는가?, 인간의 도덕적 상상력은 대체 가능한가? 이러한 질문들은 기술 설계나 법적 규제만으로는 해결되지 않는, 인간 존재의 본질과 연결된 문제다.

판단과 계산의 차이를 묻다

AI는 계산한다. 하지만 판단은 계산만으로 이루어지지 않는다. 철학자 한나 아렌트가 말한 것처럼, "판단은 사물의 사실적 정보뿐 아니라 맥락,

관계, 의도, 가치, 도덕적 감각까지 포함"한다. 이 요소들은 숫자로 완전히 환원될 수 없다.

계산은 주어진 규칙과 데이터에 따라 최적해를 도출하며, 확률·통계·최적화 기법을 사용한다. 판단은 규칙이 명확하지 않고 데이터가 불완전한 상황에서 인간의 직관, 경험, 도덕적 감각을 동원해 결정한다.

예를 들어, AI는 "이 건물에 적군이 있을 확률 80%"라고 계산할 수 있다. 그러나 "그럼에도 불구하고 공격하지 말아야 한다"는 판단은 확률 계산을 넘어선 것이다. 그 건물에 민간인이 있을 가능성, 공격이 전쟁 전체의 정당성에 미칠 영향, 아군의 도덕적 명성, 전후 평화 구축 과정에서의 신뢰 등은 숫자로 환원되지 않는 요소들이다.

AI는 패턴을 학습하지만, 인간 특유의 맥락 이해는 갖지 못한다. 항복 의사를 표시하는 적군의 손짓을 AI는 단순히 움직임 패턴으로만 인식할 수 있다. 민간인이 공포에 질려 도망가는 행동을 AI는 적대 행위로 오인할 수 있다. 전쟁 중 적군이 보내는 암호화된 메시지의 진정한 의도를 AI는 판단하기 어렵다.

이러한 상황에서 필요한 것은 인간의 도덕적 상상력이다. 즉, 만약 내가 저 상황에 있다면?, 저 행동의 진짜 의도는 무엇일까?, 이 결정이 미래에 어떤 결과를 낳을까? 이런 질문들을 상상하는 능력이다.

책임을 지지 않는 기계에게 결정을 맡길 수 있는가

AI는 책임을 지지 않는다. 전쟁에서 의사결정은 책임을 전제로 한다. 책임 없는 결정은 정당성, 예측 가능성, 통제 가능성을 모두 파괴한다. 책임은 단순히 잘못을 인정하는 것이 아니다. 책임은 결정을 내리기 전, 그 결과를 예측하고 신중하게 고려하도록 만드는 심리적 억제력이다. 결정을 내린 후, 그 결과에 대해 설명하고 정당화해야 하는 의무다. 잘못된 결정의 경우, 법적·도덕적 처벌을 감수하는 것이다.

AI는 이 세 가지 중 어느 것도 할 수 없다. AI는 결정의 결과를 두려워하지 않으며, 결정을 정당화할 도덕적 주체성이 없고, 처벌을 받을 법적 인격도 없다.

만약 치명적 무력 사용 결정을 AI에게 완전히 맡긴다면, 지휘관은 "AI가 결정했으니 내 책임이 아니다"라고 회피할 수 있다. 개발자는 "나는 코드만 짰을 뿐"이라고 주장할 수 있다. 정치 지도자는 "기술적 문제였다"고 변명할 수 있다. 결과적으로 아무도 책임지지 않고, 피해자는 구제받지 못하며, 재발 방지도 이루어지지 않는다. 이는 전쟁법과 국제 질서의 근본적 붕괴다.

인간의 도덕적 상상력과 공감 능력은 대체 불가능하다

AI는 데이터를 분석해 패턴을 발견하지만, 타인의 고통과 미래의 위험을 상상하는 능력, 도덕적 공감을 기반으로 판단을 유보하는 능력은 가지지 못한다.

도덕적 상상력은 현재 상황을 넘어 미래의 가능성, 타인의 관점, 행동의 장기적 결과를 상상하는 능력이다. 전쟁에서 이 능력은 결정적이다. 공격으로 인한 민간인 피해를 사전에 상상하고, 대안을 모색한다. 적군도 인간이며 가족이 있다는 사실을 인식하고, 불필요한 고통을 피한다. 전쟁이 끝난 후 평화를 구축해야 한다는 미래를 상상하고, 현재의 행동을 절제한다.

AI는 이러한 상상을 할 수 없다. AI는 과거 데이터를 기반으로 미래를 예측할 수는 있지만, 도덕적 의미를 가진 미래를 상상하지는 못한다.

Military AI, 전쟁의 미래를 다시 쓰다

공감은 타인의 감정과 처지를 이해하고 함께 느끼는 능력이다. 전쟁에서 공감은 잔인함을 억제하는 마지막 방어선이다. 부상당한 적군을 보살피고, 항복한 적을 포로로 대우하며, 민간인을 보호하는 행동은 모두 공감에서 비롯된다.

AI는 공감하지 않는다. AI는 부상자를 '전투력 상실 대상'으로만 인식하고, 항복을 '전술적 기만 가능성'으로만 계산한다. 공감 없는 전쟁은 인간성을 상실한 전쟁이다.

인간의 상상력은 또한 창의적 대안을 모색하는 능력이다. 전쟁 상황에서도 공격하지 않고 목표를 달성할 방법은 없을까?, 협상으로 전환할 가능성은 없을까? 이런 생각은 인간만의 능력이다. AI는 주어진 목표를 달성하는 최적 경로를 찾지만, 목표 자체를 재정의하거나 전혀 다른 접근을 시도하는 창의성은 제한적이다.

---

30 제동장치가 고장 난 기차의 트롤리가 다수 또는 소수 인원을 희생시킬 수 있는 선택 상황에서 방향 전환 레버를 가진 사람이 어떤 선택을 할 수 있을 것인지를 묻는 윤리적 사고 실험.

들은 나이와 사회적 역할을 고려하는 경향이 있었다. 수백만 개의 응답 중 어떤 선택도 압도적 합의를 얻지 못했다.

즉, 도덕적 판단은 계산 가능한 정답이 존재하지 않는 영역이다. AI가 특정 알고리즘에 따라 일관된 선택을 하더라도, 그것이 사회적으로 수용되지 않을 수 있다. 실험 참여자들은 딜레마 상황에서 오랜 시간 고민하고, 자신의 선택에 대해 불편함을 느꼈다. 이러한 도덕적 고뇌는 인간만이 경험할 수 있는 것이며, 이것이 바로 인간이 판단 주체가 되어야 하는 이유다.

이 실험은 자율주행차를 대상으로 했지만, 군사 AI에도 동일한 논리가 적용된다. 전장에서 AI가 "아군 병사 5명을 구하기 위해 민간인 1명을 희생시킨다"는 판단을 내릴 때, 그것이 수학적으로 최적일 수 있어도 도덕적으로 정당화되지 않을 수 있다. 더 중요한 것은, 그러한 판단을 내리는 과정에서 인간의 도덕적 고뇌와 성찰이 배제된다면, 전쟁은 그저 계산의 게임으로 전락한다는 점이다.

이 사례는 군사 AI의 윤리적 판단을 단일 알고리즘에 맡길 수 없으며 정치, 철학, 문화, 법제도의 토론이 반드시 병행되어야 한다는 교훈을 남겼다. 한국이 군사 AI를 개발하면서 이러한 사회적 논의를 함께 진행해야 하는 이유가 여기에 있다.

윤리는 기술 속도가 아니라, 전쟁 방향을 결정한다

군사 AI의 핵심 위험은 기술 그 자체가 아니라 윤리·제도·책임 체계의 공백이다. AI는 인간의 전투 부담을 줄이고, 전쟁의 효율을 높이며, 군사적

   Military AI, 전쟁의 미래를 다시 쓰다

대응 속도를 획기적으로 향상시킬 수 있다. AI는 전장의 모든 영역을 혁명적으로 변화시키고 있다.

그러나 윤리적 장치 없이 기술만 앞서가면, AI는 인류를 지키는 방패가 아니라 인류를 위협하는 무기가 될 수 있다. 인간의 통제를 벗어난 자율무기는 책임의 공백을 만들고, 자동화된 억제력의 역설로 이어지며, 궁극적으로 전쟁 개시의 문턱을 낮춘다.

따라서 군사 AI의 윤리 거버넌스는 기술 개발 단계의 부속 장치가 아니라, 미래 전쟁의 방향을 결정하는 근본 체제다. 윤리는 기술을 제약하는 것이 아니라, 기술이 지속 가능하고 통제 가능하며 정당성을 갖추도록 보장하는 전략적 투자다.

앞서 군사 AI의 윤리적 원칙인 공정성, 투명성, 책임성을 제시했다. 효율성과 인간성 사이의 긴장을 분석했으며, 인간 중심 기술 설계의 방향을 제시했다. 이제 이러한 윤리, 법, 정책적 논의가 각국의 안보 전략과 군사 교리, 그리고 전력 현대화 방향과 어떻게 연결되는지를 살펴본다.

전장 영역별 AI 활용을 분석하고, 전투수행 기능별 AI의 구체적 적용 사례를 다루는 과정에서 윤리가 단순한 추상적 원칙이 아니라, 실제 전투력 설계와 운용에 직접 영향을 미치는 핵심 요소임을 확인하게 될 것이다.

전쟁의 기술이 아무리 발전하더라도, 그 기술을 어디로 향하게 할 것인지는 결국 인간의 몫이다. 그리고 그 방향을 결정하는 나침반이 바로 윤리다. 우리나라는 AI 기술 강국이자 민주주의 국가로서, 군사 AI 윤리 거버넌스의 모범 사례를 만들 책임과 기회를 동시에 갖고 있다. 이는 단순히 도덕적 의무가 아니라, 21세기 전략 환경에서 생존하고 번영하기 위한 필수 조건이다.

전통적인 전장 영역에서 AI의 활용은 전쟁의 양상을 변화시켰다. 러시아-우크라이나 전쟁에서 스타링크는 우크라이나군의 지휘통제를 가능하게 했다. 드론이 기갑부대를 타격하고, 사이버 공격이 국가 기반 시설을 마비시켰다. 이 모든 연결 지점에는 AI가 있다.

AI는 '전장의 합성자(battlefield integrator)'로 기능한다. 지상 센서의 데이터가 우주 위성을 통해 전송되고, 공중 드론이 분석하며, 사이버 AI가 처리하여 해상 함정에 전달되는 '다영역 정보 순환'이 실시간으로 이루어진다.

본 장에서는 지상, 해상, 공중, 우주, 사이버 등 다영역에서 AI가 만들어 내는 기술적·전술적 패러다임의 변화와 미래를 살펴본다. 각 영역을 독립적으로 다루되, '전장의 유기적 통합체'로서 AI의 역할을 지속적으로 조명할 것이다.

AI 생성 이미지

지상전

지상전의 핵심 과제인 자율주행, 표적 탐지, 환경 적응

지상전은 전장 영역 중 가장 복잡한 변수와 마주하는 영역이다. 지형의 기복, 건물의 밀집도, 기후 변화, 민간인과 전투원의 혼재, 비정규전 세력의 개입, 도로 위의 장애물, IED(Improvised Explosive Device, 급조폭발물)의 위협 등 수많은 요인들이 얽혀 있다. 전통적으로 지상전은 인간 병사의 직관과 경험에 크게 의존해 왔다. 그러나, 이제 AI는 인간보다 훨씬 빠르게 위험을 탐지하고, 지형의 의미를 분석하며, 기동 경로를 예측할 수 있게 되었다.

전차, 장갑차, 보병 지원 로봇에 탑재되는 AI는 고해상도 센서와 열영상 카메라, 다중 스펙트럼 데이터를 종합하여 표적을 자동으로 탐지하고 분류한다. 예를 들어, 전차의 포탑에 장착된 AI 시스템은 전방 2km 이내의 모든 움직이는 물체를 추적하고, 그것이 적 전차인지, 민간 차량인지, 아니면 동물인지를 수 밀리초 내에 판별한다. 과거 인간의 판단이 지형과 직관에 의존했다면, 이제는 AI가 실시간 데이터 기반으로 "어디가 안전하며, 어디가 위험한가"를 판단하고, 지휘관에게 권고안을 제시한다. 미 육군의 새로운 사격통제시스템인 ATLAS(Advanced Targeting and Retality System)가 이에 해당한다.

더 나아가, AI는 단순히 현재 상황을 분석하는 것을 넘어, 과거 교전 데이터와 지형 정보를 학습하여 미래의 위협을 예측한다. 예를 들어, 특정 도로 구간에서 과거 IED 공격이 빈번했다면, AI는 그 지역을 고위험 구역으로 표시하고 우회 경로를 제안한다. 이러한 '예측적 위협 분석(predictive threat analysis)'은 병력의 생존성을 획기적으로 높이는 동시에, 작전 템포를 유지할 수 있게 한다.

도시·산악·밀집 지형에서의 AI 기반 경로 계획

지상전에서 가장 치명적인 상황 중 하나는 아군 병력이 도시나 산악지형에 갇혀 적의 매복과 사격에 노출되는 순간이다. 도시지역작전은 특히 복잡한데, 건물의 높이와 배치, 골목의 구조, 민간인의 이동 패턴, 지하 시설의 존재 등 수많은 변수가 동시에 작용하기 때문이다. 전통적인 군사지도와 GPS만으로는 이러한 복잡성을 충분히 반영할 수 없다.

AI 기반 경로 계획 알고리즘은 건물 구조, 기동 차량의 크기와 무게, 민간인 밀집도, 전투 소음 패턴, 가시선(line of sight), 엄폐 가능 지점 등을 종합적으로 계산하여 부대가 가장 안전하게 이동할 수 있는 경로를 실시간으로 제시한다. 예를 들어, 보병 분대가 적의 저격수가 배치된 것으로 추정되는 건물군을 통과해야 할 때, AI는 3D 지형 모델을 기반으로 사각지대를 최대한 활용하는 이동 경로를 생성하고, 각 구간별 위험도를 색상으로 표시하여 지휘자에게 제공한다. 이는 단순한 최단거리 경로가 아니라, 생존성과 임무 달성 가능성을 모두 고려한 최적 경로다.

산악지형에서도 AI의 역할은 중요하다. 산악전은 고도 변화, 기상 변화, 시야 제한, 통신 단절 등의 문제가 복합적으로 작용한다. AI는 위성 영상, 드론 정찰 데이터, 과거 작전 기록을 종합하여 최적의 등반 경로, 진지 구축 위치, 보급로를 제안한다. 또한, 날씨 예측 모델과 연동하여 강우·강설·안개 등의 기상 변화가 작전에 미치는 영향을 사전에 계산하고, 예비 계획(contingency plan)을 자동으로 생성한다. 이러한 AI 기반 경로 계획은 병력의 피로도를 줄이고, 기습 효과를 극대화하며, 전술적 실패 가능성을 최

 Military AI, 전쟁의 미래를 다시 쓰다

소화한다.

AI의 생명 구조 역할, IED 탐지와 대응

IED(급조폭발물)는 이라크·아프가니스탄 전쟁 이후 비정규전의 가장 치명적인 무기로 자리 잡았다. IED는 지하에 묻히거나 차량이나 건물에 은폐되어 있어 육안으로 탐지하기 매우 어렵다. 전통적인 금속 탐지기나 폭발물 탐지견도 한계가 있다. 이에 AI 기반 IED 탐지 시스템이 개발되어 실전에 투입되고 있다.

AI는 지하에 묻힌 금속, 전선, 토양 압력 변화 등의 미세한 패턴을 학습하여 IED의 존재를 탐지한다. 지상 투과 레이더(Ground Penetrating Rader, GPR), 전자기 센서, 열화상 카메라 등 다중 센서 데이터를 융합하여 분석함으로써, 기존 장비보다 훨씬 높은 탐지율을 보인다. 예를 들어, 미 육군이 도입한 AI 기반 IED 탐지 시스템은 약 90% 이상의 탐지율을 기록하며, 오탐률(false positive rate)도 크게 낮췄다. 이는 병력의 생존성을 직접적으로 높이는 결과로 이어진다.

더 나아가, AI는 IED가 발견된 지점의 패턴을 분석하여 적의 설치 전술을 역추적한다. 특정 도로 구간, 특정 시간대, 특정 지형 조건에서 IED 설치가 집중된다면, AI는 이를 학습하여 미래의 고위험 지역을 예측하고, 사전에 경고를 발령한다. 이는 단순한 탐지를 넘어 '전술적 예측(tactical prediction)'의 차원으로 나아가는 것이다. 또한 AI는 탐지된 IED의 구조와 폭발 메커니즘을 분석하여 최적의 무력화 방법을 제시하며, 폭발물 처리반의 작업 효율성을 높인다.

ISR 드론과 지상 센서 네트워크의 AI 기반 연동

지상전은 이제 더 이상 보병의 눈에만 의존하지 않는다. AI가 탑재된 소형 ISR(Intelligence정보, Surveillance감시, Reconnaissance정찰) 드론은 부대 앞 2~5km의 지형을 실시간으로 탐지하고, 적 기동을 조기에 파악하여 지휘관에게 '전술적 통찰력(tactical foresight)'을 제공한다.

예를 들어, 보병 중대가 전진할 때, 앞서 날아가는 소형 드론은 건물 내부, 교량 하부, 숲속 등 인간이 직접 확인하기 어려운 지역을 정찰한다. AI는 드론이 촬영한 영상을 실시간으로 분석하여 적 병력, 차량, 무기의 존재 여부를 판별하고, 위협도에 따라 우선순위를 매겨 지휘관에게 보고한다. 이 모든 과정이 수 초 이내에 이루어지며, 지휘관은 적시에 전술적 결정을 내릴 수 있다.

지상에는 도로, 교량, 산악지대에 센서 네트워크가 배치되어 있다. 이 센서들은 진동, 소리, 열, 전자기 신호 등을 감지하며, AI가 이를 종합 분석하여 적의 접근을 자동으로 탐지한다. 예를 들어, 차량이 특정 도로를 통과할 때 발생하는 진동 패턴을 AI가 학습하면, 전차와 일반 트럭, 장갑차와 민간 차량을 구별할 수 있다. 이러한 '지능형 센서 네트워크(intelligent sensor network)'는 24시간 무인 경계 체계를 구축하며, 인력 소모를 최소화하고 조기 경보 능력을 극대화한다.

나아가 AI는 드론과 지상 센서의 데이터를 융합하여 입체적인 전장 상황 인식을 제공한다. 드론이 상공에서 관측한 적의 이동 방향과 지상 센서가 탐지한 진동 패턴을 결합하면, AI는 적 부대의 규모, 이동 속도, 도착 예상 시간을 정밀하게 계산할 수 있다. 이는 아군에게 선제 대응 시간을 제공하며, 전술적 기습을 가능하게 한다.

      Military AI, 전쟁의 미래를 다시 쓰다

전투원 생체신호 기반 전투 지속능력 관리

AI는 전투원의 피로도, 심박수, 스트레스 지표, 수분 부족 여부, 체온 등을 실시간으로 모니터링하여 지휘관에게 '부대의 실제 전투 가능 상태'를 알려준다. 이는 단순히 병력 수를 세는 것이 아니라, 각 전투원의 생리적·심리적 상태를 종합하여 '전투 지속능력(combat endurance)'을 정량적으로 평가하는 것이다.

예를 들어, 보병 분대가 48시간 동안 교전을 지속했을 때, AI는 각 대원의 생체 데이터를 분석하여 "분대의 전투 효율이 70% 수준으로 저하되었으며, 4시간 이내에 휴식이 필요함"이라는 권고를 제시한다. 지휘관은 이 정보를 바탕으로 전투 투입과 휴식의 교대 주기를 데이터 기반으로 결정할 수 있다. 이는 무리한 작전 지속으로 인한 전투력 저하를 방지하고, 병력의 건강과 생명을 보호한다.

또한, AI는 외상후스트레스장애(PTSD) 징후를 조기에 탐지할 수 있다. 심박수 변화, 수면 패턴, 행동 변화 등을 종합 분석하여 특정 전투원이 심리적 위기 상태에 있는지를 파악하고, 적절한 의료 및 심리 지원을 연결한다. 이는 전투원의 생명을 보호하는 동시에, 부대의 장기적 전투력을 유지하는 데 기여한다. 나아가 전투원별 최적 임무 배치를 제안하여, 개인의 신체적·정신적 상태에 맞는 역할을 부여함으로써 부대 전체의 효율성을 높인다.

[사례] 미군의 NGCV 프로그램과 한국군의 UGV 시범운용

미군의 차세대 전투차량(NGCV) 프로그램

미 육군의 차세대 전투차량인 NGCV(Next Generation Combat Vehicle) 프로그

램은 AI 기반 자율주행, 센서 융합, 원격 사격 기능을 통합한 지상전 지능화의 대표적 사례다. 핵심은 '인간이 탑승하지 않아도 되는 전투차량'이라는 개념이다. 도시지역작전과 산악작전에서 병력을 최대한 보호하면서도 AI가 지형, 표적, 전술적 위험을 분석하여 자율적으로 작전을 수행하는 방식이다.

NGCV는 크게 세 가지 AI 기능을 통합한다. 첫째, 자율주행 시스템으로 복잡한 지형에서도 인간의 조종 없이 목표 지점까지 이동한다. 둘째, AI 기반 표적 탐지·추적 시스템으로 적 전차, 보병, 드론 등을 자동으로 식별하고 위협도를 평가한다. 셋째, 원격 무장 시스템과 연동하여 인간 승인하에 정밀 사격을 수행한다. 이 모든 과정에서 AI는 'Human on the Loop' 방식으로 작동하며, 인간 지휘관이 최종 승인 권한을 갖는다.

NGCV 프로그램은 지상전 작전개념 자체를 바꿨다. 과거에는 전차와 보병이 함께 전진하며 서로를 엄호했지만, 이제는 무인 전투차량이 선두에 서서 위험을 먼저 감수하고, 유인 차량과 보병은 후방에서 지원하는 방식으로 전환되고 있다. 이는 병력 손실을 최소화하면서도 전투 효율을 높이는 '비대칭 우위(asymmetric advantage)'를 창출한다. 또한 무인 차량의 손실은 인명 피해로 이어지지 않으므로, 보다 공격적이고 위험도 높은 전술을 구사할 수 있다.

한국군의 무인지상차량(UGV) 시범운용

육군의 무인지상차량인 UGV(Unmanned Ground Vehicle) 시범운용 역시 주목할 만하다. 우리나라는 북한과의 지상 대치 상황에서 병력 부족과 병력 보호라는 이중 과제를 안고 있다. 이에 AI 기반 UGV를 보병 분대에 배치하여 정찰, 탄약 수송, 부상자 후송, 화력 지원 등 다양한 임무를 수행하게 하는 실험을 진행하고 있다.

특히 주목할 점은 '인간과 로봇 협동팀(Human Robot Team, HRT)' 개념이다. UGV는 단독으로 작전하는 것이 아니라, 보병 분대와 유기적으로 협업한다. 예를 들어, 분대가 적진을 정찰할 때 UGV가 선두에 서서 위험 지역을 먼저 통과하고, 적 화력을 유인하며, 실시간 영상을 분대장에게 전송한다. 분대원들은 UGV가 제공하는 정보를 바탕으로 안전하게 진지를 구축하거나 우회 기동을 수행한다. 이는 인간과 기계가 각자의 강점을 살려 협력하는 새로운 전술 패러다임이다.

육군의 UGV는 또한 '모듈형 AI' 개념을 채택했다. 임무에 따라 정찰 모듈, 화력 모듈, 수송 모듈 등을 교체할 수 있으며, 각 모듈에 탑재된 AI가 해당 임무에 최적화된 알고리즘을 실행한다. 이는 제한된 예산과 인력으로도 다양한 전술적 요구에 대응할 수 있는 유연성을 제공한다. 또한 실전 데이터를 지속적으로 수집하여 AI 성능을 개선하는 순환 체계를 구축하고 있다.

두 사례는 공통적으로 지상전의 미래가 '인간 기계 혼성부대(Human Machine Hybrid Force, HMHF)'라는 것을 명확히 보여 준다. AI는 인간을 대체하는 것이 아니라, 인간이 할 수 없거나 하기 어려운 임무를 수행함으로써 인간의 능력을 증폭시키는 역할을 한다. 이는 전투력의 양적 증대뿐 아니라 질적 변화를 의미한다.

해상·수중전

해상 표적 인식과 항로 최적화

해상은 '넓고 비어 있는 공간'처럼 보이지만, 실제로는 센서 가시성, 기상 변화, 해양 환경 변수 때문에 AI가 가장 큰 효과를 발휘할 수 있는 영역이기도 하다. 광활한 바다에서 적 함정, 상선, 어선, 부유물을 신속하고 정확하게 구별하는 것은 매우 어려운 과제다. 레이더 신호는 파도와 기상에 의해 왜곡되고, 육안 관측은 거리와 가시성에 의해 제한받는다.

AI는 해상 표적의 속도, 방향, 레이더 단면적, 선체 형상, 항적 패턴, 심지어 엔진 소음까지 종합 분석하여 선박의 유형을 자동으로 분류한다. 예를 들어, AI는 군함과 상선을 구별할 뿐 아니라, 특정 국가의 특정 함급까지 식별할 수 있다. 이는 과거 수 시간이 걸리던 함정 식별 작업을 수 초로 단축시킨다. 나아가 다수의 표적이 동시에 탐지될 경우, AI는 각 표적의 위협도를 평가하고 우선순위를 자동으로 배정하여 전술적 대응을 지원한다.

또한, AI는 적 함정의 기동 의도를 예측한다. 과거 항적 데이터, 해류 정보, 전술 매뉴얼 등을 학습하여 적 함정이 다음에 어느 방향으로 이동할 가능성이 높은가를 계산하고, 아군 함정의 대응 기동을 권고한다. 이러한 '예측적 기동 분석(predictive maneuver analysis)'은 해상 교전에서 선제권을 확보하는 핵심 요소다. 예를 들어, 적 구축함이 특정 해역으로 이동하는 패턴을 보일 때, AI는 잠수함 배치 가능성이나 대함 미사일 발사 준비 등의 전술적 의도를 추론할 수 있다.

항로 최적화 AI는 해류, 풍속, 파고, 수온, 해저 지형, 연료 소모율 등을 종합적으로 고려하여 임무 목표에 가장 적합한 이동 경로를 실시간으로 계산한다. 예를 들어, 구축함이 특정 해역으로 급파되어야 할 때, AI는 최단 경로뿐 아니라 연료 효율, 기상 안전성, 적 잠수함 위협도 등을 동시에 고려한 최적 경로를 제시한다. 이는 작전 템포를 높이면서도 함정의 생존성과 지속성을 보장한다. 또한 기상 예측 모델과 연동하여 태풍이나 악천

    Military AI, 전쟁의 미래를 다시 쓰다

후를 회피하는 대안 경로를 자동 생성한다.

무인잠수정(UUV) 기반 수중전 자동화

수중 환경은 GPS 신호가 닿지 않고, 소나(sonar)[31] 데이터만으로 주변 상황을 이해해야 하므로 전통적으로 인간이 통제하기 매우 어려운 영역이었다. 잠수함 조종사는 극도의 훈련과 경험이 필요하며, 실수는 곧 생명의 위협으로 이어진다. 이에 AI 기반 무인잠수정인 UUV(Unmanned Underwater Vehicle)가 개발되어 수중전의 패러다임을 바꾸고 있다.

UUV는 해저 지형을 스스로 학습하고, 기뢰, 해저 장애물, 적 잠수함의 음향 신호를 인식하여 자율적으로 임무를 수행한다. 예를 들어, 기뢰 탐색 임무에서 UUV는 사전에 학습된 기뢰의 형상·크기·재질 데이터를 바탕으로 해저를 스캔하고, 의심 물체를 발견하면 정밀 촬영을 수행하여 모함에 보고한다. 인간 잠수부나 유인 잠수함이 위험을 감수할 필요가 없어진 것이다. 이는 기뢰전의 안전성과 효율성을 동시에 향상시킨다.

또한, UUV는 해저 통신 케이블 감시, 적 잠수함 추적, 해양 환경 데이터 수집 등 다양한 임무를 수행한다. 특히 주목할 점은 '군집 UUV' 개념이다. 여러 대의 소형 UUV가 AI 기반 군집 알고리즘으로 협업하여 넓은 해역을 동시에 탐색하거나, 적 잠수함을 포위하는 전술을 구사한다. 개별 UUV가 손실되더라도 전체 임무 수행에는 큰 지장이 없으며, 이는 '탄력적 전력(resilient force)'의 전형이다. 군집 UUV는 서로 정보를 공유하며 탐색 영역을 자동으로 분할한다. 특정 UUV가 위협을 탐지하면 다른 UUV들이 즉시 지

---

31 전파가 잘 전달되지 않는 수중에서 음파를 사용하여 물체를 탐지하고, 거리를 측정하며, 통신을 수행하는
   시스템.

원하는 방식으로 작동한다.

수중 환경에서의 통신은 또 다른 난제다. 전파는 물속에서 거의 전달되지 않으므로, UUV는 음향 통신에 의존해야 한다. 그러나 음향 통신은 대역폭이 좁고 지연이 크다. AI는 이러한 제약 속에서도 효율적인 데이터 압축, 우선순위 기반 전송, 단절 내성 통신(disruption tolerant networking) 등을 구현하여 최소한의 정보 전달로 임무를 완수할 수 있게 한다. 나아가 AI는 음향 통신이 완전히 두절된 상황에서도 사전에 설정된 임무를 자율적으로 수행하고, 통신이 복구되면 수집한 데이터를 일괄 전송하는 방식으로 작동한다.

환경 요소를 고려한 AI 기반 음향 신호 분석

잠수함 탐지의 핵심은 소나(sonar)다. 그러나 소나 신호는 수온, 염도, 수심, 파도, 해저 지형 등 수많은 환경 요인으로 인해 왜곡되거나 감쇄된다. 같은 잠수함이라도 수온약층 아래에 있으면 탐지가 극도로 어려워진다. 전통적으로는 숙련된 소나 운용병이 이러한 환경 요소를 고려하여 신호를 해석했지만, 이는 시간이 오래 걸리고 오판의 여지가 크다.

AI는 방대한 시뮬레이션 데이터와 실제 작전 데이터를 학습하여 환경 요소의 영향을 자동으로 보정한다. 예를 들어, 특정 해역의 수온 분포, 염도 변화, 해저 지형 정보를 입력하면, AI는 소나 신호가 어떻게 굴절, 반사, 감쇄 될지를 계산하고, 실제 잠수함 신호와 환경 잡음을 구별한다. 이는 탐지 정확도를 크게 높이고, 오탐률을 낮춘다. 나아가 AI는 해양 환경의 시간적 변화(조류, 수온 변화 등)를 실시간으로 반영하여 탐지 성능을 지속적으로 최적화한다.

    Military AI, 전쟁의 미래를 다시 쓰다

AI는 적 잠수함의 음향 지문(acoustic signature)을 학습하여 특정 잠수함을 식별할 수도 있다. 각 잠수함은 엔진, 프로펠러, 선체 구조에 따라 고유한 소음 패턴을 갖는다. AI는 이를 데이터베이스화하여 "이 신호는 러시아 아쿨라급 잠수함일 가능성이 85%"라는 식의 판단을 제공한다. 이는 전략적 대응 계획 수립에 결정적 정보를 제공한다. 또한 적 잠수함의 소음 패턴 변화를 추적하여 기술 개량이나 전술 변화를 조기에 감지할 수 있다.

분산 함대 협동 작전을 위한 AI 운용 알고리즘

해상전의 미래는 '소형 분산 함대' 개념에 있다. 대형 항공모함이나 이지스함 중심의 작전에서 벗어나, 소형·저가·자율 운영 가능한 플랫폼들이 AI 기반 협동 네트워크로 전투하는 방식이다. 이는 적의 대함 미사일 위협을 분산시키고, 함대의 생존성을 높이며, 작전 유연성을 극대화한다.

AI는 여러 척의 함정이 각자의 센서 데이터를 공유하고, 역할을 자동 분담하며, 실시간으로 편성을 재조정할 수 있게 한다. 예를 들어, 5척의 소형 구축함이 적 잠수함을 탐색할 때, AI는 각 함정의 위치, 센서 성능, 연료 상태 등을 고려하여 최적의 탐색 패턴을 자동 생성한다. 한 척이 적 신호를 탐지하면, 나머지 함정들은 AI의 지시에 따라 포위 기동을 수행하고, 동시다발 공격으로 적을 제압한다. 이는 개별 함정의 성능을 넘어서는 집단 지능을 구현한다.

또한, AI는 '기만 함정(decoy ship)' 개념을 구현할 수 있다. 무인 수상함인 USV(Unmanned Surface Vehicle)가 유인 함정의 레이더 신호를 모방하여 적의 미사일을 유인하고, 실제 함정은 안전한 거리에서 대응한다. 이러한 '전술적 기만'은 적의 센서와 AI를 혼란시키며, 아군의 생존성을 높인다. 나아가 AI

는 각 함정의 통신, 기동, 무장 사용을 자동으로 조율하여 마치 하나의 거대한 함정처럼 작동하게 만드는 '가상 통합 함대(virtual integrated fleet)' 개념을 실현한다.

[사례] 미 해군 유령함대 Ghost Fleet Overlord 프로젝트

미 해군의 유령함대인 'Ghost Fleet Overlord 프로젝트'는 대형 수상함과 무인 수상함(USV)을 AI 기반 통합 체계로 운용하는 실험적 프로그램이다. 이 프로젝트의 핵심 목표는 '인간 승조원 없이도 장거리 자율 항해와 전투가 가능한 함정'을 실증하는 것이었다.

Ghost Fleet의 무인함은 캘리포니아에서 하와이, 그리고 괌까지 총 4,000해리 이상을 자율 항해했다. 이 과정에서 AI는 해상 교통, 기상 변화, 연료 관리, 센서 고장 등 수많은 변수를 처리하며 안전하게 목적지에 도착했다. 또한, 유인 함정과 협동하여 모의 표적을 탐지하고, 기만 기동을 수행하며, 전자전 임무를 수행했다. 특히 주목할 점은 AI가 항해 중 예상치 못한 상황(민간 선박의 돌발 기동, 갑작스러운 기상 변화 등)에 실시간으로 대응하며 안전성을 입증했다는 것이다.

이 프로젝트는 해상전의 중심이 '유인 대형 플랫폼'에서 'AI 기반 분산 플랫폼'으로 이동하고 있음을 보여 준다. 무인함은 고위험 임무(기뢰전, 적 레이더 탐지, 전자 교란 등)를 담당하고, 유인함은 지휘·통제와 최종 결심에 집중하는 역할 분담이 이루어진다. 이는 인명 손실을 최소화하면서도 작전 범위와 지속성을 극대화하는 '비대칭 해상 전략(asymmetric maritime strategy)'을 가능하게 한다. 또한 무인함의 저렴한 비용은 함대 규모를 확대할 수 있게 하여, 소수의 고가 함정에 의존하던 기존 전략을 근본적으로 변화시킨다.

유무인 수상함 작전 개념도

공중전

자율비행과 전투 보조 AI

공중전에서는 무기체계들은 초고속으로 움직이기 때문에 AI의 개입 효과가 가장 극적으로 나타나는 영역이다. 전투기는 초음속으로 비행하며, 교전은 수 초 내에 결정된다. 인간 조종사의 반응 속도와 판단력에는 생리적 한계가 있다. 고속 기동 시 발생하는 고G[32] 상황에서 조종사는 의식

---

32 중력가속도(G-force)는 비행 중 조종사가 받는 힘의 크기를 의미하며, 저(1~2G), 중(3~6G), 고(7G 이상)

을 잃을 수도 있고, 복잡한 전술 상황에서 순간적 판단 오류가 발생할 수도 있다.

AI는 추적 미사일의 궤적, 상대 전투기의 회피 기동, 기상 변화, 레이더 교란 신호 등을 통합 분석하여 비행 경로를 자동 최적화하고, 전투 상황을 실시간으로 계산한다. 예를 들어, 적 미사일이 발사되었을 때 AI는 미사일의 속도, 방향, 잔여 연료를 계산하고, 최적의 회피 기동(급강하, 급선회, 플레어 방출 등)을 조종사에게 권고하거나, 조종사의 승인하에 자동으로 실행한다. 이는 인간의 반응 시간을 훨씬 단축시키며 생존 확률을 극대화한다.

더 나아가, AI는 다수의 적기와 동시에 교전할 때 우선순위를 자동 설정한다. 위협도, 거리, 무장 상태, 아군 지원 가능 여부 등을 종합하여 "먼저 공격해야 할 표적"과 "회피해야 할 표적"을 구분하고, 최적의 전투 시퀀스를 제시한다. 이는 조종사의 인지 부하를 크게 줄이며, 생존성과 전투 효율을 동시에 높인다. 또한 AI는 여러 적기의 협동 전술 패턴을 인식하고 이에 대한 최적 대응 방안을 실시간으로 제시한다.

AI 조종사와 유무인 편대 비행

AI 조종사는 공중전의 가장 혁신적인 개념 중 하나다. AI가 조종하는 무인 전투기인 UCAV(Unmanned Combat Aerial Vehicle)가 유인 전투기와 함께 편대를 구성하여 협동 전투를 수행하는 것이다. 이른바 'Loyal Wingman(무인 편대기)' 개념은 AI 무인기가 인간 조종사의 충실한 날개가 되어 고위험 임무를 대신하거나, 적 전투기를 견제하며, 전투기 조종사의 생존성을 높이는 역할을 한다.

로 구분.

   Military AI, 전쟁의 미래를 다시 쓰다

예를 들어, 유인 F-35A 전투기 1대와 AI 무인기 2대가 편대를 구성한다고 가정하자. AI 무인기들은 적 방공망이 밀집된 지역에 먼저 진입하여 레이더를 탐지하고, 대공 미사일을 유인하며, 전자 교란을 수행한다. 유인 F-35A는 안전한 거리에서 AI 무인기가 제공하는 정보를 바탕으로 적 표적에 정밀 타격을 가한다. AI 무인기 중 일부가 격추되더라도 인명 손실은 없으며, 임무는 계속된다. 이는 조종사의 생명을 보호하면서도 전투 효과를 극대화하는 방식이다.

AI 조종사는 또한 '학습 비행(learning flight)' 능력을 갖는다. 실전 교전 데이터를 학습하여 전술을 지속적으로 개선하며, 적의 새로운 전술에 신속히 적응한다. 예를 들어, 적이 새로운 회피 기동 패턴을 사용하면, AI는 이를 학습하여 다음 교전에서 대응 전술을 자동으로 조정한다. 이러한 '적응형 전투 AI(adaptive combat AI)'는 전통적인 고정 전술 매뉴얼을 넘어서는 유연성을 제공한다. 나아가 여러 AI 무인기가 서로의 학습 결과를 공유하여 집단적으로 전술 능력을 향상시키는 '분산 학습(distributed learning)' 체계도 구현 가능하다.

공중조기경보통제기와 정찰기의 AI 기반 빅데이터 분석

공중조기경보통제기 AEW&C(Airborne Early Warning and Control)와 정찰기는 수백 개의 센서 데이터를 동시에 받아들이는 플랫폼이다. 레이더, 전자 신호 수집, 적외선 센서, 통신 감청 등 다양한 정보원에서 들어오는 데이터의 양은 인간이 실시간으로 처리하기에는 너무 방대하다.

AI는 이러한 데이터를 목표 위협도, 패턴 변화, 교란 신호, 이상 징후 등을 중심으로 자동 분류하고, 우선순위를 매겨 지휘관에게 즉시 활용 가능한 정보로 제공한다. 예를 들어, 적 전투기 편대가 이륙했을 때 AI는 편대 규모, 비행 방향, 속도, 고도를 분석하고, "적 전투기 12대가 북동쪽으로 기동 중이며, 30분 내 아군 방공 식별구역(Air Defense Identification Zone, ADIZ)에 진입 예상"이라는 요약 정보를 생성한다. 이는 지휘관의 의사결정 시간을 단축하고 대응의 정확성을 높인다.

또한, AI는 과거 작전 데이터를 학습하여 적의 전술적 의도를 예측한다. 예를 들어, 특정 시간대, 특정 지역에서 적의 조기경보기가 활동하면 대규모 공습이 임박했다는 패턴을 학습한 AI는 "적 대규모 공격 임박 가능성 70%"라는 경고를 발령한다. 이는 아군에게 선제 대응 시간을 제공하며, 전략적 우위를 확보하게 한다. 나아가 AI는 다수의 조기경보기와 정찰기가 수집한 데이터를 융합하여 광역 전장 상황 인식을 제공하며, 사각지대를 최소화한다.

AI 기반 저고도 변칙 궤적 비행 계획

스텔스 기술은 레이더 탐지를 회피하기 위한 물리적 설계(레이더 흡수 재료, 각진 형상 등)에 의존해 왔다. 그러나 AI는 '동적 스텔스(dynamic stealth)' 개념을 가능하게 한다. 즉, 비행 경로 자체를 실시간으로 조정하여 적 레이더망의 사각지대를 최대한 활용하는 것이다.

AI는 적 레이더 기지의 위치, 탐지 범위, 지형 차폐 효과, 기상 조건 등을 종합하여 탐지 위험이 가장 낮은 비행 경로를 계산한다. 예를 들어, 산악 지형을 활용하여 레이더 신호를 차단하거나, 안개와 구름을 이용하여 광학·적외선 탐지를 회피하는 경로를 선택한다. 또한, 저고도 비행 시 지형과의 충돌 위험을 실시간으로 계산하여 안전한 기동을 보장한다. 이는 물

Military AI, 전쟁의 미래를 다시 쓰다

리적 스텔스 기술과 결합하여 탐지 회피 능력을 극대화한다.

변칙 궤적 비행은 적의 요격 미사일을 회피하는 데도 유용하다. AI는 미사일의 유도 알고리즘을 역분석하여 예측 불가능한 기동 패턴을 생성하고, 미사일의 추적 능력을 무력화한다. 이는 기존의 고정된 회피 기동(배럴롤, S턴 등)을 넘어서는 '지능형 회피(intelligent evasion)'를 구현한다. 나아가 AI는 적 레이더의 탐지 패턴을 학습하여 레이더 스캔 주기의 빈틈을 이용하는 기동을 수행하며, 마치 레이더 화면에서 순간적으로 사라지는 효과를 만들어 낸다.

[사례] 미 공군 Skyborg와 호주 공군 Loyal Wingman

미 공군 Skyborg 프로그램

미 공군의 Skyborg 프로그램은 AI가 조종하는 무인기를 유인 전투기에 붙여 편대 단위로 전투하는 구조를 실증한 대표적 사례다. Skyborg는 단순한 무인기가 아니라 하늘의 사이보그(Sky Cyborg)라는 의미로, AI가 인간 조종사의 능력을 증폭시키는 개념을 담고 있다.

Skyborg 무인기는 고위험 탐지 임무, 적 전투기 기만, 지상 표적 공격, 전자전 등 전투의 가장 위험한 영역에서 인간 조종사를 보호하는 역할을 수행한다. AI는 유인 전투기로부터 고수준 명령(예: 적 방공망 제압)을 받아, 구체적인 전술 실행(예: 어느 경로로 진입할지, 어떤 무장을 사용할지)은 스스로 결정한다. 이는 'Human on the Loop' 방식으로, 인간이 전략적 방향을 설정하고 AI가 전술적 실행을 담당하는 구조다. 이를 통해 조종사는 복잡한 전술 실행의 부담에서 벗어나 전체 전투 상황을 조망하고 핵심 결정에 집중할 수 있다.

Skyborg는 또한 '모듈형 AI' 개념을 채택했다. 다양한 무인기 플랫폼에 동일한 Skyborg AI를 탑재할 수 있으며, 임무에 따라 정찰형, 공격형, 전자전형 등으로 소프트웨어를 재구성할 수 있다. 이는 개발·운용 비용을 절감하면서도 전술적 유연성을 극대화한다. 또한 실전 데이터를 지속적으로 수집하여 AI를 개선하는 순환 체계를 구축하고 있어, 시간이 지날수록 AI의 전술 능력이 향상된다.

호주 공군 Loyal Wingman 프로젝트

호주 공군과 보잉사가 공동 개발한 Loyal Wingman은 AI 무인기가 유인 전투기의 전술적 동료가 되는 개념을 실증했다. Loyal Wingman은 약 2,000km의 항속거리를 갖추고 있으며, 정찰, 전자전, 공격 등 다양한 임무 모듈을 탑재할 수 있다.

특히 주목할 점은 '자율성 수준의 조정 가능성'이다. Loyal Wingman은 완전 자율 모드에서 작전할 수도 있고, 유인 전투기의 세밀한 통제를 받을 수도 있다. 작전 환경과 위협도에 따라 자율성 수준을 유연하게 조정함으로써, 효율성과 통제성을 동시에 확보한다. 예를 들어, 적 방공망이 약한 지역에서는 높은 자율성으로 신속하게 임무를 수행하고, 위험도가 높은 지역에서는 인간의 세밀한 통제하에 신중하게 작전하는 방식이다.

두 사례는 공중전의 중심이 '기계의 속도'와 'AI의 계산력'에 의해 본질적으로 변화하고 있음을 보여 준다. 미래 공중전은 유인기와 무인기의 혼성 편대가 표준이 될 것이며, AI는 단순한 보조 도구가 아니라 전투의 핵심 주체로 자리 잡을 것이다. 또한 AI 무인기의 저렴한 비용은 공군력의 규모를 확대할 수 있게 하여, 소수의 고가 전투기에 의존하던 기존 전략을 근본적으로 변화시킨다.

Military AI, 전쟁의 미래를 다시 쓰다

우주 영역

위성의 자율 궤도 조정과 위협 회피

우주전은 각국이 이제 적극적으로 대비하는 새로운 전장 영역이다. 위성은 통신, 정찰, 항법, 조기경보의 핵심 인프라이며, 적국은 전쟁 초기에 아군의 우주 자산을 무력화하려 할 것이다. 레이저 공격, 전파 교란, 킬러 위성(killer satellite), 지상 기반 위성 요격 미사일(ASAT) 등 다양한 위협이 존재한다.

AI는 위성 스스로 궤도를 조정하고, 위협을 탐지하며, 회피 기동을 수행하게 한다. 예를 들어, 킬러 위성이 접근하는 것을 감지하면 AI는 즉시 궤도 변경 계획을 수립하고, 추진체를 점화하여 안전한 궤도로 이동한다. 또한, 레이저 공격 징후(지상 레이저 기지의 활동 증가 등)를 탐지하면 위성의 태양 전지판을 접거나, 자세를 변경하여 취약 부분을 보호한다. 이는 수동적 방어에서 능동적 생존으로의 패러다임 전환을 의미한다.

AI는 또한 위성의 작동 상태를 자가 진단한다. 센서 고장, 배터리 저하, 통신 두절 등의 문제를 조기에 발견하고, 백업 시스템으로 자동 전환하거나, 지상 관제소에 긴급 보고를 전송한다. 이는 위성의 생존성과 운용 지속성을 크게 높인다. 나아가 AI는 위성의 잔여 수명과 연료를 계산하여 임무 우선순위를 자동으로 조정하며, 최대한 효율적으로 위성을 운용한다.

지구 관측 영상의 AI 기반 자동 분석

군사 위성은 매일 수 테라바이트의 고해상도 영상을 지구로 전송한다. 이 영상에는 군사 기지, 이동식 미사일, 항공기, 함정, 차량 집결지 등 중요한 정보가 담겨 있다. 그러나, 인간이 모든 영상을 일일이 분석하는 것은 불가능하다.

AI는 영상을 자동 분석하여 이동식 미사일 발사대, 지하 시설 입구, 군집 차량, 새로 건설된 활주로 등을 탐지한다. 예를 들어, 북한의 산악 지역에서 차량 움직임이 증가하면, AI는 "이동식 미사일 발사 준비 가능성"을 경고한다. 또한, 시계열 영상 분석을 통해 변화 탐지를 수행한다. 특정 지역의 어제와 오늘 영상을 비교하여 새로 등장한 구조물, 사라진 차량, 지형 변화 등을 자동으로 식별한다. 이는 단순한 정적 분석을 넘어 동적 패턴 인식을 가능하게 한다.

이러한 AI 기반 영상 분석은 전략적 조기경보 체계의 핵심이다. 적의 군사 활동을 실시간에 가깝게 파악함으로써, 아군은 선제 대응 계획을 수립하고, 억제력을 강화할 수 있다. 나아가 AI는 복수의 위성이 촬영한 영상을 융합하여 3D 지형 모델을 생성하고, 지하 시설의 깊이나 건물의 내부 구조까지 추정하는 고급 분석을 수행한다.

우주 상황 인식과 충돌 예측

우주에는 수만 개의 인공 위성과 우주 파편이 떠다니고 있다. 파편과의 충돌은 위성을 즉시 파괴하며, 연쇄 충돌을 유발하여 특정 궤도를 사용 불가능하게 만들 수도 있다. 따라서 우주 상황 인식(Space Situational Awareness, SSA)은 우주 작전의 생존 조건이다.

AI는 다중 궤적을 실시간 계산하여 충돌 가능성을 예측한다. 수만 개의 물체 각각에 대해 궤도 변화, 대기 저항, 중력 섭동 등을 고려한 정밀 궤도 예측을 수행하고, "48시간 후 위성 A와 파편 B의 충돌 확률 15%"라는 식의 경고를 제공한다. 지상 관제소는 이 정보를 바탕으로 위성의 회피 기동을 명령하거나, AI가 자율적으로 회피 기동을 실행하도록 승인한다. 이는 우주 교통 관제의 자동화를 의미한다.

또한, AI는 우주 파편의 생성 패턴을 분석하여 위험 궤도를 예측한다. 예를 들어, 특정 고도에서 위성 충돌이 빈번하면, AI는 해당 고도를 고위험 구역으로 분류하고, 새로운 위성 배치 시 다른 궤도를 권고한다. 나아가 AI는 우주 파편의 궤도 변화를 추적하여 장기적 위험을 예측하고, 필요시 파편 제거 임무의 우선순위를 제시한다.

대위성 공격 위협 탐지와 대응

대위성 공격(anti-satellite attack) 능력을 보유한 국가가 증가하고 있다. 지상 기반 미사일, 공중 발사 미사일, 궤도상 킬러 위성, 레이저 무기, 전파 교란 등 다양한 대위성 공격 수단이 존재한다. AI는 이러한 위협을 조기에 탐지하고, 대응 전략을 수립하는 핵심 도구다.

AI는 적국의 대위성 공격 활동 패턴을 분석한다. 예를 들어, 적국의 대위성 공격 미사일 기지에서 활동이 증가하거나, 킬러 위성이 아군 위성에 접근하는 궤도로 이동하면, AI는 "대위성 공격 임박 가능성"을 경고한다. 또한, 전파 교란 공격을 탐지하여 백업 통신 채널로 자동 전환하거나, 레이저 공격 징후를 포착하여 위성의 자세를 변경한다. 이는 수동적 관측에서 능동적 대응으로의 전환을 의미한다.

AI는 또한 '우주 억제력(space deterrence)' 전략을 지원한다. 아군의 우주 자산이 공격받을 경우, AI는 대응 옵션(적 위성에 대한 전파 교란, 궤도 방해 등)을 자동 생성하고, 의사결정자에게 제시한다. 이는 적에게 "우주 공격 시 즉각

보복"이라는 메시지를 전달하며, 전략적 안정성을 높인다. 나아가 AI는 다수의 우주 자산을 통합 관리하여 일부 위성이 손실되더라도 전체 기능을 유지하는 '탄력적 우주 아키텍처(resilient space architecture)'를 구현한다.

[사례] 미 우주군의 AI 기반 우주상황인식 시스템

미 우주군(United States Space Force, USSF)은 방대한 위성 궤도 데이터와 우주 파편 정보를 AI가 실시간 분석하는 우주 상황인식 체계를 구축하고 있다. 이 시스템은 단순 탐지가 아니라 "24시간 우주 도메인 상황도(space domain awareness picture)"를 유지하는 것을 목표로 한다.

AI는 지상 레이더, 광학 망원경, 위성 탑재 센서 등 다양한 정보원에서 들어오는 데이터를 융합하여 모든 궤도상 물체의 위치·속도·궤적을 실시간 추적한다. 또한, 이상 궤도 변화를 탐지하여 "특정 위성이 정상 궤도를 이탈했으며, 킬러 위성 가능성 있음"이라는 경고를 발령한다. 이는 우주 안보의 조기 경보 체계를 구축하는 것이다.

미래에는 AI가 위성군 전체를 자동으로 관리하는 '우주 자동화 사령부(Automated Space Command, ASC)' 개념으로 진화할 것으로 평가된다. 인간 관제사는 전략적 결정에만 집중하고, 일상적인 궤도 유지, 충돌 회피, 위협 대응은 AI가 자율적으로 수행하는 방식이다. 이는 우주 작전의 속도와 효율을 극대화하며, 인간의 인지 부하를 크게 줄인다. 또한 AI는 수천 개의 위성을 동시에 관리하며, 글로벌 우주 상황을 통합적으로 인식하는 능력을 제공한다.

AI 기반 네트워크 이상 탐지

사이버전은 지상, 해상, 공중보다 발전 속도가 빠르며, 국가뿐 아니라 비국가 행위자(해커 집단, 테러 조직, 범죄 조직)도 참여하는 비정형 전장이다. 사이버 공격은 물리적 파괴 없이도 통신망, 전력망, 금융망을 마비시킬 수 있으며, 전쟁의 승패를 좌우할 수 있다.

AI는 네트워크 트래픽에서 비정상 패턴, 지연, 암호화 변조, 비인가 접속 시도 등 인간이 탐지하기 어려운 위협 신호를 선제적으로 포착한다. 예를 들어, 정상적인 네트워크 활동 패턴을 학습한 AI는 갑작스러운 데이터 전송량 증가, 비정상 시간대 접속, 알려지지 않은 IP 주소로부터의 접속 등을 '이상 징후'로 탐지하고 경보를 발령한다. 이는 사이버 공격의 초기 단계에서 조기에 대응할 수 있게 한다.

AI는 또한 '행위 기반 탐지(behavior based detection)'를 수행한다. 단순히 알려진 악성 코드의 서명(signature)을 찾는 것이 아니라, 프로그램의 실행 패턴, 메모리 접근 방식, 네트워크 통신 행태 등을 분석하여 악의적 행위를 탐지한다. 이는 제로데이(zero day) 공격[33] 처럼 아직 알려지지 않은 공격에도 효과적으로 대응할 수 있게 한다. 나아가 AI는 정상 행위와 악의적 행위의 미세한 차이를 구별하여 오탐률을 최소화한다.

---

33 아직 공개되거나 패치되지 않아 방어 수단이 '0일'인 상태의 소프트웨어 취약점, 또는 이를 이용한 공격.

악성 코드와 제로데이 탐지

멜웨어(malware)[34]와 랜섬웨어(ransomware)[35] 공격은 서명 기반 방어만으로는 대응하기 어렵다. 공격자들은 끊임없이 새로운 변종을 만들어 내며, 제로데이 취약점을 악용한다. 전통적인 백신 소프트웨어는 알려진 악성 코드만 탐지할 수 있으므로, 신종 위협에는 무방비 상태가 된다.

AI는 알려지지 않은 코드 패턴과 행동 기반 이상 징후를 실시간 분석하여 제로데이 공격 가능성을 조기에 포착한다. 예를 들어, 특정 프로그램이 정상적인 업무 소프트웨어처럼 보이지만, 백그라운드에서 시스템 파일을 암호화하거나 외부 서버로 데이터를 전송한다면, AI는 이를 악의적 행위로 판단하고 차단한다. 이는 악성 코드의 서명을 알지 못하더라도 그 행위를 통해 탐지하는 방식이다.

AI는 또한 '적대적 기계학습(adversarial machine learning)' 기법을 학습하여, 공격자가 AI를 속이려는 시도(악성 코드를 정상 파일처럼 위장 등)를 탐지한다. 이는 AI와 AI가 대결하는 '사이버 군비 경쟁(cyber arms race)'의 한 단면이다. 나아가 AI는 악성 코드의 진화 패턴을 추적하여 미래의 변종을 예측하고, 사전에 방어 체계를 강화한다.

AI 기반 전자전

전자전(Electronic Warfare, EW)은 적의 레이더, 통신, 항법 시스템을 교란하거나 무력화하는 동시에, 아군의 전자 시스템을 보호하는 작전이다. 전자

---

34 사용자의 동의 없이 시스템에 무단 침입해 정보를 훔치거나, 기능을 파괴·방해하고, 원치 않는 행위를 수행하도록 설계된 악성 소프트웨어의 총칭.

35 사용자의 파일을 암호화하거나 시스템을 잠가 인질로 잡고, 이를 풀어 주는 대가로 금전을 요구하는 악성 코드.

  Military AI, 전쟁의 미래를 다시 쓰다

전의 핵심은 주파수 스펙트럼의 실시간 분석과 신속한 대응이다.

AI는 주파수 스펙트럼을 실시간 스캔하여 적의 재밍 신호를 탐지하고, 그 방식을 분석한다. 예를 들어, 적이 특정 주파수 대역을 교란하고 있다면, AI는 즉시 대체 주파수로 전환하거나, 주파수 호핑(frequency hopping) 패턴을 자동 생성하여 통신을 유지한다. 또한, 적의 재밍 신호 패턴을 역분석하여 재밍 장비의 위치를 추적하고, 타격 표적으로 제공한다. 이는 수동적 방어에서 능동적 대응으로의 전환을 의미한다.

AI는 또한 '인지 전자전(cognitive EW)' 개념을 구현한다. 이는 AI가 전자전 환경을 지속적으로 학습하고, 적의 전술 변화에 신속히 적응하는 방식이다. 예를 들어, 적이 새로운 재밍 기법을 사용하면, AI는 이를 학습하여 즉시 대응 전략을 생성하고 실행한다. 이는 전통적인 고정된 전자전 매뉴얼을 넘어서는 동적 대응 능력을 제공한다. 나아가 AI는 아군의 전자 신호를 최적화하여 적의 탐지와 방해를 최소화하는 '스펙트럼 관리'를 수행한다.

심리전과 여론조작 탐지 AI

사이버전은 단순한 기술적 공격이 아니라 여론·정보·심리전이 한 덩어리로 움직이는 복합 공간이다. 적국은 SNS, 메신저, 웹사이트를 통해 허위 정보를 유포하고, 여론을 조작하며, 사회적 분열을 조장한다. 이는 군사 작전을 직접 방해하거나, 정치적 의사 결정을 왜곡하여 전략적 우위를 확보하려는 시도다.

AI는 SNS, 메신저, 웹사이트의 패턴을 분석하여 조직적 여론 조작과 심리전 캠페인을 탐지한다. 예를 들어, 특정 계정들이 동일한 시간대에 유사한 메시지를 대량으로 게시하거나, 봇(bot) 계정이 특정 해시태그를 집중적으로 확산시킨다면, AI는 이를 '조직적 정보 작전(coordinated information operation)'으로 판단하고 경고한다. 이는 자동화된 허위 정보 확산을 조기에 차단하는 데 효과적이다.

AI는 또한 허위 정보의 출처를 역추적한다. 특정 메시지가 어느 계정에서 시작되어 어떤 경로로 확산되었는지를 네트워크 분석을 통해 시각화하고, 핵심 전파자를 식별한다. 이는 대응 조치(계정 정지, 반박 메시지 확산 등)를 효과적으로 수행할 수 있게 한다. 나아가 AI는 허위 정보의 내용을 분석하여 팩트 체크 우선순위를 제시하고, 가장 위험한 허위 정보에 집중적으로 대응할 수 있게 한다.

더 나아가, AI는 대응 메시지를 자동 생성하는 연구도 진행 중이다. 허위 정보에 대한 팩트 체크 결과를 바탕으로 신뢰성 있는 반박 메시지를 작성하고, 최적의 유포 경로와 시점을 계산하여 효과적으로 대응하는 방식이다. 이는 '정보 영역의 방어(defense in the information domain)'를 자동화하는 시도다. 다만 이러한 시스템은 신중하게 설계되어야 하며, 표현의 자유와 정보 통제 사이의 균형을 유지해야 한다.

> **[사례] NATO, 이스라엘과 에스토니아의 AI 사이버 방어**
>
> **NATO의 AI 기반 사이버 방어 체계**
>
> NATO는 대규모 사이버 공격을 방어하기 위해 AI 기반 침입 탐지, 행위 분석, 위협 인텔리전스 공유 체계를 통합한 사이버 방어 아키텍처를 구축했다.
>
> NATO의 사이버 방어 센터는 회원국들의 사이버 위협 정보를 실시간으로 공유하고, AI가 이를 분석하여 공통 위협 패턴을 식별한다.
>
> 예를 들어, 한 회원국에서 특정 유형의 랜섬웨어 공격이 탐지되면, AI는 이

　　　　　　　　　Military AI, 전쟁의 미래를 다시 쓰다

를 즉시 다른 회원국들에게 경고하고, 대응 조치(해당 악성 코드의 서명 업데이트, 네트워크 차단 규칙 배포 등)를 자동으로 수행한다. 이는 '집단 방어'를 사이버 영역에서 구현한 것이다. 또한 NATO는 정기적으로 대규모 사이버 방어 훈련을 실시하며, AI 시스템의 성능을 지속적으로 검증하고 개선한다.

이스라엘과 에스토니아의 사이버 자립 억제력

이스라엘과 에스토니아는 '사이버 방어를 위한 국가 AI 전략'을 가장 앞서 도입한 국가들이다. 이스라엘은 팔레스타인 무장단체, 이란 등으로부터 지속적인 사이버 공격을 받고 있다. 에스토니아는 2007년 러시아로부터 대규모 DDoS 공격을 받은 경험이 있다.

두 국가는 AI로 악성 행위 패턴을 예측하고, 공격을 선제 차단하는 능력을 확보했다. 예를 들어, 이스라엘의 사이버 방어 시스템은 적 해커의 과거 공격 패턴을 학습하여 "특정 시간대에 금융 시스템 공격 가능성 높음"이라는 예측을 제공하고, 사전에 방어 태세를 강화한다. 에스토니아는 '디지털 면역 체계(digital immune system)' 개념을 도입하여, 사이버 공격이 발생하면 AI가 자동으로 격리-치료-복구를 수행하는 시스템을 운영하고 있다. 이는 인체의 면역 체계처럼 스스로 위협을 인식하고 대응하는 자율적 방어 체계다.

이러한 사례들은 사이버 영역에서도 AI가 '자립적 억제력(autonomous deterrence)'을 구축하는 핵심 도구임을 보여 준다. 적이 사이버 공격을 시도하더라도 AI가 즉시 탐지-차단-대응함으로써, 공격의 효과를 무력화하고 적에게 "사이버 공격은 성공하지 못할 것"이라는 메시지를 전달한다. 이는 물리적 억제력과 마찬가지로 사이버 억제력을 구축하는 새로운 패러다임이다.

다섯 개의 전장을 하나로 묶는 AI의 힘

지상, 해상, 공중, 우주, 사이버 영역은 각각의 독립된 공간이 아니라 서로 얽혀 있는 하나의 통합 전장이다. AI는 각 영역에서 전술적 성능을 높이는 도구일 뿐 아니라, 영역 간 상호작용을 설계하고 조율하는 '전장의 구조적 연결자(structural integrator)'이자 '합성 지능(synthetic intelligence)'으로 기능한다.

지상의 보병이 UGV와 협업하고, 그 정보는 우주의 위성을 통해 해상의 함정에 전달되며, 공중의 드론이 이를 분석하고, 사이버 영역의 AI가 전자전 대응을 수행하는 식의 '다영역 정보 순환(multi domain information loop)'이 실시간으로 이루어진다. 이는 다영역 작전(MDO)의 구체적 실현이며, OODA 루프의 초지능화가 전장 전체에 적용된 결과다.

이제 지상, 해상, 공중, 우주, 사이버 등 모든 영역에서 AI의 역할은 이제 선택이 아니라 필수가 되었다. AI 없이는 다영역 체계를 통합할 수 없고, 다영역 통합 없이는 미래전에서 주도권을 확보할 수 없다. 따라서 국가의 전략적 우선순위는 '각 영역별 AI 기술 확보'를 넘어, '영역 간 AI 연동성과 상호운용성 확보'로 이동해야 한다. 이는 단순한 기술 통합이 아니라, 전장 전체를 하나의 유기적 시스템으로 재구성하는 근본적 변화를 의미한다.

전장은 이미 변화했고, AI는 그 변화의 중심에 있다. 문제는 우리가 이 변화를 얼마나 빠르고 정확하게 이해하고, 어떻게 대응하느냐에 달려 있다. 각 영역의 AI 활용은 독립적 기술 발전이 아니라, 전장 전체의 유기적 진화 과정의 일부다. 우리는 이 진화에 능동적으로 참여하여 미래 전장의 주도권을 확보해야 한다.

  Military AI, 전쟁의 미래를 다시 쓰다

7장 전투수행 기능별 AI 활용

전장에서 지휘·통제, 정보, 기동, 화력, 방호, 지속지원은 전투를 수행하는 주요 기능이다. 이들은 AI가 도입되면서 전쟁 수행 원리 자체를 바꾸는 혁신 지점이 되었다. 오늘날 AI는 이 기능들을 서로 연결하고 증폭시키는 전투력 통합의 중심축이 된다.

여기서는 전장 영역이라는 '공간'을 넘어, 전투수행 기능이라는 '역할' 중심의 관점에서 AI의 영향을 분석한다. 현대전은 네트워크 기반으로 전개되며, 작전은 '공간' 보다 '기능' 중심으로 통합되고 있기 때문이다.

AI는 지휘통제의 속도를 끌어올리고, 정보의 품질을 정교하게 만들며, 기동의 안전성과 유연성을 높이고, 화력을 정밀하게 제어하고, 방호의 생존성을 강화하며, 지속지원의 안정성을 확보한다. 더 나아가 이 기능들을 유기적으로 연결하여 전투력의 시너지를 창출한다.

AI 생성 이미지

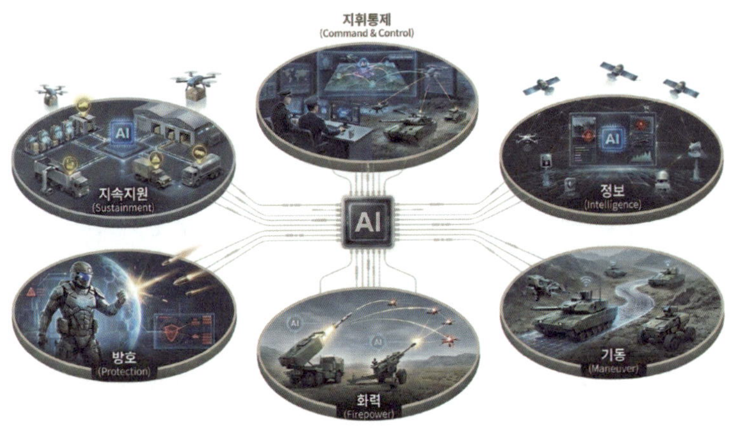

지휘·통제

지휘·통제의 본질과 AI의 역할

지휘·통제(command & control)는 전투수행 기능의 중추신경계이다. 전쟁에서 승리하기 위해서는 적보다 빠르게 상황을 인식하고, 더 정확하게 판단하며, 더 신속하게 행동해야 한다. 이것이 바로 OODA 루프의 핵심이다.

과거 지휘·통제는 주로 인간 지휘관의 경험과 직관에 의존했다. 참모들이 수집한 정보를 종합하고, 지도 위에 표시하며, 여러 대안을 검토한 뒤 최종 결심을 내리는 과정은 수십 분에서 수 시간이 소요되었다. 그러나 현대전에서는 지상, 해상, 공중, 우주, 사이버 등 각 영역에서 새롭게 생성되는 정보량이 인간의 분석 속도를 이미 넘어섰다.

드론은 4K 이상의 고해상도 스트리밍 영상을 실시간으로 전송한다. 군사위성은 매 10~60초 주기로 관측 영상을 내려보낸다. 레이더는 적 항공기, 포탄, 드론, 미사일에 대한 탐지 정보를 지속적으로 생성한다. 통신감청 체계는 무선 주파수, 데이터 패킷, 암호 신호 등을 대량 수집한다. 지상 센서 네트워크는 병력 이동, 차량 열 신호, 진동 패턴 등을 끊임없이 포착한다.

이러한 데이터의 홍수 속에서 AI는 전장에 존재하는 방대한 데이터를 초 단위로 분류-정제-해석하여 지휘관에게 동적이고 통합된 상황인식을 제공한다. 예를 들어, 적의 이동 패턴, 아군의 기동 가능 경로, 전자전 교란 지점, 탄약·연료 소모율, 통신·데이터 흐름의 이상 징후 같은 데이터를 AI가 실시간 융합하면 지휘관은 전장을 하나의 '통합된 그림'으로 볼 수 있게 된다.

AI 기반 상황인식의 혁신

AI가 제공하는 상황인식은 과거의 정적인 지도가 아니라 전장의 모든 변화를 실시간 반영하는 동적·예측형 전장 시각화 시스템이다. 전통적인 C2 체계에서는 정보 수집, 분석, 보고, 결심이라는 순차적 단계를 거쳤지만, AI 기반 C2에서는 이 모든 과정이 병렬적이고 순환적으로 작동한다.

구체적으로 AI 기반 상황인식 시스템은 아군·적군 부대 위치 변화를 GPS, 위성영상, 드론 영상을 결합하여 실시간으로 추적한다. 항공기, 드론, 미사일 궤적은 레이더, 전자광학 센서, 음향 센서 데이터를 융합하여 공중 위협의 3차원 궤적을 예측한다. 지상 장비, 전차, 포병의 전개 상황은 열화상, 합성개구레이더(SAR), 진동 센서를 통해 탐지 및 식별한다. 전자전, 사이버전 위협은 전파 스펙트럼 분석, 네트워크 트래픽 이상 징후, 재밍 신호를 탐지한다. 또한 군수, 보급 현황으로 탄약, 연료, 식량의 재고량, 소모율, 보급선 상태, 예상 고갈 시점을 파악한다. 지형 변화, 기상 변화, 민간인 대피 상황 등 비전투 요소까지 종합적으로 분석한다.

AI는 이 정보를 정제하고 의미별로 묶어 지휘관이 지금 전장에서 가장 중요한 것을 한눈에 확인할 수 있도록 도와준다. 더 나아가 AI는 단순히 현재 상황만 보여 주는 것이 아니다. 과거 패턴과 현재 데이터를 결합하여 10분 후, 1시간 후, 6시간 후의 전장 상황을 예측한다.

OODA 루프의 초지능화

AI는 지휘관의 OODA 루프를 전 단계에서 가속한다. 관찰 단계에서는 수백 개의 센서에서 들어오는 데이터를 동시에 모니터링하고, 중요도에 따라 우선순위를 자동 설정한다. 예를 들어, 적 전차 부대의 이동이 감지되면 해당 영역의 드론 영상을 자동으로 고해상도 모드로 전환하고, 레이더 추적을 강화하며, 통신감청을 집중한다.

방향 설정 단계에서 AI는 관찰된 데이터를 전술적 맥락 속에서 해석한다. 단순히 "적 전차 50대 이동"이라는 정보가 아니라, "적이 우회기동을 준비 중이며, 36시간 내 아군 좌측 방어선을 돌파할 가능성 78%"와 같은 의미 있는 해석을 제공한다.

결정 단계에서 AI는 가능한 모든 전술적 대안의 결과를 자동 비교한다. 예컨대, 좌측 우회, 우측 돌파, 정면 타격, 공중 지원 요청 등 수십 개 대안에 대해 병력 손실률, 성공 확률, 지형 위험도, 보급 지속성 등을 수 초 안에 산출한다. 각 대안에 대해 과거 유사 상황의 결과, 현재 아군의 전투력 상태, 적의 예상 대응 등을 종합하여 최적안을 추천한다.

행동 단계에서 결정이 내려지면 AI는 해당 명령을 관련된 모든 부대와 무기체계에 자동 전파한다. 예를 들어, "2개 대대는 좌측 산악지형으로 우회, 포병은 좌표 CG123456 지역 준비 사격, 드론 스웜은 적 후방 교란"과 같은 복합 명령이 동시다발적으로 실행된다.

이러한 AI 지원을 통해 지휘관은 과거보다 10~30배 빠른 속도로 결심에 도달하게 되며, 이는 곧 전장의 주도권 확보로 이어진다. 미 육군의 연구[36]에 따르면, AI 기반 지휘통제 시스템을 활용한 부대는 전통적인 지휘통제 체계를 사용하는 부대에 비해 결심 속도에서 평균 5배, 정확도에서 40% 이상의 우위를 보였다.

---

36 "AI-Enabled Wargaming at the U.S. Army Command and General Staff College: Its Implications for PME and Operational Planning", https://smallwarsjournal.com/2026/01/16/ai-enabled-wargaming-cgsc

　　　　　　　　Military AI, 전쟁의 미래를 다시 쓰다

지능형 지휘통제망의 등장

지능형 지휘통제망인 IC2(Intelligent Command & Control)는 기존의 C2 체계와는 본질적으로 다른 구조를 가진다. 전통적인 C2는 계층형 구조로, 하급 부대가 수집한 정보가 단계적으로 상급 부대로 보고되고, 상급 부대의 명령이 다시 단계적으로 하급 부대로 하달되는 방식이었다. 이 과정에서 정보의 지연, 왜곡, 손실이 불가피했다.

반면 AI 기반 IC2는 전장 전반의 데이터를 지휘통제센터, 무기체계, 부대, 센서 등이 서로 실시간 공유할 수 있도록 연결함으로써 지휘통제를 계층형에서 네트워크형 구조로 바꾼다.

IC2의 핵심 특징은 첫째, 지휘보고 체계의 단축이다. 중대-대대-여단-사단의 계층형 보고 체계가 AI에 의해 자동 요약되어 필요 정보만 상급 지휘관에게 전달된다. 예를 들어, 소대장이 보고한 "의심스러운 차량 3대 발견"이라는 정보는 AI가 드론 영상, 과거 적 활동 패턴, 주변 센서 데이터를 종합하여 "적 정찰대로 추정, 위협도 중간"으로 분석한 뒤, 중대장에게는 요약 정보만, 대대장에게는 지역 전체 위협도 평가를, 여단장에게는 작전 계획 수정 필요 여부만을 선별적으로 전달한다.

둘째, 전자전, 사이버전, 정보전과의 연계가 이루어진다. 전통적 전투 영역을 넘어 사이버 침입 탐지, 전파교란 위험, AI 기반 공개출처정보 분석까지 C2의 범위가 확장된다. 예를 들어, 적이 아군 통신망에 대한 사이버 공격을 시도하면 IC2는 즉시 이를 탐지하고, 대체 통신 경로를 자동 설정하며, 전자전 부대에 역추적 임무를 자동 할당한다.

셋째, 합동성이 강화된다. 육군, 해군, 공군의 데이터가 자동 동기화되어 합동작전 명령의 실시간성과 정확성이 극적으로 향상된다. 예를 들어, 해군 함정이 탐지한 적 미사일 발사 징후가 즉시 공군 전투기와 육군 방공포대에 공유되고, 각 전력이 최적 위치에서 동시 대응할 수 있도록 자동 조율된다.

넷째, 엣지 컴퓨팅과 분산 AI가 활용된다. IC2는 중앙 집중식 데이터 처리가 아니라, 전장 곳곳에 분산된 AI 노드들이 각자 데이터를 처리하고 필요한 정보만 상급 체계로 전송하는 엣지 컴퓨팅 구조를 활용한다. 이는 통신망이 두절되거나 재밍을 받는 상황에서도 부대가 자율적으로 작전을 지속할 수 있게 한다. 결국 IC2는 전장을 하나의 거대한 네트워크화된 생태계로 만들며, 각 전투자산이 고립되지 않도록 보장한다.

AI 기반 지휘통제와 다영역 작전의 실질화

다영역 작전(MDO)은 이론적으로는 매력적이지만, 실제 구현에는 엄청난 기술적 장벽이 존재한다. 지상, 해상, 공중, 우주, 사이버 영역의 정보를 실시간으로 통합하고, 각 영역의 전력을 동시에 조율한다. 영역 간 연쇄 효과를 계산하는 것은 인간 지휘관과 전통적 C2 체계로는 사실상 불가능하다.

AI 기반 지휘통제는 모든 영역을 실시간 연결함으로써 합동작전을 '조정 중심'에서 '동시 작동 중심'으로 바꾼다. 예를 들어, 지상부대가 탐지한 표적을 공군 무인기가 즉시 자동 할당받아 타격한다. 그 타격 정보가 해군의 함대 방어 AI로 연계되며, 위성, 사이버 자산이 모두 이를 동시에 공유해 다음 위협을 예측한다. 이와 같은 흐름은 전장이 하나의 생체 신경망처럼 작동하는 것과 같다. 지휘관은 전체 전장에 대한 통합적·예측적 결심을 내릴 수 있게 된다.

   Military AI, 전쟁의 미래를 다시 쓰다

[사례] 미국 JADC2의 AI 기반 결심지원 강화

미국의 합동지휘통제체계인 JADC2(Joint All-Domain Command and Control)는 AI 기술을 통해 지휘통제의 속도, 범위, 정밀성을 재정의한 대표적 모델이다. 미군은 각 군종, 전력, 센서가 서로 단절된 상태로 존재하는 문제를 해결하기 위해 '전장 전체를 하나의 시스템으로 통합하는 전략'을 추진했다.

JADC2의 AI 시스템은 수백 대의 드론에서 들어오는 영상을 실시간으로 분석하여 표적을 자동 식별하고 우선순위를 부여하며, 레이더, 전자광학, 음향 센서 데이터를 융합하여 위협의 종류를 자동 분류한다. 또한 표적의 전술적 가치, 긴급도, 아군 피해 위험도를 종합하여 타격 우선순위를 자동 산출한다. 지형, 기상, 적 위협, 아군 위치를 고려하여 최적 기동 경로를 자동 생성한다. 포병, 드론, 전투기, 미사일 등 가용 전력을 임무에 자동 할당한다.

실제 JADC2 실험에서 지휘결심 시간은 30~40분에서 10초 이하로 줄어들었고, 합동 타격의 정확도는 60% 이상 향상되었으며, 부대 생존성은 35% 증가했다. 또한 인지 부담이 크게 감소하여 지휘관은 전술적 세부사항보다 전략적 판단에 집중할 수 있게 되었다.

JADC2는 AI가 지휘관을 대체하는 것이 아니라 전장의 인지적 복잡성을 관리하는 확장된 두뇌로 작동한다는 사실을 보여 준다. AI는 데이터를 처리하고 대안을 제시하지만, 최종 결심과 책임은 여전히 인간 지휘관의 몫이다.

정보

정보 기능의 변화, 수집에서 예측으로

정보 기능은 전쟁에서 눈과 귀의 역할을 한다. 적의 위치, 의도, 능력을 파악하지 못하면 아무리 강력한 화력과 기동 능력을 갖추고 있어도 승리할 수 없다. 손자병법에서 "지피지기 백전불태(知彼知己 白戰不殆)"라고 한 것도 바로 이 때문이다.

전통적으로 정보 기능은 주로 수집에 초점을 맞추었다. 정찰병을 파견하고, 항공기로 사진을 촬영하며, 통신을 감청하는 것이 정보 활동의 핵심이었다. 그러나 AI 시대의 정보 기능은 단순 수집을 넘어 분석, 융합, 예측으로 진화하고 있다.

현대 전장은 수천 개의 센서가 동시에 작동하며, 전투의 종류와 상관없이 매초 엄청난 양의 정보가 생성된다. 드론 영상은 4K 이상의 고해상도 스트리밍 데이터를 제공한다. 군사위성은 매 10~60초 주기로 촬영한 관측 영상을 내려보낸다. 통신감청 체계는 무선 주파수, 데이터 패킷, 암호 신호 등을 대량 수집한다. 레이더는 적 항공기, 포탄, 드론, 미사일에 대한 탐지 정보를 지속적으로 생성한다.

AI가 도입되기 전, 이러한 데이터의 상당 부분은 인간 분석관이 필요한 만큼만 선택적으로 처리할 수밖에 없었다. 그 결과, 전장 전체를 포괄하는 실시간 분석은 사실상 불가능했다. 중요한 신호가 누락되거나, 의미를 파악하기 전에 전투 상황이 이미 급변해 버리는 일이 많았다.

방대한 데이터의 실시간 자동 분석

AI는 이 문제를 근본적으로 해결한다. AI는 대규모 센서 네트워크에서 생성되는 데이터를 실시간으로 자동 분류하고, 중복 제거하며, 필요한 정보만을 추출하여 지휘통제체계로 전송한다.

예를 들어, 드론 영상에서 사람, 차량, 군용 장비, 포진지, 지뢰 설치 흔적 등을 심층학습 기반으로 자동 식별함으로써 분석 인력의 부담을 크게 줄인다. 과거에는 영상 분석관 10명이 8시간 동안 분석해야 했던 드론 영상을 AI는 10분 이내에 처리할 수 있다.

더 나아가 AI는 단일 데이터가 아닌 이종 정보의 동시 분석이 가능하다. 위성 영상에서 보이는 병력 이동과 통신감청에서 확인된 교신 증가 패턴, 그리고 드론 영상에서 발견된 차량 열 신호가 상호 보완되며 하나의 의미 있는 적 행동 징후로 묶이는 것이다.

구체적인 AI 기반 정보 분석의 사례로는 이미지 인식을 통해 전차와 민간 차량, 군용 텐트와 농막, 미사일 발사대와 공장 구조물을 99% 이상의 정확도로 정밀 구별하는 것이 있다. 최신 AI 모델은 위장망으로 덮인 장비, 나뭇잎 아래 숨은 병력, 민간 건물로 위장한 지휘소까지 탐지할 수 있다.

음성 분석으로는 통신감청 자료에서 특정 언어, 억양, 단어 패턴 등을 추적한다. 예를 들어 적군 지휘관의 음성을 학습한 AI는 수백 개의 통신 채널 중에서 해당 인물의 교신을 자동으로 걸러내고, 대화 내용을 실시간 번역하여 전술적 의도를 파악한다.

이상치 탐지로는 평소와 다른 병력 밀집도, 예상치 못한 기동 경로, 갑작스러운 통신 증가 등을 탐지한다. AI는 과거 수개월 간의 적군 활동 패턴을 학습하여, 정상 범위를 벗어나는 모든 변화를 즉시 경보한다.

시그널 분석으로는 전파 패턴을 통한 레이더와 전자전 장비를 식별한다. AI는 전자기 신호의 주파수, 펄스 폭, 반복률 등을 분석하여 적이 사용하는 레이더나 재밍 장비의 종류를 정확히 식별하고, 그에 대한 최적 대응책을 추천한다.

이러한 자동 분석 능력은 정보 기능의 속도뿐 아니라 정보의 신뢰도를 획기적으로 향상시킨다. ISR 기능이 단순 수집에서 실시간 전장 해석으로 발전하는 기반이 된다.

지능형 공통작전상황도의 제공

AI가 제공하는 지능형 공통작전상황도 COP(Common Operational Picture)는 과거의 정적인 지도가 아니라 전장의 모든 변화를 실시간 반영하는 '동적, 예측형 전장 시각화 시스템'이다.

지능형 공통작전상황도에는 아군·적군 부대 위치 변화를 실시간 GPS, 위성영상, 드론 영상을 결합하여 추적한다. 항공기·드론·미사일 궤적을 레이더, 전자광학 센서, 음향 센서 데이터를 융합하여 공중 위협의 3차원 궤적을 예측한다. 지상 장비, 전차, 포병의 전개 상황을 열화상, 합성개구 레이더(SAR), 진동 센서를 통해 탐지 및 식별한다. 또한 전자전과 사이버전 위협으로 전파 스펙트럼 분석, 네트워크 트래픽 이상 징후, 재밍 신호를 탐지한다. 군수·보급 현황으로 탄약·연료·식량의 재고량, 소모율, 보급선 상태, 예상 고갈 시점을 파악한다. 지형 변화, 기상 변화와 같은 실시간 기상 데이터, 도로 파손 정보, 교량 상태, 침수 지역 정보를 제공하고, 민간인 대피 상황 등 비전투 요소로 인구 밀집도, 대피소 위치, 인도적 지원 필요 지역을 포함한다.

AI는 이 정보를 정제하고 의미별로 묶어 지휘관이 지금 전장에서 가장 중요한 것을 한눈에 확인할 수 있도록 도와준다. 특히 공통작전상황도는 합동작전의 필수 기반이 되는데, 각 군종이 서로의 상황을 실시간으로 공유함으로써 효율적이고 신속한 협조가 가능해진다.

예를 들어, 육군 부대가 탐지한 적 포병 진지 정보가 즉시 공군 전투기와 해군 순양함에 공유된다. 각 전력이 최적 타격 수단을 자동으로 선택하여 동시 공격을 수행할 수 있다.

예측작전의 구현

예측적인 정보활동(Predictive ISR)은 AI의 등장으로 처음 가능해진 새로운 정보 개념이다. 전통적 정보 활동이 "적이 지금 무엇을 하고 있는가"에 초점을 맞추었다면, 예측적인 정보활동은 "적이 다음에 무엇을 할 것인가"를 파악하는 것을 목표로 한다.

AI는 과거 교전 패턴으로 적군의 과거 전술, 기동 방식, 타격 선호도를 학습한다. 보급량의 감소 및 증가로 탄약과 연료 소모율을 분석하여 공격 준비 상태를 파악한다. 병력 재배치 경향으로 병력의 이동 패턴, 집결지, 숙영지 변화를 추적한다. 통신 주기 변화로 무전 빈도, 암호 교신량, 지휘 채널 활성화 정도를 분석한다. 또한 기상 조건으로 작전 수행에 유리한 기상 조건이 예상될 때의 적군 활동 증가 패턴을 파악하고, 우회·기만 패턴으로 과거 우회기동 사례, 기만 작전 패턴을 학습한다. 표적 지역 주변 활동 빈도로 정찰 활동, 공병 작업, 지뢰 제거 등 공격 준비 징후를 분석한다.

예를 들면 AI는 "적 전차 부대가 36시간 이내에 북동쪽 방향으로 공격을 개시할 가능성: 82%"와 같은 결과를 제공할 수 있다. 이러한 기능은 아군이 선제적으로 대응할 수 있게 해 주며 전투 결과를 사전에 유리하게 만드는 효과를 가진다.

더 나아가 AI는 적의 의도를 여러 시나리오로 분석하여 각 시나리오별 대응책을 미리 준비할 수 있게 한다. 예를 들어, 시나리오 A는 정면 공격(확률 45%), 시나리오 B는 좌측 우회(확률 35%), 시나리오 C는 야간 침투(확률 20%)와 같이 여러 가능성을 제시하고, 각 시나리오에 대한 최적 대응 방안을 자동으로 생성한다.

공개출처정보와 군사정보의 융합

현대전에서는 SNS 게시물, 민간 위성사진, 시민 영상, 상업 데이터 등이 전투 정보의 중요한 부분을 차지한다. AI는 공개출처정보(Open Source Intelligence, OSINT)를 자동 수집·정제하여 군사정보(Military Information, MILINT)와 결합하는 능력이 뛰어나다.

예를 들어 우크라이나 전쟁에서 민간인이 올린 이상한 연기, 군용 차량 이동 영상 등이 AI 분석을 통해 실제 러시아군 기동 패턴과 결합되어 고정밀 전장 판단에 활용되었다. AI는 소셜 미디어의 수백만 개 게시물을 실시간으로 스캔하고, 위치 태그, 시간 정보, 영상 내용을 분석하여 군사적으로 의미 있는 정보를 자동으로 추출한다.

또한 AI는 위성 사진을 자동 분석하여 군사 시설의 건설, 병력 집결, 장비 이동 등을 탐지한다. 상업용 위성(Planet Labs, Maxar 등)이 제공하는 고해상도 영상을 AI가 분석하면, 과거에는 며칠이 걸렸던 변화 탐지 작업이 몇 분 내로 완료된다.

이는 과거의 정보수집 방식에서는 불가능했던 초대형 데이터 기반 정보

완성을 가능하게 한다.

[사례] 우크라이나 전쟁에서 AI 기반 표적 탐지

우크라이나는 전쟁 초기부터 드론, 스타링크, AI 영상 분석의 통합 체계를 구축해 소규모 부대라도 정확한 표적 데이터를 즉시 확보할 수 있도록 했다. AI는 포진지 위치, 전차 위장 패턴, 야간 이동 흔적, 발열 신호, 교량·도로 이용 패턴 등을 분석하여 화력 투사의 정확도를 극대화했다. 그 결과 우크라이나는 전력에서 열세였음에도 정확한 타격을 지속적으로 수행할 수 있었고, 이는 전장 흐름에 막대한 영향을 미쳤다.

특히 우크라이나군은 AI 기반 표적 탐지 앱인 'Kropyva(개구리밥)'를 개발하여, 일선 부대가 스마트폰으로 드론 영상을 실시간 분석하고 포병에게 타격 좌표를 자동 전송할 수 있게 했다. 이 시스템은 표적 탐지부터 화력 투사까지의 시간을 20분에서 1분 이내로 단축시켰다.

기동

기동의 본질과 AI의 역할

기동은 전투의 주도권을 결정하는 기능이다. 적시 적소에 전력을 배치하는 것, 그리고 적이 예상하지 못한 곳에서 타격을 가하는 것이 기동의 핵심이다. 손자병법에서 '병형상수(兵形象水)'라 하여 군대의 형태는 물과 같아야 한다고 한 것도, 지형과 상황에 따라 유연하게 움직이는 기동의 중요성을 강조한 것이다.

AI는 병력, 장비, 무기체계의 이동 경로를 지형, 위협, 기상, 아군 위치, 보급 상황 등을 반영해 자동 최적화한다. 또한 AI는 미세한 고도 차이, 지뢰와 장애물의 존재 가능성, 교차로·협곡·도심지 위험도 등을 자동 분석해 기동의 안전성을 높인다.

경로 계획과 충돌 회피의 자동화

AI 기반 경로 계획 시스템은 지형 분석으로 고도, 경사도, 토질, 식생, 수계 등을 종합하여 차량 통행 가능성을 평가한다. 위협 평가로 적 관측소 시야, 포병 사거리, 드론 정찰 범위, 매복 가능 지점 등을 분석하여 피탐지 확률을 최소화하는 경로를 선택한다. 또한 기상 조건으로 강수, 적설, 안개, 바람 등이 기동에 미치는 영향을 분석하고, 아군 위치를 고려하여 다른 부대의 이동 경로와 충돌하지 않도록 자동 조율한다. 보급 상황을 고려하여 연료 소모를 고려한 최적 경로를 선택하고, 중간 보급 지점을 자동 설정한다.

특히 공중 영역에서는 AI가 항공기·드론의 경로를 자동 계산하며, 적 방공체계의 탐지·요격 범위를 고려해 피탐지 최소화 경로를 제시한다. 최신 AI 시스템은 지형 추종 비행, 저고도 침투, 변칙 궤적 등 복잡한 기동을 자동으로 수행할 수 있다.

도시·산악지형에서의 최적 전개

도시지역작전과 산악작전은 가시성 제한, 움직임 제약, 복잡한 지형 구조 때문에 전통적으로 지휘관이 가장 어려움을 느꼈던 작전 환경이다.

AI는 건물 구조, 골목길 연결, 고도 차이, 엄폐 가능 지점, 저격 위험 지

   Military AI, 전쟁의 미래를 다시 쓰다

역 등을 분석해 최적의 소대·분대 단위 전개 경로를 자동 생성한다. 이는 부대의 생존성뿐만 아니라 전투 효과를 극대화하며 특히 도심지 방어와 탈환 작전에서 큰 가치를 가진다.

구체적으로 AI는 3D 지형 모델링으로 드론 촬영 영상과 위성 SAR(개구합성레이더) 데이터를 결합하여 도시의 상세한 3차원 지형 모델을 생성한다. 건물별 위험도 평가로 각 건물의 높이, 시야각, 방어 가능성, 붕괴 위험 등을 종합하여 위험도 점수를 부여한다. 또한 최적 이동 경로를 도출하여 엄폐와 기동을 균형 있게 고려한 경로를 생성한다. 예를 들어 "건물 A 1층 → 골목 B → 건물 C 지하 → 광장 D 횡단 → 건물 E 옥상"과 같은 세부 경로를 제시한다. 교전 시뮬레이션으로 각 경로에서 적과 조우할 확률, 예상 피해, 화력 지원 가능성 등을 시뮬레이션하여 최적안을 선택한다.

무인 플랫폼을 통한 위험 임무 자동화

AI 기반 자율 플랫폼은 전투원의 생명을 위협하는 임무를 대신할 수 있다. 대표적인 예로 UGV(무인지상차량)는 지뢰밭 돌파를 위해 지뢰 탐지 센서와 폭발물 제거 장비를 탑재하여 안전한 통로를 개척하고, IED(급조폭발물) 탐지로 도로변의 의심스러운 물체를 자동 탐지하고 폭발물 여부를 판별하며, 폐허 정찰로 붕괴 위험이 있는 건물이나 방사능 오염 지역의 정찰 임무를 수행한다.

USV(무인수상정)는 연안 감시로 항구, 해협, 연안 등 위험 수역의 지속적 감시를 수행한다. 기뢰 탐색으로 음파 탐지기를 이용한 기뢰 탐지 및 위치를 표시한다. 통신 중계로 함대 간 통신 중계, 전자전 재밍 환경에서의 대체 통신 수단으로 활용된다.

AI 파일럿은 위험 공중전으로 적 방공망이 조밀한 지역에서의 정찰 및 타격 임무를 수행한다. 고기동 회피 기동으로 미사일 회피, 적 전투기 추적 이탈 등 고난도 기동을 자동 수행한다. 장시간 임무로 인간 조종사의 피로 없이 24시간 이상 지속되는 임무를 수행한다.

이 플랫폼들은 인간이 수행하기 어려운 반복적·고위험 임무를 지속적으로 수행함으로써 부대 전투력을 장기적으로 보호한다.

기동전(Maneuver Warfare)의 지능화

AI는 기동과 화력 투사를 통합하여 전통적 기동전의 위력을 극대화한다. 예를 들어 AI는 "이동 중인 적 기갑부대를 좌측 2km 지점에서 포병으로 제압하라"는 식의 전술 명령을 기동, 화력 자산 전체에 분산 처리하여 자동 실행이 가능하도록 만든다.

구체적으로 AI는 적의 기동 패턴을 예측하기 위해 과거 데이터와 현재 관측을 결합하여 적의 다음 이동 방향을 예측한다. 아군 기동을 최적화하여 적의 예상 경로를 차단하거나 측면을 공격할 수 있는 최적 위치를 계산한다. 화력 지원을 자동 조율하여 기동 중인 아군을 지원하기 위한 포병, 항공 지원을 자동으로 조율한다. 후속 작전을 자동 계획하여 초기 교전 결과에 따른 후속 기동 계획을 실시간 업데이트한다.

이는 기동전에서 가장 중요했던 속도, 정확도, 유연성을 한 단계 끌어올린다.

인간-AI 협동 기동팀

미래 기동전의 중심은 유무인 플랫폼이 하나의 팀처럼 움직이는 '인간-

     Military AI, 전쟁의 미래를 다시 쓰다

기계 기동팀(Human-Machine Maneuver Team, HMMT)'이다. AI는 위험 지역을 자동 탐지하여 센서 데이터를 분석하여 매복, 지뢰, 저격 위험 지역을 자동 표시한다. 최적 기동 위치를 계산하여 지형, 시야, 화력 지원 가능성을 고려한 최적 위치를 제안한다.

또한, 인간 지휘관의 의도를 해석하여 간단한 명령을 구체적인 행동으로 변환한다. 예를 들어 "적 측면 공격"이라는 명령을 "2소대는 우측 산등성이로 우회, 3소대는 정면 견제, 드론은 적 후방 감시"와 같이 구체적인 행동으로 전환한다. 통신 장애 시에는 자율 행동으로 재밍이나 지형으로 인한 통신 두절 시에도 미리 설정된 임무를 자율적으로 수행한다. 기체 손상 시에는 복귀 경로를 자동 설정하여 무인 플랫폼이 손상을 입으면 자동으로 안전한 복귀 경로를 계산한다.

화력

킬체인(kill chain)의 혁명적 단축

화력 기능의 효과는 얼마나 빨리, 얼마나 정확하게 적을 타격할 수 있는가로 결정된다. 전통적으로 표적 탐지부터 타격까지의 킬체인은 표적 탐지, 표적 식별, 표적 추적, 타격 결정, 타격 실행이라는 여러 단계를 거친다.

이 과정은 과거 수십 분에서 수 시간이 소요되었으며, 이동하는 표적의 경우 타격 명령이 내려질 때쯤 이미 위치가 변경되어 있는 경우가 많았다.

AI는 이 모든 과정을 자동화하며 킬체인을 극적으로 단축한다. 최신 AI 시스템은 탐지부터 타격까지를 수 초 내로 완료할 수 있다.

실시간 표적 탐지와 우선순위 자동 배정

AI는 대포병 레이더, 드론 영상, 전장 정보 분석을 통한 즉응 화력을 가능하게 한다.

대포병 레이더 데이터 분석으로 AI는 레이더가 탐지한 포탄 발사 위치와 드론 영상의 이동 패턴을 동시에 결합하여 발사 지점을 수 초 내로 특정한다. 과거에는 대포병 레이더 데이터를 인간이 분석하고, 화력 통제 센터에 전달하며, 타격 명령을 하달하는 데 5~10분이 소요되었다. 그러나, AI 시스템은 이를 30초 이내로 단축한다.

드론 영상의 실시간 분석으로 수백 대의 드론이 전송하는 영상을 AI가 실시간 분석하여 새롭게 나타난 차량, 병력, 장비를 즉시 탐지한다. 위장망 아래 숨겨진 장비를 열화상과 패턴 인식으로 식별하며, 이동 속도와 방향을 분석하여 미래 위치를 예측하며, 표적의 전술적 가치를 자동 평가한다.

전자정보 융합으로 통신 감청, 전자전 신호, 레이더 반사 등 다양한 전자정보를 융합하여 적 지휘소 위치를 특정하고, 방공 레이더 위치를 파악하며, 전자전 장비를 식별한다.

이러한 실시간 분석을 통해 AI는 "적 전차 대대 본부, 우선순위 1순위, 좌표 CG123456, 신뢰도 95%, 권장 타격 수단: 정밀 유도탄"과 같은 구체적 정보를 자동으로 생성한다.

장거리 정밀 타격의 자동 표적 배정

AI는 표적의 중요도, 가치, 상태를 평가하고 적절한 미사일, 로켓, 포탄을 자동 배정한다. 표적 가치 평가 알고리즘으로 AI는 전술적 가치, 시간 민감성, 부수 피해 위험, 타격 난이도 등의 요소를 종합하여 표적의 우선순

Military AI, 전쟁의 미래를 다시 쓰다

위를 결정한다.

화력 자산 최적 배분으로 AI는 각 표적에 가장 효율적인 화력 수단을 자동 할당한다. 고가치 표적에는 정밀 미사일을, 대규모 병력 밀집 지역에는 다연장 로켓을, 고속 기동 표적에는 스웜 드론 또는 유도탄을, 경장갑 차량에는 포병 또는 공격 헬기를 배정한다.

타격 효과 예측 및 최적화로 AI는 각 타격 방안의 예상 파괴 확률, 부수 피해 범위, 필요한 탄약량, 타격 후 후속 위협을 시뮬레이션한다.

스웜 드론 타격 전술

스웜 전술은 AI가 없으면 존재할 수 없는 개념이다. 스웜 AI는 수십~수백 대의 드론을 분산 통제하고, 각 기체의 상태, 위치, 경로를 자동 조정하며, 목표를 공동 공격하거나 역할을 분리한다.

스웜 드론은 모든 드론이 다른 각도에서 동시에 표적을 협동 타격하여 방공 시스템을 무력화시킨다. 순차 공격으로 선발대가 방공 레이더를 파괴하고 후속부대가 주요 표적을 타격한다. 교란 및 타격 분리로 일부는 기만 기동으로 방공망을 유도하고 나머지는 실제 표적을 공격한다. 또한 손실 자동 보상으로 일부 드론이 격추되어도 남은 드론이 자동으로 임무를 재배분한다.

적응형 전술로 스웜 AI는 적의 대응을 실시간 관찰하고 전술을 자동 조정한다. 방공 패턴을 학습하여 적 방공포의 위치, 사격 패턴, 반응 시간을 분석한다. 취약점을 탐색하여 방공망의 약한 지점을 자동 탐지한다. 경로를 최적화하여 피탐지 확률과 타격 효과를 균형 있게 고려한 경로를 선택한다.

이는 전통적 화력 개념에서는 불가능했던 저가, 대량, 정밀 타격을 가능하게 한다. 수백만 달러의 미사일 대신 수만 달러의 드론 스웜으로 동등하거나 더 높은 전술적 효과를 달성할 수 있다.

정밀 교전규칙

AI는 표적 주변의 민간인, 건물, 인프라 데이터를 정확히 파악하여 비전투자원 피해를 최소화하도록 돕는다.

민간 피해 예측 모델로 AI는 각 타격 방안의 예상 부수 피해를 정밀 계산한다. 폭발 반경 내 건물을 분석하여 주거용, 상업용, 학교, 병원 등 건물 종류를 식별한다. 시간대별 인구 밀도를 추정하여 주간과 야간, 평일과 주말에 따른 민간인 분포를 파악한다. 파편 비산 패턴을 예측하여 건물 구조, 바람 방향을 고려한 파편 확산을 계산한다. 2차 피해 가능성으로 가스관, 전력선, 화학 시설 등 위험 인프라를 파악한다.

대안 타격 방안 제시로 민간 피해가 예상될 경우 AI는 타격 시간 변경, 타격 수단 변경, 타격 각도 조정, 타격 보류 등의 대안을 자동 제시한다. 이는 전쟁의 법적·윤리적 기준을 충족시키는 데 중요한 역할을 한다. 장기적으로는 민간인 지지 확보와 전후 복구에도 긍정적 영향을 미친다.

> **[사례] 이스라엘군의 AI 타격 추천 시스템**
>
> 이스라엘군은 복잡한 도시 지형에서 하마스를 탐지·타격하기 위해 AI 기반 타격 추천 시스템인 가스펠(Gospel)과 라벤더(Lavender)를 활용했다.
>
> 가스펠(Gospel) 시스템은 건물, 인프라, 무기 저장소 등 고정 표적을 자동 식별하고 우선순위를 부여한다. 위성 영상을 자동 분석하여 건물 용도, 출입

   Military AI, 전쟁의 미래를 다시 쓰다

패턴, 차량 이동을 분석한다. 통신 감청을 결합하여 특정 건물에서 발신되는 통신의 내용과 빈도를 분석한다. 과거 공격 패턴으로 로켓 발사 위치와의 상관관계를 분석한다.

라벤더(Lavender) 시스템은 개인을 식별하고 추적한다. 통신 네트워크를 분석하여 누가 누구와 자주 통신하는지 패턴을 분석한다. 이동 패턴을 추적하여 GPS, 위성, 드론 데이터를 결합한 개인 위치를 추적한다. 역할을 추정하여 통신 내용, 이동 패턴, 접촉 인물 등을 종합하여 조직 내 역할을 추정한다. 이 시스템은 수만 건의 통신·영상 데이터를 분석하여 '타격 가능성이 높은 목표물'을 자동 분류한다. 물론 정확성, 신뢰성, 책임성 문제도 제기된다. 그러나, AI 화력 체계가 미래 전쟁에서 핵심적 역할을 수행할 가능성을 보여 준 사례이기도 하다.

방호

다층 위협 탐지 체계

현대 전장의 위협은 과거보다 훨씬 다양하고 복잡하다. 드론, 미사일, 포탄, 전자전, 사이버 공격 등이 동시다발적으로 발생하며, 각 위협은 탐지와 대응 방법이 다르다.

AI는 다양한 센서 신호를 통합해 위협 징후를 조기에 탐지한다. 특히 저고도 드론, 소형 탄도, 전자전 공격 등은 기존 방식으로는 탐지하기 어려웠으나 AI 기반 시그널 분석은 이러한 새로운 위협을 빠르게 식별한다.

다층 센서 융합으로 AI 기반 방호 시스템은 레이더로 전통적 항공 위협 및 포탄을 탐지하고, 전자광학과 적외선으로 드론, 순항미사일 등 저고도 위협을 탐지한다. 음향 센서로 드론 프로펠러 소음, 포탄 발사음을 탐지한다. 전파 감지로 드론 조종 신호, 재밍 신호를 탐지한다. 지진 센서로 지상 차량 이동, 땅굴 작업 등을 탐지한다.

C-RAM 및 C-UAS 시스템의 AI 기반 자동화

AI는 로켓·포 대응체계 C-RAM(Counter-Rocket, Artillery and Mortar)으로 포탄이나 로켓의 궤적을 실시간 분석하여 발사 지점을 역추적하고, 착탄 지점을 예측한다. 위협도를 평가하여 주요 시설, 병력 밀집 지역으로 향하는 포탄을 우선 요격 대상으로 선정한다. 요격 수단을 자동 선택하여 요격 확률, 탄약 재고, 반응 시간을 고려하여 최적 요격 수단을 선택한다.

AI는 무인기 대응체계 C-UAS(Counter-Unmanned Aircraft Systems)로 드론 위협을 다각도로 대응한다. 드론 종류를 식별하여 크기, 속도, 비행 패턴으로 정찰용, 공격용, 자폭용을 구분한다. 조종 신호를 탐지하여 드론 제어 주파수를 탐지하여 재밍 또는 역추적한다. 스웜 패턴을 인식하여 여러 드론이 협조하여 공격하는 패턴을 조기 탐지한다. 대응 수단을 자동 선택하여 전자전 재밍, 레이저 무기, 요격 드론, 대공포 중 최적 수단을 선택한다.

CBRN 위협 대응

AI는 핵·화생방전의 CBRN(Chemical, Biological, Radiological, Nuclear) 센서 데이터를 분석해 확산 속도, 바람 방향, 지형 요소를 종합하여 피해 예상 지역을 실시간 계산한다.

화학 위협으로 독가스 종류를 자동 식별하고, 확산을 모델링하여 바람

Military AI, 전쟁의 미래를 다시 쓰다

속도, 방향, 대기 안정도, 지형을 고려한 확산을 예측한다. 대피 경로를 자동 생성하여 오염 지역을 피하는 최적 대피 경로를 계산하고, 제독 우선순위를 결정하여 전술적 중요도와 오염도를 고려한 제독 순서를 결정한다.

방사능 위협으로부터 보호하기 위해 방사선 준위(Radiation Level)[37]를 실시간 모니터링하여 다수의 방사선 탐지기 데이터를 통합하여 오염 지도를 생성한다. 피폭량을 자동 계산하여 각 부대원의 이동 경로와 체류 시간을 기반으로 개인별 피폭량을 추정한다. 안전 한계 경보로 피폭 한계에 근접한 인원에게 자동 경보 및 교대를 권고한다.

기지 및 중요 시설 보호

AI는 침투 패턴, 이상 행동, 접근 경로, 야간 감시 패턴 등을 분석해 기지 보안의 위험도를 평가한다.

침입 탐지 시스템으로 다중 센서 융합을 통해 CCTV, 레이더, 지진 센서, 음향 센서를 통합하여 침입 탐지 정확도를 향상시킨다. 행동 패턴을 분석하여 정상적인 움직임과 의심스러운 움직임을 구별한다. 위장을 탐지하여 위장복, 은폐물을 이용한 침입 시도를 열화상, AI 영상 분석으로 탐지한다. 내부자 위협을 식별하여 허가받지 않은 시간에 접근하거나, 비정상적인 데이터 접근 패턴을 보이는 내부자를 자동 식별한다.

드론 침입 대응으로 소형 드론을 탐지하여 레이더로 잡히지 않는 소형 드론을 음향, 전파, 영상 분석으로 탐지한다. 위협도를 자동 평가하여 정찰용인지 공격용인지, 폭발물 탑재 가능성을 평가한다. 자동 대응으로 재

---

37 특정 공간이나 대상이 받고 있거나 방출하는 방사선의 강도를 수치로 표현한 값. 인체 영향 기준은 시버트 (Sv), 흡수 에너지 기준은 그레이(Gy), 시간당 방사선 준위는 μSv/h, mSv/h로 표현.

밍, 그물 발사, 레이저 무기 등 적절한 대응 수단을 자동 선택한다.

전투원의 상태 모니터링

AI는 전투원의 심박수, 피로도, 부상 가능성 등을 예측하여 지휘관에게 최적의 교대 계획을 제시한다. 생체 신호 실시간 모니터링으로 심박수, 체온, 혈압, 혈중 산소 포화도 등을 확인하여 과도한 심박수, 열사병, 저체온증, 출혈, 쇼크 등 응급 상황을 조기 탐지한다.

피로도 예측 모델로 AI는 수면 시간, 전투 지속 시간, 신체 활동량, 환경 스트레스, 심리적 스트레스 등의 요소를 종합하여 피로도를 예측한다.

교대 계획 최적화 모델로 AI는 전체 부대의 전투력을 유지하면서 개인별 피로를 관리하는 최적 교대 계획을 자동 생성한다. 예를 들어, "1소대 3분대는 피로도 85% 도달, 2소대 1분대로 즉시 교대 권고"와 같은 구체적 제안을 제공한다.

> **[사례] 한국군 무인기 대응체계 AI 통합 실험**
>
> 한국군은 레이더, EO/IR(Electro-Optical/Infrared Sensor) 센서[38], RF(Radio Frequency) 센서[39] 데이터를 AI로 통합 분석하는 무인기 대응체계 C-UAS (Counter-Unmanned Aircraft Systems) 실험을 진행했다. 그 결과 초소형 드론 탐지 능력이 기존 20%에서 85% 탐지율로 향상되었다. 경계작전 효율도 증가하여 인력 소요가 30% 감소하고 24시간 지속 감시가 가능해졌다. 기지 안전

---

38 가시광선을 감지하는 전자광학(EO) 센서와 열을 감지하는 적외선(IR) 센서를 결합하여 야간이나 악천후에도 표적을 탐지·식별·추적하는 복합 영상 센서.

39 무선주파수를 이용해서 물체의 존재, 거리, 속도, 방향 등을 탐지하거나 주변 환경 정보를 수집하는 장치.

  Military AI, 전쟁의 미래를 다시 쓰다

성이 강화되어 침투 시도 조기 탐지로 피해를 사전 차단할 수 있게 되었다.

특히 AI 시스템은 여러 센서의 정보를 융합하여 오탐률을 크게 낮추었다. 예를 들어, 레이더만으로는 새 떼와 드론을 구별하기 어려웠다. 그러나, AI가 영상, 음향, 전파 신호를 종합 분석하여 정확도를 대폭 향상시켰다.

지속지원

전장에서 지속지원의 중요성

미국의 초대 합참의장인 브래들리 장군은 "아마추어 지휘관은 전술을 논하고, 프로는 군수를 논한다"고 했다. 아무리 뛰어난 전술과 무기를 가지고 있어도 탄약, 연료, 식량, 부품이 없으면 전투를 지속할 수 없다.

AI는 군수, 보급, 정비, 의무, 수송 등 전쟁의 지속성을 구성하는 기능을 지능적으로 자동화하여 전투를 장기적으로 유지하게 한다.

예지정비

전차, 헬기, 장갑차 등 주요 전투 장비는 예기치 못한 고장으로 작전 중지 상황이 자주 발생한다. 이에 대비하기 위해 우리 군은 장기 관리의 효율성을 높이기 위해 상태기반정비(Condition-Based Maintenance, CBM)[40]를 적용하고 있다. 그러나, 현장에서 장비 상태를 확인하여 고장을 예측하고, 정비 여부를 판단하기에는 여러 가지 어려움이 있다. 이를 보완하기 위해 다

---

40 장비에 부착된 각종 센서를 통해 장비 상태를 실시간으로 모니터링하고, 수집된 데이터는 AI를 이용하여 분석해서 고장이 발생하기 전에 정비를 실시하는 지능형 정비 체계.

양한 센서와 AI 기반의 예지정비(Predictive Maintenance, PdM)[41] 개념을 발전시키고 있다. 이는 진동, 열, 전류, 압력 데이터 등을 분석하여 미세한 이상 신호를 조기에 탐지하고, 고장을 예측하여 적시에 조치할 수 있다는 장점이 있다.

센서 데이터 분석으로 AI는 장비에 부착된 수백 개의 센서 데이터를 실시간 모니터링한다. 진동 패턴으로 베어링 마모, 축 불균형, 균열 발생 징후를 탐지한다. 온도 변화로 과열, 냉각 시스템 이상을 파악한다. 전류 소모로 전기 모터, 배터리 성능 저하를 확인한다. 유압으로 유압 시스템 누유, 펌프 고장을 감지한다. 음향으로 비정상적 소음, 부품 간섭을 탐지한다.

고장 예측 모델로 AI는 과거 고장 사례를 학습하여 고장 발생 가능성을 예측한다. 예를 들어 "엔진 베어링 교체 필요, 120시간 이내 고장 확률 78%", "유압 펌프 점검 권고, 30일 이내 성능 저하 예상", "전투기 엔진 블레이드 크랙 의심, 즉시 정밀 검사 필요"와 같은 구체적 예측을 제공한다.

정비 일정 최적화로 AI는 전체 부대의 전투력을 고려하여 정비 일정을 최적화한다. 전투 중 긴급성이 낮은 장비부터 정비하고, 여러 장비의 정비를 동시에 수행하여 정비 인력 효율을 극대화한다. 부품 재고와 보급 일정을 고려한 정비 순서를 조정한다.

그 결과로 가동률이 증가하여 예상치 못한 고장이 감소하고, 가동률이 15~25% 향상된다. 불필요한 정비가 감소하여 실제 필요한 시점에만 정비하고, 정비 비용이 20~30% 절감된다. 예비부품 관리 효율이 상승하여 필

---

41 장비나 시스템의 상태를 실시간으로 모니터링하여 이상 징후를 감지하고, 빅데이터와 AI를 이용해 향후 발생할 가능성이 있는 고장 부위와 시점을 예측하여 선제적으로 정비·관리하는 기술적 방법론.

     Military AI, 전쟁의 미래를 다시 쓰다

요한 부품을 사전에 예측하고, 재고를 최적화할 수 있게 된다.

보급 경로 및 소요량 자동 계산

AI는 부대 활동량, 기동 거리, 예상 전투 시간 등을 고려하여 필요한 보급량을 산출한다. 또한 AI는 도로 파손 여부, 지형 위험도, 적 위협 수준을 반영하여 가장 안전하고 빠른 보급 경로를 자동 설정한다.

소요량 예측으로 AI는 과거 소비 패턴, 현재 작전 계획, 환경 요인, 장비 상태 등을 고려하여 보급 소요를 예측한다. 예를 들어, "3개 대대의 72시간 공격 작전 예상 소요: 155mm 포탄 1,200발, 경유 45,000리터, 전투식량 12,000개"와 같은 구체적 예측을 제공한다.

최적 경로 계산으로 AI는 여러 경로를 비교하여 최적안을 제시한다. 경로 A는 거리가 짧지만 적 포병 사거리 내에 있다. 경로 B는 거리가 중간이지만 도로 상태가 양호하고 위협이 낮아 최적이다. 경로 C는 거리가 길지만 완전 은폐가 가능한 경우 등을 비교한다.

동적 경로 조정으로 전투 상황이 변하면 AI는 자동으로 경로를 재계산한다. 적이 특정 도로를 봉쇄하면 우회 경로를 자동 설정하고, 교량이 파괴되면 도하 가능 지점이나 임시 교량 위치로 경로를 변경한다. 공습 경보 시 차량을 엄폐소로 자동 유도한다.

전투원의 건강 관리

앞서 설명했듯이 AI는 생체 센서 데이터를 통해 전투원의 부상 위험, 피로 누적량, 심리적 스트레스 수준을 분석한다. 이를 통해 지휘관은 교대 시점, 휴식 필요 인원, 의료 지원 요청 등을 판단하여 전투 지속 능력을 효과적으로 유지한다.

부상 조기 탐지로 AI는 급격한 심박수 증가, 체온 저하, 움직임 감소, GPS 위치 정지 등을 모니터링하여 출혈, 쇼크, 저체온증, 대량 출혈, 의식 저하, 중상, 쓰러졌을 가능성을 조기 탐지한다. 부상이 의심되면 즉시 지휘관과 의무병에게 자동 경보를 전송하고, 가장 가까운 의무대 위치와 후송 경로를 제시한다.

심리적 스트레스 관리로 AI는 교전 빈도 및 강도, 동료 사상자 발생, 수면 부족, 심박수 변동성, 통신 내용 분석 등을 종합하여 심리적 스트레스를 평가한다. 스트레스가 높은 인원은 후방 임무로 전환하거나, 심리 상담을 제공한다.

장기전 대비

장기전에서는 얼마나 오래 버틸 수 있는가가 전쟁의 승패를 결정한다. AI는 장기적인 보급과 재고의 소모 패턴을 예측하고, 필요한 조달량을 계산하여 전쟁 지속성을 유지하도록 돕는다.

전략 물자 관리로 AI는 국가 전체의 전쟁 물자를 관리한다. 민간 산업의 군수 전환 가능 용량을 평가하고, 동맹국으로부터의 지원 가능 물자와 도착 시간을 예측한다. 적의 보급선 타격이 아군 작전에 미치는 영향을 분석하고, 비축 물자의 최적 분산 배치를 계획한다.

소모전 시뮬레이션으로 AI는 다양한 전쟁 지속 시나리오를 시뮬레이션한다. "현재 소모율로 6개월 전투 가능, 3개월 후 155mm 포탄 부족 예상", "연료 비축량 70%, 3개월 고강도 작전 지속 가능", "식량 자급률 40%, 해상 봉쇄 시 2개월 후 식량 위기"와 같은 구체적인 예측 결과를 제공한다.

   Military AI, 전쟁의 미래를 다시 쓰다

[사례] 미 육군 예지정비 프로젝트

미 육군은 AI 기반 예지정비(Predictive Maintenance, PdM) 프로젝트를 추진해 장비 고장률을 대폭 줄였다. 성과로 M1A2 전차 엔진 고장이 약 30% 감소했고, 블랙호크 헬기 정비 소요 시간이 약 40% 단축되었으며, 예비부품 절감 효과로 수천만 달러를 절감했다.

운영 방식으로는 주요 장비에 수백 개의 센서를 부착하고, 작전 중 실시간 데이터를 클라우드로 전송한다. 중앙 AI 시스템이 모든 장비의 상태를 동시 분석하고, 정비가 필요한 장비를 자동으로 식별하고 정비 계획을 생성한다.

예지정비는 지속지원 기능에서 가장 빠르게 효과가 입증된 AI 기술이다. 현재 미군뿐만 아니라 NATO, 한국군, 일본 자위대 등 여러 국가가 도입을 추진 중이다.

AI가 하나의 전투 엔진으로 통합

이 장에서는 AI가 전투수행 기능의 각 요소를 어떻게 변화시키고 있는지 세밀하게 분석했다. 지휘통제에서 시작된 속도 우위는 정보 기능의 품질 향상으로 확장되고, 기동과 화력에서 전장의 구조적 변화를 만들며, 방호와 지속지원 기능을 통해 전투력의 생존성과 유지성을 극대화한다.

중요한 것은 AI가 각 기능을 개별적으로 강화하는 것이 아니라, 각 전투수행 기능을 유기적으로 연결하여 전체 전투력이 기하급수적으로 증가하도록 만든다는 점이다. 예를 들어 지휘통제 AI가 신속한 결심을 내리고, 정보 AI가 정확한 표적 정보를 제공한다. 기동 AI가 최적 위치로 부대를 이동시키고, 화력 AI가 정밀 타격을 수행한다. 방호 AI가 아군을 보호하고, 지속지원 AI가 장기적 작전을 가능하게 한다. 이때, 모든 전투수행 기능들이 AI를 통해 완벽히 동기화되면서 전투력은 단순 산술합을 넘어 시너지를 발휘한다. 이것이 바로 AI 시대 전쟁의 핵심이다.

전투수행 기능별 AI 활용은 단순한 기술 도입이 아니라, 전쟁 수행의 근본적 재설계를 요구한다. 조직 구조, 교육 훈련, 교리 개발, 무기체계 획득, 동맹 협력 등 모든 측면에서 새로운 접근이 필요하다.

미래 전쟁에서 승리하는 국가는 가장 많은 AI를 보유한 국가가 아니라, AI를 전투수행 기능 전반에 걸쳐 가장 효과적으로 통합한 국가가 될 것이다. 한국군도 이러한 관점에서 전투수행 기능별 AI 도입 전략을 세밀하게 수립하고, 각 기능 간의 연계성을 극대화하는 통합 체계를 구축해야 한다.

AI 시대에 필요한 것은 단순히 새로운 장비가 아니라, 전투 기능 전체를 재해석하고 통합적 전투력을 창출할 수 있는 새로운 군사적 사고체계이다.

   Military AI, 전쟁의 미래를 다시 쓰다

제3부

미래 전쟁의 주체

8장 첨단기술 강국 대한민국의 도전과 기회

세계는 AI 발전의 가속화로 전례 없는 군사 기술 경쟁의 한가운데에 있다. AI는 전쟁의 본질을 바꾸는 결정적 변수가 되었고, 데이터, 알고리즘, 속도의 중요성은 현실이 되었다. 자율무기 시스템은 빠르게 확산되고 있으며, 이로 인해 발생할 수 있는 윤리적 딜레마는 각국의 공통 과제가 되었다.

이러한 변화 속에서 우리나라는 세계 최고 수준의 AI, 반도체, 로봇 기술 역량을 보유하고 있다. 이제 국방 AI는 단순한 기술 도입이 아닌, 국가 전략과 군대 문화, 방위산업, 인재 개발 생태계가 함께 변화해야 하는 총체적인 프로젝트다. 'K-Defense AI'는 기술, 제도, 인재, 윤리를 포함하는 한국형 국방 미래 전략이다. 또한, 국제 안보 환경에서 우리의 존재감을 확보하고, 독자적인 방위 역량을 구축할 수 있는 가장 중요한 기반이기도 하다.

AI 생성 이미지

대한민국 국방 AI 전략의 현재와 비전

국방 AI 혁신의 전략적 의미

우리 군은 '국방 혁신 4.0'을 통해 국방의 미래를 명확히 제시했다. 이 전략은 단순히 첨단 무기 개발을 목표로 하지 않는다. AI, 반도체, 로봇, 데이터를 하나의 생태계로 묶어 지휘통제, 교육훈련, 군수, 작전, 시뮬레이션, 사이버, 우주까지 군 전체 구조를 광범위하게 개편하는 방향을 선언한 것이다.

이 전략의 핵심 목표는 크게 네 가지로 요약된다. 첫째, AI 기반 지능형 지휘체계 구축이다. OODA 루프의 초지능화와 C4ISR 인공지능화가 여기에 해당한다. 우리 군의 전통적 전력화 구조인 보고-승인-집행 방식에서 벗어나 데이터 기반, 예측 기반, 실시간 통합 기반의 새로운 지휘문화로 이동할 것을 요구한다. 이는 단순한 기술 도입이 아니라 군 조직 문화의 근본적 전환을 의미한다.

둘째, 전력 구조의 AI 중심 재편이다. 전장 영역별 AI 활용을 통합하여 전력 구조 자체를 AI 중심으로 재설계한다. 이는 기존 유인 중심 전력에 무인 전력을 추가하는 것이 아니라, 유인과 무인이 유기적으로 협력하는 새로운 전력 개념으로의 전환을 말한다.

셋째, 국방 R&D, 획득, 교육훈련 체계의 AI 기반 혁신이다. AI 시뮬레이터를 통한 가상훈련, AI 기반 예지정비, 데이터 기반 작전계획 수립 등 군 운영의 모든 측면에서 AI를 활용한다. 지속지원 기능의 AI화가 여기에 포함된다.

넷째, 동맹 및 국제협력 차원의 AI 상호운용성 확보다. 한미동맹 체제에

   Military AI, 전쟁의 미래를 다시 쓰다

서 미군의 JADC2와 연동 가능한 한국군의 AI 지휘·통제 체계를 구축하고, 국제 규범 형성 과정에 적극 참여하여 책임 있는 AI 강국으로서의 위상을 확립한다.

이 전략의 시기별 로드맵은 세 단계로 구성된다. 1단계는 기반 구축기로 AI 인프라, 데이터 체계, 인재 양성, 법·제도 정비에 집중한다. 핵심 무기 체계에 AI를 시범 적용하고 성공 사례를 축적한다. 2단계는 확산 적용기로 AI가 주요 전투수행 기능 전반에 확산되고 유무인 복합전투 개념이 실전화된다. 국방 AI 생태계가 자생적으로 작동하는 구조를 완성한다. 3단계는 선도국 도약기로 한국이 군사 AI 분야에서 글로벌 선도국 그룹에 진입한다. 이를 통해 'K-Defense AI'가 국제 표준으로 인정받으며, 기술 수출과 국제협력을 주도한다.

이 전략의 가장 중요한 특징은 기술 결정론을 넘어서 인간 중심 설계를 강조한다는 점이다. 이는 윤리적 거버넌스가 전략 전반에 통합되어 있으며, AI가 인간 지휘관을 대체하는 것이 아니라 역량을 증폭한다는 철학이 명확히 드러난다.

국방 인공지능 발전 전략의 3대 핵심 분야

한국형 국방 AI 전략은 크게 세 분야에서 우선순위를 두는데, 첫째는 지휘통제 영역의 지능화다. AI 참모 시스템과 지휘통제 기능 AI화가 여기에 해당한다. 전장의 모든 정보 흐름을 자동으로 융합하고, AI가 지휘관에게 작전 방안을 실시간 제시하는 구조를 구축한다. 한국형 지휘통제체계(KCCS)의 AI 기반 업그레이드를 통해 다양한 작전 시나리오를 시뮬레이션하고 최적안을 제시한다. 전장 데이터의 실시간 융합을 통해 드론, 위성,

레이더, 통신감청 등 다양한 출처의 데이터를 실시간으로 통합 분석한다. 또한 적의 의도와 다음 행동을 예측하는 AI 모델을 개발하여 작전계획 수립에 반영하는 예측 전쟁 역량을 확보한다.

둘째는 무기체계의 자율화·지능화다. 자율무기 시스템과 전장 영역별 무인체계가 여기에 포함된다. 지상, 해상, 공중, 우주, 사이버 등 전 영역의 무인체계를 통합해 한국형 스웜 전술과 혼성부대 개념을 발전시킨다. 구체적인 추진 방향으로는 지상 무인체계의 경우 정찰, 감시, 물자 수송, 화력 지원 임무를 수행하는 다양한 크기의 UGV(무인항공기)를 개발하고, Team War(팀의 승리기여도) 개념에 따라 인간 병력과 협력하는 운용 개념을 정립한다. 해상·수중 무인체계는 USV(무인수상정)와 UUV(무인잠수정)를 활용한 대잠전, 기뢰전, 해상감시 능력을 강화하고, 해양 환경 특성을 고려한 AI 알고리즘을 개발한다. 공중 무인체계는 고고도·장기체공 정찰 드론부터 소형 전술 드론까지 다층적 무인 항공 체계를 구축하고 유인 전투기와 협력하는 Loyal Wingman(무인편대기) 개념을 연구한다. 스웜 전술 개발의 경우 AI 군집 드론 전술을 한국 안보 환경에 맞게 발전시키며, 특히 북한의 방공망 돌파와 종심 타격에 효과적인 저가·대량 드론 스웜 개념을 실전화한다.

셋째는 훈련 시뮬레이터의 AI 기반 재구성이다. 훈련 기능의 혁신이 여기에 해당한다. AI 시뮬레이터가 전투 장면을 자동 생성하고 가상 전장에서 무한한 반복훈련이 가능하도록 훈련 체계를 혁신한다. 구체적으로는 실제 한반도 지형, 기상, 적의 전술과 무기체계를 반영한 고해상도 가상 전장을 구축하고, 강화학습 기반의 AI 적을 개발하여 현실적인 교전 훈련을 제공한다. AI가 장병 개개인과 지휘관(자)의 훈련 성과를 분석하고, 취약

　　　　　Military AI, 전쟁의 미래를 다시 쓰다

점을 보완하는 맞춤형 훈련 프로그램을 자동 생성하는 개인 맞춤형 훈련 시스템을 구축한다. 대대, 여단, 사단, 군단 단위의 작전을 AI 기반 워게임으로 반복 시뮬레이션한다. 이를 통해 최적의 전술·작전안을 도출하고, 지휘관의 의사결정 능력을 향상시키는 부대 단위 AI 워게임을 운영한다. 또한, 군에서 개발한 AI 시뮬레이터를 경찰, 소방, 재난대응 기관과 공유하여 예산 효율을 높이고, 민간 부문의 AI 훈련 시장 형성에도 기여하는 민군 공용 시뮬레이터를 개발한다.

ADD-대기업-중소·중견기업의 역할

우리나라 국방 AI 생태계의 강점은 민군 협력 구조의 효율성에 있다. 각 주체가 명확한 역할 분담 속에서 유기적으로 협력하는 구조가 형성되고 있다.

ADD는 국방 과학기술의 핵심 연구기관으로 AI, 센서, 자율무기, 미사일, 로봇 등 국가 전략기술을 총괄하고 있다. ADD의 주요 역할은 민간에서 투자하기 어려운 장기 고위험 연구를 수행하는 기초·원천 기술을 연구한다. 개별 기술을 통합하여 실제 작동하는 무기체계로 설계하는 통합 시스템을 설계한다. 국방 AI 개발에 필요한 데이터 표준, 인터페이스 규격, 시험평가 기준 등을 제정하여 다양한 업체가 개발한 AI 시스템이 상호운용 가능하도록 하는 표준과 규격을 제정한다. 그리고, 민간 AI 기업이 개발한 기술을 군사 환경에서 검증하고 실전 배치 가능 여부를 평가하는 민간 기술을 검증한다.

민간 대기업은 AI 반도체, 전투로봇, 무인체계, 레이더 등 핵심 플랫폼 개발을 담당한다. 예를 들어, 삼성전자는 AI 반도체 기술을 국방 분야로 전환하며 국방용 AI 반도체 개발에서 핵심 역할을 한다. 삼성의 파운드리 기술은 군용 AI 칩의 대량생산과 안정적 공급을 보장한다. 한화디펜스는 지상 무인체계와 인간-로봇 협동 시스템 개발을 주도한다. 한화시스템은 레이더, 센서, 지휘통제 분야에서 AI를 적용한다. 한화에어로스페이스는 무인기와 드론 엔진 기술을 발전시킨다. LIG넥스원은 미사일, 레이더, 전자전 분야의 강자로 AI 기반 표적 탐지·추적, 전자전 대응, 통합방공 시스템 개발을 담당한다. 현대로템과 현대중공업은 지상 차량과 함정에 AI 시스템을 통합하며, 특히 차세대 전차·장갑차에 자율주행과 AI 화력통제시스템을 적용하는 연구를 진행한다. KAI는 유무인 복합 항공 전력 개발을 주도하며, KF-21 전투기와 협력하는 무인 전투기 개념을 연구한다.

중소·중견기업은 부품, 센서, 데이터, 소프트웨어 분야에서 혁신적인 기술을 국방체계에 공급하는 구조로 자리 잡고 있다. AI 소프트웨어 전문기업은 영상 인식, 자연어 처리, 음성 인식, 이상 탐지 등 특화된 AI 알고리즘을 개발하여 대기업의 플랫폼에 통합한다. 센서·부품 업체는 고성능 카메라, 라이다, 레이더, 열영상 센서 등 AI의 눈이 되는 센서를 공급한다. 데이터 기업은 전장 데이터 수집, 정제, 라벨링, 관리 서비스를 제공한다. 데이터의 품질이 AI 성능을 좌우하므로 이들의 역할이 매우 중요하다. 사이버 보안 기업은 AI 시스템의 사이버 취약점을 진단하고 적대적 AI 공격을 방어하는 기술을 제공한다.

이 거대한 생태계를 연결하는 것이 바로 'K-Defense AI' 전략이다. 각 주체가 자신의 강점 분야에 집중하면서도 전체 시스템이 유기적으로 작동하도록 조율하는 것이 정부와 방위사업청의 핵심 역할이다.

     Military AI, 전쟁의 미래를 다시 쓰다

반도체·디지털 전략과 국방 AI의 연동 필요성

국방 AI는 단순히 국방 분야의 문제가 아니다. AI 연산은 결국 반도체와 연산 자원에 의존하기 때문에 국가적 반도체 전략과 긴밀히 연계되어야 한다.

국방용 AI 반도체는 단순히 성능만 중요한 것이 아니라 자급 능력이 국가 안보 차원에서 중요하다. 미중 기술 경쟁 속에서 반도체 공급망이 무기화되고 있으며, 국방 AI 시스템이 외국산 칩에 의존할 경우 전시에 공급 중단 위험이 있다. 따라서 한국은 삼성·SK하이닉스의 메모리 기술을 바탕으로 '국방용 NPU와 SoC'[42]를 독자 개발해야 한다. 삼성 파운드리를 통해 군용 AI 칩을 안정적으로 생산하고, 설계-제조-테스트까지 전 과정을 국내에서 완결할 수 있는 구조를 확립해야 한다. 외국산 칩에 의존하는 부분을 최소화하고, 동맹국과의 공급망 협력을 통해 위기 상황에서도 칩 공급이 보장되도록 해야 한다.

또한 K-클라우드, 국가 디지털 플랫폼, 데이터 주권 전략과도 직접적으로 연결된다. 군사 데이터는 보안상 공개 클라우드를 사용할 수 없으므로 국방 전용 클라우드 구축이 필수적이다. 이는 국가 디지털 전략의 일부로 추진되어야 한다. 군사 데이터가 외국 서버에 저장되거나 외국 AI 모델로 처리되는 것은 안보 위험이므로 데이터 체계 구축은 단순히 기술 문제가 아니라 국가 주권의 문제다. 전장의 AI 시스템들이 실시간으로 통신하려면 초고속, 초저지연 통신망이 필수적이므로 한국의 5G 기술을 국방 영역에 적용하고 향후 6G 시대를 대비한 군용 통신 표준을 선제적으로 개발해

---

42 NPU(Neural Processing Unit)는 신경망처리장치로 딥러닝 연산에 최적화된 전용 프로세서(칩), SoC(System on Chip)는 CPU·GPU·NPU, 모뎀 등 다양한 기능을 하나의 칩에 통합한 시스템온칩.

야 한다.

결론적으로 우리나라가 국방 AI에서 장기 경쟁력을 확보하려면 국가 단위 디지털 전략 전체가 국방 영역과 통합되어 설계되어야 한다. 관련 부처(국방부, 과학기술정보통신부, 산업통상부, 중소벤처기업부, 방위사업청, 국가정보원 등)가 협력하여 국가 AI 주권 전략을 수립하고, 그 안에서 국방 AI의 위상과 역할을 명확히 해야 한다.

군·산·학·연의 협력 생태계 구축

국방 기술 개발의 속도와 품질은 군·산·학·연의 협력 구조에 의해 결정된다. 우리나라는 이 네 주체가 상대적으로 긴밀하게 협력하는 구조를 갖추고 있지만, 동시에 개선해야 할 과제도 많다.

협력 플랫폼의 역할

국방기술진흥연구소는 기술 수요-공급-사업화 과정을 연결하는 플랫폼이다. 중소·중견 기업에게 국방 R&D 참여 기회를 제공하면서 국방 생태계의 저변을 넓히고 있다. 주요 기능으로는 군이 필요로 하는 기술을 체계적으로 조사하고 이를 산학연이 접근 가능한 과제로 구체화하는 기술 수요를 조사·발굴한다.

대기업 중심으로 편중된 국방 R&D 구조를 개선하고 중소기업이 핵심 기술 개발에 참여할 수 있도록 재정·기술 지원을 제공한다. 중소기업 R&D 지원, 개발된 기술이 실제 무기체계에 적용되고 나아가 수출로 이어

    Military AI, 전쟁의 미래를 다시 쓰다

질 수 있도록 기술이전 및 사업화를 촉진한다. 그리고, 외국의 방산기업이나 연구기관과의 협력을 중개하고, 공동 R&D를 촉진하는 국제협력 창구로서의 역할을 한다.

국방반도체설계센터 IDEC는 반도체 설계, AI 하드웨어 분야에서 대학과 국방 부문을 연결하는 중요한 허브다. 특히 AI 반도체 설계 분야의 인재 양성에 중요한 역할을 하고 있다. 고가의 반도체 설계 소프트웨어와 파운드리 시제품 제작 서비스를 대학에 무상 제공하여 학생과 연구자들이 실제 칩을 설계·제작할 수 있게 하는 설계 툴과 인프라를 제공한다. 군용 AI 칩 설계를 주제로 경진대회를 개최하여 우수 인재를 발굴하고 실전 경험을 쌓게 하는 국방용 칩 설계 경진대회를 운영한다. 방산기업이 필요로 하는 특수 칩을 대학 연구팀이 설계하고, IDEC가 시제품 제작을 지원하는 구조를 만드는 산학 공동 프로젝트를 운영한다.

대학은 기초 연구와 인재 양성의 핵심 주체다. 특히 AI 연구 역량이 강한 국내 대학들이 국방 AI 분야에도 적극 참여하고 있다. 대학의 주요 기여로는 단기 성과에 얽매이지 않고 장기적 관점에서 AI 이론, 알고리즘, 새로운 패러다임을 연구하는 기초·원천 기술 연구가 있다. 국방 AI 특화 석·박사 과정을 개설하고, 군 및 방산기업과 공동으로 인재를 양성하는 학위과정 연계 인재 양성 프로그램이 있다. 대학의 슈퍼컴퓨터, AI 연산 클러스터, 시뮬레이터를 군 및 방산기업과 공유하여 예산 효율을 높이는 연구 인프라 공유도 있다.

실전형 프로젝트 기반의 인재 양성

군·대학·기업이 함께 참여하는 실전형 프로젝트는 AI, 로봇, 반도체 관런 인재를 단기간에 양성할 수 있는 효율적인 방식으로 진행되어야 한다. 실전형 프로젝트의 구조는 군이 실제 작전 환경에서 겪는 구체적 문제를 제시해야 한다. 대학 교수와 연구원, 방산기업 엔지니어, 현역 장병 등이 혼성팀을 구성해야 한다. 6개월에서 1년 동안 실제 작동하는 프로토타입을 개발하며, 이 과정에서 데이터 수집, 모델 학습, 하드웨어 통합, 현장 테스트를 모두 경험하는 프로토타입을 개발한다. 개발된 시스템을 실제 부대에서 시범 운용하고 피드백을 받아 개선하는 실전 검증한다. 그리고, 성공적인 시스템은 정식 전력화되고 참여자들은 학위·연구 논문, 특허, 경력 인정을 받는 성과 활용으로 이루어진다.

실전형 프로젝트의 효과는 이론만 아는 인재가 아니라 실제 시스템을 설계, 구현, 테스트, 운용까지 경험한 인재가 배출되어 현장에서 즉시 활용 가능하도록 양성하는 데 있다. 군이 오랫동안 겪어온 문제들이 신선한 아이디어로 해결되는 경우가 많은 군의 실제 문제 해결, 프로젝트를 통해 형성된 인적 네트워크가 향후 협력의 기반이 되는 산학연 네트워크를 형성해야 한다. 그리고, 복무 중 AI 프로젝트에 참여한 병사는 전역 후 민간 AI 인력으로 자연스럽게 전환되는 AI 경험 축적으로 진행되어야 한다. 실제 무인체계 개발, 데이터 레이블링, 자율주행 알고리즘 테스트, AI 모델 검증 등은 병사들이 복무 기간 중 직접 경험할 수 있는 실전 경험인 것이다.

기술 이전, 특허 공동개발, 공동창업의 선순환

국방 R&D 결과는 특허와 기술이전, 창업으로 이어지며 혁신의 선순환 구조를 만든다. 이 과정에서 AI 관련 기술은 민군 겸용성이 높아 국방 산업에서 민간 산업으로, 민간 기술에서 다시 국방으로 재진입하는 선순환이 발생한다.

기술이전의 양방향 흐름은 군이 개발한 영상 인식 AI, 센서 융합 기술, 자율주행 알고리즘 등이 민간 자율주행차, 드론, 보안 시스템으로 이전되는 군에서 민으로의 흐름(spin off)이 있다. 그리고, 민간에서 발전한 자연어 처리, 음성 인식, 추천 시스템 등의 AI 기술이 군사 정보 분석, 지휘통제, 교육훈련에 적용되는 민에서 군으로의 흐름(spin on)으로 나타난다.

군, 대학, 기업이 공동 연구를 통해 개발한 기술의 특허를 공동 보유하는 사례가 증가하고 있다. 이는 각자의 기여도에 따라 특허 지분을 배분하여 분쟁을 사전에 방지하는 이해관계 조정, 특허 실시료, 기술 이전료를 공유하여 연구 참여 동기를 높이는 수익 공유가 있다. 그리고, 특허가 명확하면 투자 유치, 상용화가 쉬워지는 상용화 촉진의 효과를 낳는다.

국방 AI 기술을 기반으로 한 스타트업이 빠르게 성장하고 있다. 군용 드론 영상 분석 기술을 민간 재난관리, 농업, 물류 분야로 확장하는 AI 영상 분석 스타트업이다. 군용 AI 보안 기술을 금융, 의료, 공공기관에 제공하는 사이버보안 스타트업이다. 군용 무인체계 기술을 물류, 건설, 의료 로봇으로 전환하는 로봇 스타트업 등이 그 예다. 정부는 국방 벤처 육성 프로그램을 통해 이러한 스타트업을 지원하고, 초기 시장으로서 군 조달 물량을 보장하여 성장을 도와야 한다.

보안 규제 vs 개방·혁신의 균형

군사기술은 보안이 필수지만, 과도한 보안 규제는 오히려 기술 혁신을 지연시키는 문제를 낳는다. 이 딜레마를 어떻게 해결할 것인가?

현재의 문제점을 크게 세 가지로 구분해 볼 수 있다. 우선 과도한 비밀 등급 부여 문제다. 실제로는 민간에 이미 공개된 기술도 군에서는 비밀로 분류되어 연구자들이 자유롭게 논의하거나 발표하지 못한다. 다음으로 데이터 접근 제한이다. AI 개발에는 대량의 데이터가 필요한데, 보안 규제로 인해 연구자들이 데이터에 접근하지 못하면 연구 자체가 불가능해진다. 마지막으로 국제협력 제약이다. 보안상의 이유로 외국 연구자나 기관과의 협력이 제한되면 최신 기술 트렌드를 놓칠 수 있다.

따라서, 우리나라의 국방 AI는 보안 유지와 기술 개방의 균형을 정교하게 설계해야 하며, 위험 기반 보안 관리가 중요해지고 있다. 위험 기반 보안 관리를 위해서는 우선 보안 등급을 차등화해야 한다. 모든 정보를 일률적으로 비밀로 분류하지 않고, 실제 유출 시 피해 수준에 따라 등급을 차등화하는 것이다. 그리고, 시한부 비밀제도를 도입해야 한다. 일정 시간이 지나면 자동으로 등급이 하향 조정되는 것이다. 또한, 샌드박스 환경을 개선해야 한다. 보안이 보장된 격리 환경에서는 연구자들이 자유롭게 실험할 수 있도록 허용하는 것이다. 신뢰 기반으로 접근해야 한다. 보안 심사를 통과한 연구자에게는 일정 수준까지 데이터와 기술 접근을 허용하고, 사후 감사를 통해 통제하는 것이다.

미국도 과거 미 군수품 수출입 통제 규정인 ITAR(International Traffic in Arms Regulations)의 과도한 규제가 방산 혁신을 저해한다는 비판을 받았다. 이에 대한 조치로 일부 품목을 미 수출 관리 규정인 EAR(Export Administration Regulations)로 이관하여 규제를 완화했다. 우리나라도 이와 유사한 방향의 개혁을 검토할 필요가 있다.

     Military AI, 전쟁의 미래를 다시 쓰다

반도체-AI-로봇의 융합

우리나라 국방 AI의 가장 큰 강점은 반도체-AI-로봇 기술이 모두 세계 최고 수준이라는 점이다. 이 세 가지가 융합될 때 시너지가 극대화된다.

국방용 AI 반도체의 필요성

AI 무기체계의 성능은 AI 반도체에 의해 결정된다. 군사 환경에서는 강한 연산 능력, 저전력, 고신뢰성, 방사선 내성 등 매우 까다로운 특성이 요구된다. 민간용 AI 칩을 단순히 강화하는 수준으로는 불가능하다. 설계 단계부터 다른 접근이 필요하다.

한국은 세계 최고 수준의 반도체 제조 능력을 보유하고 있으며, 국방 특화 AI SoC 개발에 있어 강력한 기술적 기반을 가진 국가다. 삼성전자와 SK하이닉스는 자체 설계 역량을 갖추고 있다. 특히, 삼성전자의 엑사노스 SoC 개발 경험은 군용 칩 설계에 직접 활용 가능하다. 삼성 파운드리는 최첨단 공정을 양산하고 있으며, 군용 칩에 필요한 특수 공정도 개발 가능하다. AI 칩의 성능은 패키징 기술에도 크게 좌우된다. 한국의 첨단 패키징 기술은 고성능·저전력 군용 칩 구현에 유리하다.

개발 방향은 크게 세 가지로 제시한다. 먼저, 엣지 AI 칩 개발이다. 이는 드론, 로봇, 센서 등 말단 장비에 탑재되어 실시간으로 추론을 수행하는 저전력·고효율 칩이다. 다음은, 서버급 AI 칩 개발이다. 작전사령부와 같은 상급 부대에서 대규모 데이터를 분석하고 전장 시뮬레이션을 수행하는 고성능 칩이다. 마지막으로, 특수 목적 칩이다. 이는 레이더 신호 처리, 전자전, 암호화 등 특정 임무에 최적화된 칩이다.

센서-AI-로봇의 통합

지상 UGV, 해상 USV, 공중 UAV, 우주 위성체까지 모든 무인체계는 결국 센서-AI-로봇의 통합 구조를 갖는다. AI는 센서 데이터를 실시간으로 해석한다. 로봇은 이를 기반으로 자율기동과 상호 협력 임무를 수행한다.

통합 구조의 핵심은 센서-AI-액추에이터 루프가 빠르고 정확하게 작동하는 것이다. 센서가 데이터를 수집하고, AI가 판단·제어 하며, 액추에이터가 행동을 실행하는 과정이다.

이 루프가 효과적으로 작동하려면 세 가지 요소가 필요하다. 우선 센서 융합이다. 카메라, 라이다, 레이더, IMU(관성측정장치) 등 다양한 센서 정보를 통합하여 정확한 상황 인식을 한다. 그리고, 실시간 추론이다. 엣지 AI 칩을 통해 클라우드 없이도 현장에서 즉시 판단한다. 다음은 정밀 제어다. AI의 판단을 로봇의 정밀한 움직임으로 전환한다.

한국은 로봇 기술의 산업화 수준이 높다. 국방 로봇 역시 민간 기술을 빠르게 국방화할 수 있는 장점을 가진다. 현대로보틱스는 세계 4위 산업용 로봇 제조사로 정밀 제어와 내구성 기술이 뛰어나다. 배달, 청소, 안내 로봇 기술은 군사 물류, 정찰 로봇으로 전환이 가능하다. 인간과 협력하는 로봇 기술은 Team War(팀의 승리기여도) 개념과 직접 연결된다.

무인체계는 우선 자율 수준을 향상시켜야 한다. 자율성 단계를 점진적으로 발전시켜야 한다. 초기에는 원격 조종 형태로 운영하다가 점차 반자율, 최종적으로 완전 자율로 진화해야 한다. 그리고, 군집 지능 개발이다. 개별 로봇의 자율성뿐 아니라 다수의 로봇이 협력하는 스웜 지능을 개발해야 한다. 다음은 적응형 학습이다. 전장 환경이 변해도 스스로 학습·적응하는 강화학습 기반 로봇을 개발해야 한다.

   Military AI, 전쟁의 미래를 다시 쓰다

극한 환경에서의 하드웨어 신뢰성 확보

전장은 고온, 저온, 충격, 습도, 방사선 등 극한 환경에 노출된다. 군용 하드웨어는 고도의 신뢰성을 필요로 한다. 이 부분은 한국 방산기업들이 세계 시장에서 강점을 보여온 분야다. AI 기반 무기체계의 신뢰성 역시 한국 기술이 경쟁력을 발휘할 수 있는 지점이다.

극한 환경 대응 기술은 크게 다섯 가지이며, 첫째는 열 관리다. AI 칩은 연산 시 대량의 열을 발생시킨다. 밀폐된 무인 차량·드론 내부에서 효과적으로 열을 배출하는 냉각 시스템 설계가 필수적이다. 둘째는 충격·진동 방지다. 전투 차량의 험난한 주행, 드론의 고속 기동 중에도 전자부품이 손상되지 않아야 한다. 셋째는 전자기 간섭 차폐다. 전장에는 강력한 레이더·통신·전자전 장비가 작동한다. AI 시스템이 전자기 간섭으로 오작동하지 않도록 차폐해야 한다. 넷째는 방수·방진이다. 비, 눈, 먼지, 진흙 속에서도 작동하는 IP67 등급 이상의 보호 등급이 요구된다. 마지막으로 방사선 내성이다. 우주 환경이나 핵전쟁 시나리오에서는 방사선이 반도체를 손상시킬 수 있다. 특수 공정으로 제작된 칩이나 오류 정정 기능이 강화된 설계가 필요하다.

군용 AI 시스템은 다양한 환경 시험을 통과해야 한다. 한국 방산기업들은 K9 자주포, 천무 다연장로켓, 해궁 함대공미사일 등을 통해 극한 환경 신뢰성 기술을 축적해 왔다. 이는 AI 무기체계에도 그대로 적용 가능하다.

민수 기술의 국방화 전략

드론, 이미지센서, AI 칩, 로봇 플랫폼 등 민간 기술은 속도가 빠르고 가격도 저렴하다. 국방 분야에서는 민수 기술을 신속히 개량하여 전투에 적합한 성능으로 전환하는 상용표준품 국방화 전략이 매우 중요하다.

상용표준품 활용의 장점은 처음부터 개발하는 것보다 훨씬 빠르다. 민간 양산 제품을 활용하면 개발비와 생산비를 크게 줄일 수 있다. 그리고, 민간 기술은 빠르게 발전하므로 최신 버전으로 지속적 업그레이드가 가능하다.

그러나 상용표준품 활용에는 위험도 있다. 민간 제품은 생산 중단과 단종 위험이 있으며, 전시에 공급이 끊길 수도 있다. 민간 제품에는 백도어와 보안 결함이 있을 수 있다. 특히 중국산 부품은 보안상 취약하다는 우려가 있다. 민간 제품은 극한 환경을 고려하지 않으므로 군사 환경에서 고장 날 수 있다.

따라서 전략적 상용표준품 활용 원칙이 필요하다. 우선 핵심 부품을 국산화해야 한다. AI 칩, 센서, 통신 모듈 등 핵심 부품은 가능한 국산화하여 공급망 위험을 줄여야 한다. 이중 공급원을 확보해야 한다. 하나의 공급원에 의존하지 않고 복수의 대체 공급원을 확보하는 것이다. 보안 검증이 필요하다. 상용표준품 제품을 도입할 때 반드시 보안 검증을 거친다. 역설계를 통해 백도어를 탐지하고 신뢰할 수 있는 국가의 제품을 우선해야 한다. 마지막으로 군사용 등급(military grade)의 개량이다. 상용표준품 제품을 군용 등급으로 강화하는 개량 과정을 거쳐야 한다.

인재 양성과 제도적 한계 극복하기

기술과 장비가 아무리 뛰어나도 이를 운용하고 발전시킬 인재가 없으면

      Military AI, 전쟁의 미래를 다시 쓰다

무용지물이다. 한국 국방 AI의 가장 큰 과제 중 하나는 인재 부족과 제도적 장벽이다.

융합형 인재 부족이라는 구조적 문제

AI, 반도체, 국방을 동시에 이해하는 융합형 인재는 전 세계적으로 부족하다. 군과 방위산업 분야에서는 과학기술 지식은 물론 군사적인 전문성을 갖춘 AI 엔지니어가 절대적으로 필요하다.

국방 AI 추진에 필요한 인재상은 명확하다. AI 모델을 개발하면서 실제 작전에서의 활용 방안을 이해하는 엔지니어가 필요하다. 군용 AI 칩 설계에는 반도체 기술뿐 아니라 전장 환경과 임무 요구사항에 대한 이해가 필수다. 군사작전 계획 시 AI 데이터 분석 결과를 정확히 해석하고 활용할 수 있어야 한다. 관련 법률과 전장 윤리를 이해하면서 동시에 AI 기술의 한계와 가능성을 아는 전문성도 요구된다.

국방 AI 사업 추진의 가장 큰 걸림돌은 "AI 전문가는 군을 모르고, 군인은 AI를 잘 모른다"는 점이다. 군 간부들은 순환보직으로 인해 한 분야에 오래 머물지 못한다. AI 전문성을 갖춘 인재를 양성해도 해당 분야에서 지속적으로 활용할 수 없는 구조다. 보직 교체 시마다 처음부터 다시 시작해야 하는 악순환이 반복된다. 군인의 보직 주기는 통상 2~3년에 불과하다.

AI 전문성을 갖춘 간부를 선발하거나 위탁교육으로 양성해도 군에서 지속 활용하기 어렵다. 순환보직 같은 경직된 인사관리 체계뿐만 아니라 민간에 비해 낮은 처우가 원인이다. 많은 예산과 시간을 들여 양성한 공군 조종사들이 군의 계급 구조와 낮은 처우로 인해 민간으로 유출되는 현상이 지속되고 있다. 우수한 AI 인재가 국방 분야에 오래 근무할 수 있도록 처우 개선과 인사관리 방안 마련이 시급하다.

이러한 문제를 해소하기 위해서는 전 장병에 대한 AI 리터러시 교육을 집중 진행해야 한다. 하루가 다르게 발전하는 AI 프로그램을 일상에서 자유롭게 사용하는 'AI 네이티브'를 만들어야 한다. 요즘 입대하는 장병들은 태어나면서부터 휴대폰, IoT, SNS가 생활화된 '디지털 네이티브'다. 이미 구축된 군과 사회의 교육 인프라를 활용하면 짧은 시간에 적은 비용으로 이들의 AI 리터러시를 향상시킬 수 있다.

군 간부(장교, 부사관, 군무원 등을 포함)에 대한 양성교육과 보수교육에서 국방 AI를 집중 교육이 필요하다. 간부들이 계급과 병과, 직책 수행에 필요한 AI 활용 능력은 물론 전투발전을 위한 소요 제안, 정책과 제도 입안 능력까지 갖추도록 해야 한다.

국방 AI를 발전시킬 정예 간부를 육성해야 한다. AI 관련 전문 특기를 신설하고 입대 시부터 관련 부대나 부서에 근무하며 실제 경험을 쌓게 해야 한다. 장기 복무에 대한 파격적 인센티브를 제공하고 국내외 유수 대학과 연계한 학위 과정도 지원하여 전문성을 높여야 한다. 필요한 분야에는 군무원·계약직 형태로 민간 AI 전문가를 영입해 활용해야 한다.

군 조직 문화와 혁신 속도의 괴리

우리 군은 계급 기반 의사결정 구조, 엄격한 보안 기준, 위계적 문화가 뿌리 깊다. 이 구조는 전통적 군사 운영에는 강점이 있지만 초고속 혁신이 필요한 AI 분야에서는 속도의 한계를 드러낸다.

구조적 문제는 명확하다. 신기술 도입 결정이 여러 단계를 거치면서 수개월에서 수년이 소요된다. AI 개발은 시행착오가 필수인데 군은 실패를

용인하지 않는 문화가 있다. 계급과 연차가 높은 사람의 의견이 우선되어 신진 인재의 참신한 아이디어가 잘 받아들여지지 않는다. 예산 사용을 위해서는 중기계획에 미리 반영되어야 하고 군 지휘체계는 물론 국회 승인까지 받아야 한다. 중간에 새로운 기술이 나와도 즉시 도입하기 어려운 구조다.

이러한 문제를 해소하고 AI를 빠르게 국방 분야에 적용하려면 변화가 필요하다. 기존 군 조직과 다른 운영 방식을 갖는 AI 전담 조직을 신설해야 한다. 2026년 신설된 국방부의 AI 차관보와 연계하여 각군 본부와 예하 부대들의 조직 개편도 함께 이뤄져야 한다. AI 전담 조직이 신기술 도입 시 신속한 의사결정이 가능하도록 권한을 위임하는 체계를 보장해야 한다. 실험적 프로젝트로 지정된 경우 실패해도 책임을 묻지 않는 실패 허용 문화와 제도를 마련해야 한다. AI 프로젝트 성공 시 파격적 포상과 진급 가산점 등을 부여하는 인센티브 마련도 필요하다.

군 복무 기간을 활용한 AI 교육 확대

젊은 청년들의 군 복무 기간은 국가 AI 인재 양성의 중요한 기회다. 군 복무 중에도 기존 시스템(대학 학점 인증제, 자기계발 지원제도, M-MOOC 등)을 활용한 AI 교육 방안을 마련하면 적은 비용과 노력으로 당장 시행할 수 있다.

또한, 관련 정부부처(교육부, 과학기술정보통신부, 산업통상부, 고용노동부, 중소벤처기업부 등)에서 운영 중인 다양한 AI 인재 양성 제도를 활용하는 방안도 있다. 이를 통해 AI 기초 교육, 프로젝트 기반 실습, 데이터 라벨링, 모델 검증 등 다양한 수준의 AI 교육을 제공하면 전역 후 국가 AI 인력으로 자연스럽게 활용될 수 있다.

현재 군 복무 구조의 잠재력은 크다. 육군과 해병대는 18개월, 해군은 20개월, 공군은 21개월 복무한다. 병사 중 이공계 전공자는 50%가 넘는다. 이들에게 체계적인 AI 교육을 제공하면 연간 수십만 명이 교육을 받을 수 있다. 이 중에서 우수자를 선발해 다시 심화 교육을 제공한다면 효과는 배가될 수 있다. 군 복무 중에는 과학기술 강군 육성에 기여하고 전역 후에는 민간 AI 산업으로 유입되면서 국가 전체 AI 역량 향상에 기여할 수 있다.

기대 효과는 다양하다. 우선은 부대 내에서 AI를 활용할 수 있는 인력을 확보해 군 AI 역량을 향상시킬 수 있다. 전역 후에는 민간 AI 산업 발전에 기여할 소양을 갖춘 인력을 공급할 수 있다. 장병들은 군 복무 기간 중에 무료하게 보낼 수 있는 여가시간을 자기계발 기회로 활용할 수 있다. 이를 통해 장병들의 군 복무 만족도를 높이고 국가 AI 인재를 양성해 사회로 환원함으로써 군이 국가 발전에도 기여할 수 있다.

국방 데이터 개방과 공유의 어려움

국방 데이터는 보안 규제로 인해 공유가 매우 어렵다. 그러나 AI 모델 성능은 데이터 개방 수준에 절대적으로 영향받는다. 군 내부에서 등급별, 위험 기반의 데이터 개방 체계를 구축해야 국방 AI 생태계가 지속적으로 성장할 수 있다.

현재의 문제는 명확하다. 실제로는 민감하지 않은 데이터도 일괄적으로 비밀로 지정하는 과도한 비밀 지정이 있다. 연구자가 데이터에 접근하려면 수개월이 소요되는 복잡한 절차가 있다. 수집은 되었지만 정제나 라벨링이 안 되어 활용 불가한 낮은 데이터 품질 문제가 있다. 육·해·공군, 국정원 등이 각자 데이터를 보유하지만 공유하지 않는 부처 간 단절도 있다.

　Military AI, 전쟁의 미래를 다시 쓰다

해결 방향으로는 먼저, 등급별 데이터 관리다. 보안상 문제없는 데이터는 공개해 민간 연구자도 활용 가능하게 한다. 보안 심사를 통과한 연구자에게만 제공하는 단계도 필요하다. 군 내부나 계약 기업만 접근 가능한 단계와 극소수 인원만 접근하는 단계를 구분해야 한다. 그리고, 데이터 허브 구축이다. 각 군·기관이 수집한 데이터를 표준화된 형태로 통합 저장한다. 연구자가 필요한 데이터를 검색·신청·승인·다운로드하는 원스톱 시스템을 만든다. 다음은, 합성 데이터 활용이다. 실제 작전 데이터는 공개하기 어려우므로 AI가 생성한 합성 데이터로 대체한다.

한국형 국방 AI 모델

한국이 국방 AI 분야에서 진정한 강국이 되려면 단순히 기술만 앞서가는 것으로는 부족하다. 기술과 윤리, 효율과 인간성, 혁신과 안정성의 균형을 이루는 한국형 모델을 만들어야 한다.

한국형 국방 AI 생태계의 방향성

한국형 국방 AI 모델은 기술, 윤리, 법제, 국제협력을 결합한 종합 모델이어야 한다. 이는 기술만 앞서고 윤리가 뒤처지는 나라와 구별되는 한국만의 강점이 될 수 있다.

한국형 국방 AI 모델을 구축함으로써 기술 주권을 구현한다. 핵심 기술을 자체 개발하여 외부 의존도를 낮춘다. 윤리적인 신뢰를 준다. 윤리 원칙을 실제 시스템 설계·운용에 통합하여 국제사회에서 책임 있는 AI 강국으로 인정받는다. 법·제도를 선진화한다. AI 무기 사용에 대한 명확한 법적 근거를 마련하고, 사고 발생 시 책임 소재를 명확히 한다. 국제협력을 주도한다. 기술 선진국과 협력하면서도 국제 규범 논의에 적극 참여하여 한국의 입장을 반영하고, 중견국으로서 강대국과 약소국 사이의 가교 역할을 한다.

한국형 모델의 차별성은 명확하다. 미국은 기술 압도적 우위와 동맹 중심이다. 한국은 효율성, 윤리, 비용 측면에서 차별화한다. 중국은 국가 주도 대규모 투자와 통제 중심이다. 한국은 민주주의와 인권을 중시하므로 윤리·투명성에서 차별화한다. 유럽은 윤리와 규제 중심이고 방어적이다. 한국은 안보 위협에 직면해 있으므로 실전 적용 가능한 기술 개발에 더 적극적이다. 결론적으로 한국형 모델은 실전 능력과 윤리적 신뢰의 조합이다.

중소·중견기업의 AI 전환을 위한 정책 패키지

한국 국방산업의 상당 부분은 중소·중견기업이 담당하고 있다. AI 도입이 느린 기업은 곧 시장에서 도태될 위험이 도사리고 있다. 따라서 정부는 종합 패키지를 제공해야 한다. 여기에는 AI 전환 컨설팅, 데이터 지원, 공동 기술개발, 수출 지원 등이 포함된다.

중소기업의 AI 전환 장벽은 여러 가지가 있는데 그중 AI 전문 인력을 채용할 여력이 없다는 것이 심각한 문제다. 자체적으로 학습용 데이터를 구축하는 것도 어렵다. AI 인프라 구축에 투자할 자금이 절대적으로 부족하다. AI 제품을 개발해도 군이 구매할지 불확실하다는 것이다.

이런 중소기업의 문제를 해소하기 위해 정부 지원 패키지를 다음과 같이 제시한다. 첫째는 AI 전환 컨설팅이다. 기업별 맞춤형 AI 로드맵 수립

    Military AI, 전쟁의 미래를 다시 쓰다

을 지원한다. AI 도입 가능 영역을 진단하고 필요 기술, 인력, 예산을 산정한다.

둘째는 데이터 지원이다. 정부가 구축한 국방 데이터 허브를 중소기업에 개방한다. 합성 데이터 생성 툴을 제공하고 데이터 라벨링 비용을 지원한다.

셋째는 공동 기술개발이다. 대기업-중소기업 컨소시엄 구성을 지원한다. ADD-중소기업 공동연구 프로젝트를 운영하고 대학 연구팀과 중소기업을 매칭한다.

넷째는 시장 보장이다. 혁신 중소기업 제품에 대한 우선 구매 제도를 운영한다. 중소기업 제품 의무 구매 비율을 설정한다. 군이 초도 물량을 구매하여 레퍼런스를 제공한다.

다섯째는 수출 지원이다. 국제 방산 전시회 참가를 지원한다. 해외 바이어 매칭 및 수출 금융·보험을 지원한다.

여섯째는 인력 지원이다. 중소기업에 AI 전문가를 파견한다. 국방 AI 아카데미 수료자를 중소기업에 취업 연계한다. 중소기업 재직자 대상 AI 재교육 프로그램을 운영한다.

글로벌 규범과 연계된 한국형 전략

한국은 REAIM, UN, NATO와의 파트너십을 통해 국제 윤리 규범 형성에 적극 참여하며, 규범 선도국으로서의 위상을 구축할 수 있다. 윤리적 AI 강국이라는 브랜드는 국방 외교에서도 중요한 자산이 된다.

한국의 국제 규범 전략은 다음과 같은 방향으로 전개되어야 한다. 먼저 REAIM 주도권 확보다. 한국은 아시아·태평양 지역의 REAIM 허브 역할을 수행하면서 중견국 중심의 실용적 규범 형성을 주도해야 한다.

UN의 CCW에 적극 참여해야 한다. 자율무기 논의에서 한국의 입장을 명확히 제시하되, 완전 금지도 무제한 개발도 아닌 통제된 개발 입장을 견지할 필요가 있다. 특히 의미 있는 인간 개입(meaningful human control) 개념을 구체적 운용 지침으로 발전시키는 작업이 중요하다.

NATO와의 파트너십도 강화해야 한다. NATO의 다이애나(DIANA) 등 AI 협력 프로그램에 적극 참여해야 한다. NATO와 한국의 AI 윤리 원칙에 대한 정합성을 확보함으로써 서방 민주주의 진영과의 협력 기반을 다져야 한다.

아시아 지역 내 협력도 필수적이다. 일본, 싱가포르, 호주 등 민주주의와 법치를 중시하는 국가들과 아시아 책임 있는 AI 연합을 구성하여 중국의 규범 주도를 견제하고 아시아의 다원적 목소리를 국제사회에 반영해야 한다.

마지막으로 글로벌 AI 안전 정상회의에 지속적으로 참여해야 한다. 국제적으로 개최되는 정상회의에 적극 참여함으로써 민간 AI와 군사 AI의 연계 고리를 형성하고, 한국이 AI 안전 논의의 주요 행위자로 자리매김할 수 있다.

규범 선도국이 되면 여러 이점을 얻을 수 있다. 우선 한국산 AI 무기에 대한 국제적 신뢰가 상승하면서 도덕적 권위를 확보하게 된다. 윤리 기준을 충족하는 무기는 유럽 등 규제가 엄격한 시장에도 수출할 수 있어 수출 경쟁력이 강화된다. 또한 가치를 공유하는 동맹국과의 유대가 강화되며, 국제 회의에서 발언권과 영향력이 확대되어 중요한 외교 자산으로 작용한다.

    Military AI, 전쟁의 미래를 다시 쓰다

'K-Defense AI' 브랜드 구축

우리나라는 K-방산 수출로 큰 성공을 거두고 있으며, 2020~2024년 10위의 무기 수출국으로 부상했다. K9 자주포, 천무, FA-50, 해궁 등은 글로벌 시장에서 호평받고 있다. 앞으로는 'K-Defense AI'라는 브랜드를 통해 새로운 이미지를 확립해야 한다. 신뢰성과 윤리를 갖춘 AI 국방 기술 강국이라는 이미지를 국제 시장에서 구축해야 한다.

'K-Defense AI' 브랜드는 다섯 가지 핵심 가치를 바탕으로 한다. 극한 환경에서도 안정적으로 작동하는 신뢰성, 국제 규범을 준수하고 인간 통제를 보장하는 윤리성, NATO와 미군 체계와 연동 가능한 상호운용성, 선진국 수준의 성능을 합리적 가격에 제공하는 가성비, 그리고 빠른 개발과 인도로 고객 요구에 즉각 대응하는 신속성이 그것이다.

브랜드 구축을 위해서는 체계적인 전략이 필요하다. 먼저 성공 사례를 적극 홍보해야 한다. 한국군이 실전 배치한 AI 시스템의 성과를 국제 학회와 전시회에서 발표하고, 해외 언론과 전문가를 초청하여 한국 AI 무기를 직접 시연하는 것이다. 국제 표준화 활동에도 참여해야 한다. ISO(국제표준화기구), IEC(국제전기기술위원회) 등 국제기구와 연계하여 국방 AI 표준 제정에 적극 참여하는 노력이 필요하다.

단순한 무기 수출을 넘어 교육과 훈련도 함께 제공해야 한다. AI 운용 교육과 훈련 프로그램을 패키지로 제공하고, 고객국의 군인을 한국으로 초청하여 교육함으로써 장기적 파트너십을 구축할 수 있다. 우방국과의 공동 개발도 중요한 전략이다. AI 무기를 함께 개발함으로써 기술 이전과 시장 개척을 동시에 달성할 수 있다. 국제 AI 윤리 인증 마크를 도입하는 것도 고려할 만하다. 한국산 AI 무기에 윤리 인증을 부여함으로써 국제적 신뢰를 높일 수 있다.

목표 시장은 세 단계로 구분된다. 1차 시장은 폴란드, 루마니아, 호주, UAE 등 이미 한국산 무기를 구매한 경험이 있는 국가들이다. 2차 시장은 동남아, 중동, 남미 등 첨단 무기에 대한 수요는 있지만 예산 제약이 있는 국가들이다. 3차 시장은 유럽과 NATO 국가들로, 윤리 기준과 표준을 충족할 경우 진입이 가능하다.

'K-Defense AI' 브랜드가 성공한다면 방산 수출 증대는 물론 한국의 국제적 위상도 크게 높아질 것이다.

미래 국방 주권은 기술·인재·윤리가 함께 만든다

AI 전쟁 시대의 국방력은 전차와 전투기의 숫자가 아니다. 데이터, 반도체, AI, 로봇, 인재, 윤리의 복합적 구조로 이루어진다. 1장에서 시작된 우리의 여정은 여러 주제를 거쳐 왔다. AI가 전쟁의 본질을 어떻게 바꾸는지, 자율무기와 윤리의 딜레마, 새로운 작전 개념, 전장 영역과 전투수행 기능별 혁신을 다뤘다. 이제 우리나라도 이 거대한 변화 속에서 어떤 길을 선택해야 하는지에 도달했다.

우리나라는 세계 최고 수준의 기술 역량을 갖추고 있다. 민군 협력과 산업 성장동력이 강한 국가다. 삼성·SK하이닉스의 반도체, 현대·한화·LIG 넥스원의 방산 기술, 국내 대학과 연구소 등의 AI 연구 역량이 있다. 무엇보다 빠르게 학습하고 적응하는 국민성은 한국이 AI 강국으로 도약할 수 있는 탄탄한 기반이다.

   Military AI, 전쟁의 미래를 다시 쓰다

그러나 동시에 우리는 현실적 한계도 직시해야 한다. 조직 문화의 경직성, 인재 부족, 데이터 폐쇄성, 과도한 규제가 그것이다. 무엇보다 기술 개발과 윤리적 책임 사이의 긴장을 어떻게 관리할 것인가라는 근본적 질문에 아직 명확한 답을 찾지 못했다.

이러한 기반 위에서 한국형 국방 AI는 새로운 모델로 발전할 가능성이 크다. 기술과 윤리가 균형을 이루는 모델이다. 미국처럼 압도적 기술 우위를 추구하기도 어렵다. 중국처럼 국가 주도 대규모 투자를 할 여력도 없다. 유럽처럼 규제 중심으로만 접근할 수도 없다. 그러나, 우리나라는 오히려 이 세 가지의 장점을 결합한 독특한 모델을 만들어 낼 수 있는 잠재력이 있다.

앞으로 우리가 만들어 갈 'K-Defense AI' 생태계는 단순히 새로운 무기를 만드는 작업이 아니다. 국가의 미래 전략과 군사적 자율성을 확보하는 대한민국의 군사 주권 프로젝트가 될 것이다.

전쟁의 기술이 아무리 발전하더라도 전쟁의 목적과 수단 그리고 책임은 결국 인간에게 남는다. AI는 인간의 능력을 증폭시키는 도구일 뿐이다. 인간을 대체하는 존재가 되어서는 안 된다. 이 원칙을 지키면서 기술 혁신을 추구하는 것, 그것이 한국이 가야 할 길이다. 'K-Defense AI'가 세계에 제시할 수 있는 가장 중요한 가치다.

AI가 전장을 지배하는 시대에 접어들었지만, 전쟁은 여전히 인간의 영역으로 남아 있다. 전쟁은 기술적 충돌이 아니라 인간의 정치적 의지와 감정, 가치가 부딪히는 행위이기 때문이다. AI의 속도와 정밀함은 인간을 압도할 수 있지만, 전쟁을 개시하고, 지속하며, 중단하는 마지막 판단은 기계가 아닌 인간의 책임인 것이다.

AI 시대의 평화는 기계의 성능이 아니라 인간의 성찰과 제도적 안전장치, 그리고 문명적 합의에서 출발한다. 과연 우리는 AI의 시대에 어떤 인간이 되어야 하며, 기계와 인간의 역할은 어디까지인가? 전쟁은 인류에게서 멀어지는가, 아니면 AI를 통해 새로운 평화의 조건이 열리는가? 여기서는 이러한 질문에 대한 논의를 담는다. 또한, 기술 발전의 끝에서 다시 인간을 바라보는 전쟁 철학을 논한다.

AI 생성 이미지

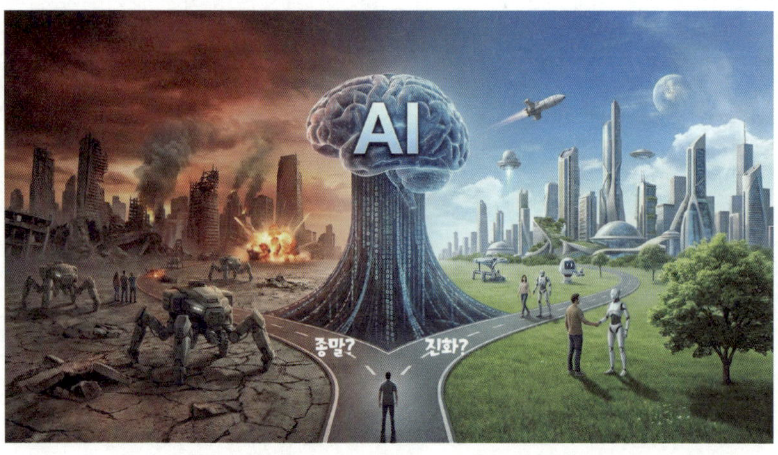

인간 없는 전쟁, 인간을 위한 기술

'무인 전쟁'의 유혹과 위험

AI, 드론, 로봇 기술이 발전하면서 미래의 전쟁을 '인간 없는 전쟁'으로 치환하려는 유혹이 커지고 있다. 실제로 무인 전투체계는 전투원의 생명을 보호하고, 작전 효율을 높이며, 결정적 순간의 판단을 자동화하는 데 강점을 보여 준다. 자율살상무기체계(Lethal Autonomous Weapon Systems, LAWS)는 이러한 무인화의 최전선에 있다.

무인화가 가져오는 군사적 이점은 명확하다. 먼저 전투원의 보호다. 2007년부터 미 공군이 실전 배치하여 운영 중인 MQ-9 리퍼 드론은 조종사를 위험 지역에 노출시키지 않으면서도 정밀 타격 임무를 수행하고 있다. 이는 공중영역 AI의 대표적 사례이다.

다음은 작전의 지속성이다. 인간 조종사는 피로, 스트레스, 생리적 한계로 인해 장시간 작전이 어렵지만, AI 기반 무인체계는 24시간 연속 작전이 가능하다. ISR(정보·감시·정찰) 기능에서 이러한 장점은 결정적이다.

그리고, 빠른 의사결정 속도다. OODA 루프의 초지능화는 무인체계를 통해 구현된다. 인간이 수 초에서 수 분이 걸리는 판단을 AI는 밀리초 단위로 수행한다.

그러나 무인화의 정치적·윤리적 위험은 심각하다. 무인화가 되면 전쟁 개시의 문턱이 낮아질 수 있다는 것이다. 전쟁이 자국민의 희생을 수반하지 않게 되면, 정치 지도자가 무력 사용을 더 쉽게 결정할 위험이 있다. 역사적으로 민주국가에서 전쟁 결정을 신중하게 만든 가장 강력한 요인은 "우리 아들과 딸을 전장에 보낼 것인가"라는 국민적 저항이었다. 무인 전쟁은 이 정치적 제동장치를 약화시킨다.

다음은 책임 소재가 모호해진다는 것이다. 윤리적 딜레마의 핵심은 "AI가 잘못된 판단으로 민간인을 살상했을 때 누가 책임지는가?"라는 질문이다. "개발자인가, 운용자인가, 지휘관인가, 정치 지도자인가?" 책임이 분산되면 결국 아무도 책임지지 않는 상황이 발생한다.

그리고 전쟁이 비인간화된다는 것이다. 전쟁이 게임처럼 느껴지면, 전투원은 적을 살아있는 인간이 아니라 화면 속 픽셀로 인식하게 된다. 이는 전쟁 범죄와 과잉 폭력의 위험을 높인다.

드론 전쟁의 교훈

2000년대 중반 이후 미국이 파키스탄, 예멘, 소말리아 등지에서 수행한 드론 타격 작전은 무인 전쟁의 위험성을 실증했다. 미국 정부는 "정밀 타격으로 민간인 피해를 최소화한다"고 주장했다. 그러나, 영국의 독립 탐사 보도 기관인 TBIJ(The Bureau of Investigative Journalism)에 따르면 2004~2020년 파키스탄에서만 최소 424명의 민간인이 드론 공격으로 사망했다.

더 큰 문제는 정치적 문턱의 하락이었다. 미국 오바마 행정부는 8년간 약 500회 이상의 드론 공격을 승인했다. 이는 부시 행정부 8년간의 약 50회에 비해 10배 증가한 수치이다. 드론이 저렴하고 안전한 무력 행사 수단으로 인식되면서, 의회 승인이나 국제사회 합의 없이도 무력 사용이 일상화될 수 있다는 것이다.

인간 보호 중심의 기술 설계는 가능한가?

AI 무기의 가장 중요한 목적 중 하나는 아군과 민간인의 피해를 최소화

Military AI, 전쟁의 미래를 다시 쓰다

하는 것이다. 국제인도법의 핵심 원칙인 구별, 비례, 예방을 AI 알고리즘에 구현하려는 노력이 진행 중이다.

기술적 구현 방안으로는 먼저 표적 식별 알고리즘의 고도화가 있다. 화력 영역의 AI는 컴퓨터 비전을 활용해 전투원과 민간인을 구별한다. 예를 들어 군복, 무기, 군사 장비를 식별하고, 행동 패턴을 분석하여 전투 행위와 일상 활동을 구분하며, 위치, 시간, 주변 환경 등 맥락 정보를 통합한다.

비례성 계산 모듈도 개발되고 있다. 예상되는 군사적 이득과 민간인 피해를 정량적으로 비교하는 알고리즘이 그것이다. 그러나 "어느 정도의 민간인 피해가 허용 가능한가"라는 질문은 본질적으로 도덕적·정치적 판단이며, 수학적 계산으로 환원될 수 없다.

안전장치의 다층화도 중요하다. 지리적 제한을 통해 특정 지역, 예를 들어 병원과 학교 주변에서는 자동 공격을 금지할 수 있다. 시간적 제한으로 인간 승인 없이는 일정 시간 이상 자율 작전이 불가능하도록 하며, 킬체인 단계별로 인간의 개입 지점을 설정할 수 있다.

그러나 기술만으로 인간 보호를 완전하게 구현하는 것은 어렵다. 센서의 한계가 있다. 열상, 레이더, 광학 센서는 악천후, 연기, 장애물 등에 의해 오판할 수 있다. 2020년 아제르바이잔-아르메니아 전쟁에서 드론이 민간 차량을 군용 차량으로 오인해 공격한 사례가 그것이다.

데이터의 불완전성도 문제다. AI는 훈련 데이터에 의존한다. 만약 특정 민족, 의상, 지역이 훈련 데이터에 충분히 포함되지 않았다면, AI는 해당 집단을 정확히 식별하지 못할 수 있다. 이는 알고리즘 편향 문제와 직결된다.

적대적 기만(adversarial deception) 문제도 있다. 다영역 작전에서 본 것처럼,

적은 AI를 기만하기 위해 민간인 복장을 하거나, 민간 시설을 군사 목적으로 활용할 수 있다. 이 경우 AI의 판단은 더욱 어려워진다.

따라서 AI 무기체계의 설계는 '최대한의 자동화'보다 '최대한의 인간 보호'를 중심에 두어야 한다. 이는 기술적 효율성을 일부 희생하더라도, 윤리적 안전성을 우선한다는 의미이다.

전투원, 민간인, 지휘관에게 돌아가는 이익과 부담

무인화는 전투원에게는 생존성 향상이라는 명백한 이익을 준다. 그러나 동시에 다른 주체들에게는 새로운 부담을 전가한다.

전투원의 관점에서 보면, 이익은 위험 지역 노출 감소와 작전 스트레스를 완화하는 것이다. 그러나 부담도 있다. AI 의존으로 인한 기술 단절 시 대응 능력이 저하될 수 있으며, "버튼을 누르는 사람"으로 역할이 축소될 수 있다.

민간인의 관점에서 볼 때 정밀 타격으로 부수적 피해(collateral damage)가 감소할 가능성이 크다는 것은 다행이다. 그러나 AI의 오판 위험, 전쟁 문턱의 하락으로 인한 분쟁 가능성의 증가, 감시 사회화라는 것은 부담 요인으로 작용한다.

지휘관의 관점에서 보면 더 많은 정보와 더 빠른 의사결정을 지원한다는 것은 유익하다. 그러나 더 빠른 판단 요구, 기술적 복잡성 증가, 책임 소재 불명확이라는 부담이 따른다.

정치 지도자의 관점에서는 국내 정치적 이슈에 대한 부담 감소, 즉 전사자 수 감소가 이익이다. 그러나 국제법·윤리적 비판과 장기적 안보 불안정성이라는 부담이 있다.

   Military AI, 전쟁의 미래를 다시 쓰다

이러한 비대칭적 이익과 부담 배분은 전쟁을 구성하는 모든 인간 주체에 대한 총체적 영향 평가를 필요로 한다. 특히 "누구의 안보를 위한 AI인가"라는 질문은 여기서도 중요하다.

자동화된 억제력과 위협의 역설

AI가 강화하는 억제력

AI 기반 조기경보 체계는 발사 정보, 열 신호, 미사일 궤적을 실시간 분석해 적의 공격 징후를 조기에 탐지한다. 군의 지휘통제체계인 C4ISR 기능의 핵심이 바로 이것이다.

현대 AI 조기경보 시스템은 다중 센서 융합 능력을 갖추고 있다. 위성 기반 적외선 센서로 열 신호를 탐지하고, 지상 및 해상 레이더로 궤적을 추적하며, 신호정보 수집을 통해 통신을 분석한다. AI는 이 모든 정보를 실시간으로 통합·분석하여 허위 신호를 걸러내고 진짜 위협을 식별한다.

패턴 인식 및 예측 기능도 강력하다. 과거 미사일 발사 패턴, 부대 이동, 통신 증가 등을 분석하여 공격 징후를 수 시간에서 수 일 전에 예측할 수 있다.

요격 체계와의 실시간 연동도 가능하다. 탐지된 미사일의 궤적을 AI가 계산하여 최적의 요격 타이밍과 위치를 결정한다. 이스라엘의 아이언 돔, 미국의 사드 등이 AI 알고리즘을 활용한다.

이러한 기술적 자동화는 상대국이 공격을 감행하기 어렵게 만드는 전략적 억제력의 강화 요인으로 작용한다. 만약 적국이 "우리의 첫 공격은 즉시 탐지되어 무력화될 것"이라고 판단한다면, 기습 공격의 효용성이 사라진다. 이는 냉전 시대 핵 억제 논리와 유사한 AI 무기체계의 논리이다.

자동화가 불안정성을 확대하는 순간

그러나 자동화는 역설적으로 전쟁 위험을 증가시킬 수도 있다. 이를 '자동화의 역설(automation paradox)'이라고 한다. 여기서 첫 번째 메커니즘은 오경보의 자동 확전이다. 알고리즘의 오경보나 데이터 착오가 실시간으로 자동 대응으로 이어질 경우, 의도하지 않은 확전이 발생할 수 있다.

역사적 사례로 앞서도 제시했던 1983년 소련 조기경보 오작동 사건이 있다. 1983년 9월 26일, 소련의 위성 조기경보 시스템은 미국이 5발의 대륙간탄도미사일(ICBM)을 발사했다고 잘못 경보했다. 당시 당직 장교였던 스타니슬라프 페트로프 중령은 직관적으로 "미국이 선제 핵공격을 한다면 5발이 아니라 수백 발을 발사할 것이다. 지상 레이더에는 미사일 흔적이 전혀 잡히지 않는다. 도입된 지 얼마 안 된 위성 시스템의 결함 가능성이 있다"라고 판단하여 이를 오경보로 보고했다. 만약 그가 매뉴얼대로 즉각 반격을 건의했다면, 제3차 세계대전이 발발했을 수 있었다.

AI 시대의 위험은 더욱 증폭된다. 1980년대는 인간이 최종 판단할 시간이 수 분 정도 있었다. 그러나 AI 시대에는 극초음속 미사일이 발사 후 5~10분 내에 목표에 도달하며, AI 조기경보 시스템은 탐지 후 수 초 내에 자동 대응을 권고한다. 인간이 개입할 시간이 거의 없어진 것이다.

두 번째 메커니즘은 상호 자동화의 불안정성이다. 양측이 모두 AI 기반 조기경보와 자동 대응 체계를 갖춘 경우, 한쪽의 오경보가 상대방의 자동 대응을 촉발하고, 이것이 다시 자신 측의 자동 대응을 유발하는 '자동 확전

　　　　　　　　　Military AI, 전쟁의 미래를 다시 쓰다

루프'가 형성될 수 있다. 사이버, 우주, 전자기 영역에서의 교란 행위가 조기경보 시스템을 오작동시킬 위험도 크다.

세 번째 메커니즘은 '선제공격의 유혹(first strike temptation)' 증가다. AI가 상대방의 공격 징후를 수 분 전에 탐지할 수 있다면, 상대가 공격하기 전에 우리가 먼저 공격하는 것이 합리적이라는 계산이 성립할 수 있다. 이는 위기 상황에서 안정성을 급격히 저하시킨다.

정치 지도자의 기술 의존과 책임 회피 문제

자동화된 AI 체계는 정치 지도자가 위험 결정을 기계에 전가하는 '책임 회피 메커니즘'을 만드는 경향이 있다. "AI가 권고했기 때문에 어쩔 수 없었다"는 변명은 민주적인 지휘통제 구조를 약화시킨다. 책임성의 핵심은 의사결정자가 자신의 결정에 대해 정치적·법적·도덕적 책임을 진다는 것이다. 그러나, AI가 중간에 개입하면 이 연결고리가 끊어진다.

정책 결정의 투명성도 훼손된다. AI의 의사결정 과정이 불투명한 블랙박스일 경우, 의회나 언론, 시민사회가 정부의 결정을 검증할 수 없다. 이는 민주주의의 근간을 흔든다.

역사적 교훈으로 베트남 전쟁에서 '맥나마라의 실수(McNamara's Folly)'가 있다. 1960년대 미국 국방장관 로버트 맥나마라는 컴퓨터 기반의 수량 분석에 지나치게 의존하여 전쟁을 관리 가능한 것으로 오판했다. 사살자 수(body count), 작전 성공률 등 정량 지표는 높았지만, 정치적·사회적 맥락을 무시한 결과 전쟁은 재앙이 되었다. AI 시대에도 동일한 함정이 존재한다.

전략 안정성을 위한 AI 행동규범과 비상 통신 채널

따라서 국가 간에는 다음과 같은 안전장치가 필수적으로 구축되어야 한다. 이를 위해, AI 조기경보체계의 비상 통신 채널인 핫라인이 필요하다. 냉전 시대 미국과 소련 간의 핫라인처럼, AI 시대에도 오경보 발생 시 즉각적으로 대응할 수 있는 정치적 소통 채널이 필요하다. 이런 차원에서 2023년 미국과 중국은 군사적 위기 상황 발생 시에 상호 소통할 수 있는 '군사적 위기 시 소통 채널(Military Crisis Communications Working Group)'을 구축했다. 그러나, 실효성은 아직 불투명하다.

AI 행동규범(code of conduct)이 마련되어야 한다. 핵무기 관련 결정에서는 절대 완전 자율화를 금지하고, 조기경보 시스템의 오경보 판정 시 즉각 상대국에 통보해야 한다. AI 군사 훈련 시 타국의 오인 유발 행위를 자제해야 한다는 등의 내용이 담겨야 한다.

오경보 발생 시 인간의 재확인 체계도 필요하다. AI가 위협을 탐지하더라도, 최소한의 인간 검증 절차를 거쳐야 실제 대응이 이루어지도록 제도화해야 한다. 그래야 AI의 오판으로 인한 비극을 막을 수 있다.

> **[사례] RAND 연구소의 '자동화 역설(automation paradox)' 분석**
>
> 미국 RAND 연구소는 2021년 보고서 'Automation and Strategic Stability(자동화와 전략적 안정)'에서 자동화된 군사기술이 억제력 강화와 불안정성 확대라는 상반된 효과를 동시에 가진다고 분석했다. 핵심 발견 사항은 다음과 같다.
>
> [시나리오1] '안정성 증가'의 경우, 양측 모두 AI 조기경보를 신뢰하고, 비상 통신 채널이 작동하며, 정치 지도자가 자제력을 갖춘 경우 오판 위험이 감소한다.

[시나리오2] '불안정성 증가'의 경우, 한쪽이 AI를 과신하거나, 사이버 공격으로 시스템이 교란되고, 정치적 긴장이 극도로 높은 경우 우발적 확전 위험이 급증한다.

특히 핵 억제 영역에서 RAND 연구소는 AI 오경보가 인간이 개입할 시간을 극단적으로 단축시켜 오히려 전쟁 개시의 가능성을 높이는 치명적 위험을 만들 수 있다고 지적한다. RAND 연구소의 권고는 자동화된 억제력은 인간의 개입 조건이 보장될 때에만 안정성을 확보할 수 있다는 것이다.

전쟁의 의미가 바뀌는 시대

물리적 충돌에서 정보·인식의 전쟁으로

AI 시대의 전쟁은 더 이상 전차와 전투기의 충돌만을 의미하지 않는다. 정보의 유통과 조작, 인식의 조작, 내러티브 경쟁이 전쟁의 핵심 수단으로 자리 잡고 있다. 정보전은 새로운 차원으로 진화했다. 정보작전(Information Operations) 기능이 AI를 만나면서 질적으로 변화한 것이다.

AI 기반 허위 정보 생성이 대표적이다. 딥페이크(deepfake) 기술로 정치 지도자의 가짜 연설 영상을 실시간으로 생성한다. 생성형 AI로 수백만 개의 가짜 뉴스 기사를 자동 생산한다. 봇(bot) 네트워크로 소셜 미디어에서 여론을 조작한다. 2022년 러시아-우크라이나 전쟁 초기 러시아 측은 "젤렌스키 우크라이나 대통령이 항복을 권고한다"는 딥페이크 영상을 유포했다. 우크라이나는 즉각 반박했지만, 일부 지역에서는 혼란이 발생했다.

AI 기반 여론 분석 및 타겟팅도 강력해졌다. AI는 소셜 미디어 데이터를 분석하여 어떤 메시지가 어떤 집단에 효과적인지를 파악한다. 사회적 분열을 증폭시킬 수 있는 이슈를 식별하고, 개인 맞춤형 허위 정보를 전달한다.

인지전(Cognitive Warfare) 개념도 등장했다. NATO는 2020년 인지전을 새로운 전쟁 영역으로 공식 인정했다. 이는 상대방의 인식, 신념, 의사결정 과정 자체를 공격 대상으로 삼는 것이다. AI는 거대한 데이터 흐름을 분석해 상대의 의도와 행동을 예측하며, 여론전·심리전의 패턴을 정밀하게 추적한다.

적의 개념이 재정의된다

현대전에서 적은 이제 더 이상 국가만이 아니다. 다양한 비국가 행위자가 전쟁의 주체가 되고 있다. 새로운 적의 유형은 다양하다. 첫째, 해커 조직이다. 국가가 직접 운영하거나, 국가가 묵인하는 해커 집단, 예를 들어 러시아의 APT(Advanced Persistent Threat) 조직[43]인 팬시 베어(Fancy Bear), 중국의 윈티 그룹(Winnti Group), 북한의 라자루스 그룹(Lazarus Group)이 사이버 공격을 수행한다.

둘째, 플랫폼 기업이다. 페이스북, 트위터, 틱톡 등 소셜 미디어 플랫폼은 정보전의 주요 전장이 되었다. 이들 기업의 알고리즘이 어떻게 설계되느냐에 따라 여론이 형성되고 전쟁의 승패가 갈린다.

셋째, 알고리즘 자체다. 추천 알고리즘, 검색 알고리즘이 편향된 정보를 증폭시켜 사회를 분열시킬 수 있다. 이는 의도적 공격이 아니더라도 전쟁의 효과를 낸다.

---

43 국가 정보기관이나 기업의 기밀을 탈취하거나 주요 인프라를 파괴하기 위해 장기간에 걸쳐 정교하고 은밀하게 해킹 공격을 수행하는 사이버 위협 집단.

    Military AI, 전쟁의 미래를 다시 쓰다

넷째, 익명화된 디지털 군중이다. 어나니머스(Anonymous) 같은 해커티비즘(hacktivism) 조직[44], 또는 정치적 목적을 가진 온라인 커뮤니티가 정보전에 참여한다.

AI는 이러한 비국가 행위자들의 공격, 교란, 조작 행동을 실시간으로 분석함으로써 전쟁의 범위를 재정의하고 있다. C4ISR 기능은 이제 적국의 군대뿐만 아니라 이러한 행위자들도 감시, 추적해야 한다.

하이브리드 전쟁과 전쟁-평화의 경계 붕괴

사이버 공격, 정보 조작, 경제전, 심리전이 물리적 전쟁과 결합하며 전쟁과 평화의 경계가 모호해지고 있다. 이른바 '회색지대(Gray Zone)' 상황이 국가 안보와 전략 판단에 새로운 복잡성을 부여한다.

회색지대 전쟁은 몇 가지 특징을 갖는다. 전쟁 선포 없는 전쟁으로, 공식적으로는 평화 상태이지만 실질적으로는 전쟁이다. 책임 소재가 모호하여 누가 공격했는지 명확하지 않다. 특히 사이버 공격의 귀속 문제가 그렇다. 점진적 확전으로, 한 번에 큰 공격이 아니라 작은 공격을 누적시켜 전략적 목표를 달성한다.

2014년 러시아의 크림반도 병합이 대표적인 사례다. 러시아는 공식적으로 전쟁을 선포하지 않았지만, '군복 없는 녹색 인간(Little Green Men)' 병력을 투입했다. 사이버 공격으로 우크라이나 통신을 마비시키고, 소셜 미디어를 통한 여론 조작과 경제적 압박 등의 모든 수단을 복합적으로 사용하여 크림반도를 병합했다. 이는 전통적인 전쟁 개념으로는 설명되지 않는 새로운 형태의 전쟁이다.

---

44 인터넷 공간에서 정치·사회·이념적 목적을 달성하기 위해 해킹 기술을 수단으로 사용하는 활동.

AI 전쟁 이후의 평화 개념

전통적 평화에서 기술·인간 중심 평화로의 확장

냉전 이후의 평화 개념은 군사력 균형과 외교적 억제에 기반을 두었다. 그러나 AI 시대의 평화는 기술 안전, 데이터 투명성, 알고리즘 검증 체계, 그리고 인간 안보의 강화로 확장되고 있다.

전통적 평화는 전쟁이 없는 상태로, 군사력 균형을 통한 억제와 조약·협

　　　　Military AI, 전쟁의 미래를 다시 쓰다

정을 통한 법적 평화를 의미했다.

AI 시대의 평화는 사회 전반의 평화(positive peace)와 기술 발전을 통한 평화(technological peace)로 더 포괄적이다. 전쟁 원인, 즉 기술적 오판, 알고리즘 편향, 데이터 조작의 제거가 필요하다. 기술 시스템의 투명성과 검증 가능성이 보장되어야 하며, 인간 존엄성과 안전이 기술보다 우선해야 한다.

이는 '인간 안보(human security)' 개념과 직결된다. 평화는 단지 국가 간 전쟁이 없는 상태가 아니라, 개인의 안전, 자유, 존엄이 보장되는 상태다.

AI 통제-검증-감사 체계의 중요성

AI 무기체계는 자동화된 만큼 오작동 가능성도 커질 수 있다. 따라서 국제사회는 AI 무기의 통제-검증-감사 메커니즘을 마련하여 상호 신뢰를 구축해야 한다.

AI 군비통제의 핵심 요소는 세 가지로 먼저, 투명성(transparency)이다. 어떤 AI 시스템을 군사 목적으로 사용하는지 공개하고, 알고리즘의 기본 구조와 훈련 데이터 출처를 공유해야 한다. 단, 국가 안보를 해치지 않는 범위 내에서다.

다음은 검증 가능성(verifiability)이다. 제3자 기관, 예를 들어 UN이나 IAEA 같은 국제기구가 AI 시스템을 검증하고, 모의 시험을 통해 AI가 국제법을 준수하는지 확인해야 한다.

그리고 감사(audit) 시스템이다. AI 무기 사용 후 의사결정 로그를 보존 및 사후 검토하고, 민간인 피해 발생 시 독립적 조사를 보장해야 한다.

역사적 선례로 핵 군비통제가 있다. 냉전 시대 미국과 소련은 전략무기제한조약(Strategic Arms Limitation Talks, SALT), **전략무기감축조약**(Strategic Arms

Reduction Treaty, START) 등 핵무기 감축 조약을 체결하면서 핵탄두 수량을 공개하고, 현장 사찰을 허용하며, 위성을 통한 상호 검증을 실시했다.

AI 시대에도 이와 유사한 메커니즘이 필요하다. 그러나 AI는 핵무기와 달리 눈에 보이지 않고, 빠르게 복제와 수정이 가능하며, 민군 겸용이다. 따라서 검증이 훨씬 어렵다. 이는 국제 규범의 실효성 문제와 직결된다.

군비통제 영역의 확대

앞으로 군비통제 협상은 탱크, 미사일, 핵탄두의 수량뿐만 아니라 훈련 데이터, 알고리즘 구조, AI 운영 기준까지 포함하게 될 가능성이 크다.

새로운 군비통제 대상으로는 훈련 데이터가 있다. 편향된 데이터로 훈련된 AI는 특정 집단을 차별할 수 있다. 예를 들어 특정 인종, 민족, 종교가 훈련 데이터에 적절히 포함되지 않으면 오판이 가능하다. 따라서 "어떤 데이터로 AI를 훈련시켰는가"가 군비통제의 대상이 될 수 있다.

다음으로 알고리즘 구조다. 완전 자율 무기의 알고리즘 공개 또는 금지, '인간 개입점(Human in the Loop)'의 기준 마련에 대한 의무화가 필요하다.

그리고 AI 운영 기준이다. AI가 공격을 결정하기 전에 거쳐야 할 단계의 수, 오판 시 자동 정지 메커니즘 의무화, 민간인 밀집 지역에서의 AI 무기 사용 금지 등이 해당한다.

이는 전통적 군비통제의 패러다임을 완전히 바꾸는 것이다. AI는 물리적 전력을 넘어 국가 간 신뢰의 기준이 되는 시대로 접어들고 있다.

평시 AI 협력의 안정 효과

재난 대응, 기후 위기, 보건 분야에서의 국가 간 AI 협력은 전시 긴장 완

Military AI, 전쟁의 미래를 다시 쓰다

화와 신뢰 구축에 기여할 수 있다. 평시 AI 협력의 사례로는 재난 예측 및 대응이 있다. 지진, 태풍, 홍수 등 자연재해를 AI로 예측하고 공동 대응한다. 2011년 동일본 대지진 이후 한·중·일은 지진 조기경보 데이터를 부분적으로 공유했다.

다음으로 기후 변화 대응이다. AI 기반 기후 모델링을 통한 탄소 배출 감축 전략을 공동 개발한다. 환경 감시 기능을 평화적 목적으로 활용하는 것이다.

그리고 팬데믹 대응이다. 코로나-19 팬데믹 초기, AI를 활용한 바이러스 확산 예측 모델을 국가 간 공유했고, 백신 개발에 AI를 활용했다(Moderna, BioNTech 등).

신뢰 구축 효과도 크다. 평시 협력을 통해 상대국의 AI 역량과 의도를 파악하고, 인적 네트워크를 형성하며(과학자나 기술자 교류 등), 위기 시 소통 채널을 확보할 수 있다. 이는 전쟁 억제에도 긍정적 효과를 낸다. 냉전 시대에도 미국과 소련은 우주 탐사 분야에서 협력하며 긴장을 완화했다.

> **[사례] EU의 'Peace Tech Initiative'[45]**
>
> EU는 2022년 AI, 데이터, 디지털 기술을 기반으로 국가 간 갈등 예방, 중재, 평화 구축을 지원하는 'Peace Tech Initiative(기술과 평화의 융합)'를 출범시켰다. 핵심 프로그램으로 갈등 조기 예측 시스템이 있다. 소셜 미디어, 뉴스, 경제 지표를 AI로 분석하여 갈등 징후를 탐지한다. 예를 들어 아프리카 특정 지역에서 소셜 미디어상 증오 발언이 급증하면 조기 경보를 발령한다. 다음으로

---

45 기술 발전이 갈등을 조장하지 않고, 오히려 평화 구축과 갈등 예방에 기여할 수 있도록 돕는 포괄적인 정책 개발, 연구 활동을 수행.

마지막 판단은 누구의 몫인가

센타우로 모델

미래 전쟁에서 가장 중요한 원칙은 AI의 제안과 인간의 판정이 결합된 '센타우로(Centaur) 모델'이다. 이 용어는 AI를 활용한 체스 게임에서 유래했다. 체스 세계 챔피언인 가리 카스파로프가 1998년 IBM의 딥블루(Deep Blue)에게 패배한 이후, 그는 '인간+AI' 팀이 AI 단독이나 인간 단독보다 강하다는 것을 발견했다. 이를 '센타우로 체스'라고 불렀으며, 여기서 유래했다.

전쟁에서의 센타우로 모델은 명확하다. AI는 방대한 정보를 분석해 최적의 전술안을 제시하지만, 결정권은 인간에게 남아야 한다. 이는 기술적 효율보다 도덕적 책임을 우선하는 인간 중심 전쟁 철학이기도 하다.

여기서, AI의 역할은 데이터 수집과 분석으로 수백만 건의 정보를 실시간 처리한다. 패턴 인식으로 과거 사례 기반 예측을 하고, 대응 가능한 전술안을 나열하여 성공 확률을 계산한다. 실행 단계에서 정밀하고 빠른 작전을 수행한다.

반면 인간의 역할은 데이터의 의미와 맥락을 해석하고, 전례 없는 상황에 대한 직관적 판단을 내린다. 정치적·윤리적 고려를 통해 최종 선택을 하고, 예외 상황 발생 시 개입 및 중단을 결정하는 것이다.

이는 OODA 루프를 인간과 AI가 분담하는 구조로 이해할 수 있다. 관찰(Observe) 단계에서는 AI가 센서 데이터를 수집한다. 상황판단(Orient) 단계에서는 인간과 AI가 협력하여 해석한다. 결심(Decide) 단계에서는 인간이 최종 판단을 내린다. 행동(Act) 단계에서는 AI가 신속 정확하게 실행하되 인간이 감독한다.

핵·대량살상무기 등 비가역적 결정은 인간의 영역

전쟁 개시, 핵 사용, 대량살상무기 운용과 같은 비가역적 결정은 오직 인간만이 내려야 한다. 이 결정은 기술적 계산이 아니라 도덕적 판단과 정치적 책임을 포함하기 때문이다.

핵무기가 특별한 이유는 명확하다. 핵무기 사용은 수십만에서 수백만 명의 생명을 단번에 앗아갈 수 있다. 환경을 수십 년간 오염시키고, 인류 문명의 존속을 위협하며, 돌이킬 수 없는 피해를 일으킨다. 따라서 이러한 결정은 단순히 "군사적으로 효과적인가"의 문제가 아니라 "인류는 이 결정에 대한 책임을 질 수 있는가"의 문제인 것이다.

국제적 합의도 이루어지고 있다. 2023년 REAIM 정상회의에서 한국을 포함한 60개 국가가 참여하여 'AI와 자율성의 책임 있는 군사적 사용에 대한 정치적 선언'에 동참했다. 이 선언에는 '핵무기와 관련한 주권적 결정을 실행하는 데 필수적인 조치에 인간의 통제와 개입을 유지해야 한다'는 원칙이 포함되었다.

기술적으로도 AI에게 맡기면 안 되는 이유가 있다. AI는 정치적 맥락을 이해하지 못한다. 예를 들어 상대국 내부의 정치적 혼란이나 국제 여론을 파악하지 못한다. AI는 위협의 주관적·문화적 의미를 파악하지 못하며, AI는 자신의 결정에 대해 책임을 질 수 없다.

민주통제의 재구성이 필요하다

의회, 언론, 시민사회 등 민주통제 구조는 군사 AI가 통제 불능 상태로 가는 것을 막는 가장 중요한 사회적 장치다. 기술적 자동화가 강화될수록 정치적·윤리적 감시 기능은 더욱 강화되어야 한다.

민주통제의 핵심 요소는 첫째, 의회의 감독이다. AI 무기 도입 시 의회 승인을 의무화한다. AI 무기 사용 후 의회 보고를 의무화하며, 국방 AI 예산에 대한 투명한 공개가 필요하다.

둘째, 독립적 감독기구다. 'AI 윤리 위원회'와 같은 독립 기관을 설치한다. 군 외부 전문가, 즉 AI 연구자, 윤리학자, 법률가로 구성하며, 정기적인 AI 시스템 감사를 실시해야 한다.

셋째, 언론의 조사 보도다. AI 무기 오작동·민간인 피해 사례를 조사한다. 정부의 AI 무기 정책을 비판적으로 검증해야 한다.

넷째, 시민사회의 참여다. NGO, 학계, 종교계 등이 참여하는 공론장을 형성한다. 'Stop Killer Robots(살상로봇반대캠페인)'[46] 같은 시민운동이 필요하다.

---

46 2013년 출범한 국제 시민사회 단체로 인간의 개입 없이 스스로 표적을 선택하고 공격하는 치명적 자율무기체계(LAWS)의 개발 및 사용을 선제적으로 금지하기 위한 캠페인을 진행.

Military AI, 전쟁의 미래를 다시 쓰다

역사적 교훈도 있다. 베트남 전쟁이 종식된 주요 원인 중 하나는 미국 내 시민사회, 언론, 의회의 반전 운동이었다. 기술이 아무리 발전해도, 민주 사회에서는 시민의 목소리가 전쟁을 멈출 수 있다.

AI 시대, 인간의 태도가 문명의 수준을 결정한다

기술은 인간의 선택에 따라 평화를 위한 도구가 될 수도, 전쟁을 가속하는 장치가 될 수도 있다. 따라서 AI 전쟁 시대의 문명 수준은 기계가 아니라 인간의 태도에서 결정된다.

인간이 선택해야 할 태도는 다음과 같다. 먼저 기술에 대해 겸손해야 한다. AI는 강력하지만 완벽하지 않다는 것을 인정해야 한다. 과신은 재앙으로 이어진다. 윤리적 성찰이 필요하다. 할 수 있다고 해서 반드시 해야 한다는 것은 아니다. 기술적 가능성과 도덕적 정당성을 구분해야 한다. 책임을 수용해야 한다. AI가 결정을 도왔더라도, 최종 책임은 인간이 진다는 원칙을 확립해야 한다. 그리고, 대화와 협력이 필요하다. AI 군비 경쟁은 제로섬 게임이 아니다. 모든 국가가 AI 안전성을 확보하는 것이 모두에게 이익이다. 따라서 국제 협력이 필수적이다.

[사례] 미 국방부의 자율무기체계 지침과 책임성 원칙

미 국방부는 2023년 '자율무기체계 지침(Directive on Autonomy in Weapon Systems)'을 개정했다. 이 개정안에서 가장 중요하게 강조한 것은 '인간 책임성(human accountability)' 원칙이다.

이 지침의 핵심 내용은 최종 의사결정권은 반드시 인간에게 있어야 한다는 것이다. 어떤 경우에도 인간이 최종 의사결정권과 책임을 갖는 구조를 포기해서는 안 된다. 인간 지휘관의 검토와 승인이 필수라는 것이다. AI가 제안한 공격 옵션을 인간 지휘관이 반드시 검토·승인해야 한다. 의사결정 과정의 기록과 보존이 의무화된다는 것이다. AI 무기 사용 후 의사결정 과정을 기록·보존하여 사후 책임 추궁이 가능하도록 해야 한다.

이 지침은 사실상 '의미 있는 인간 개입(meaningful human control)' 원칙의 미국판이라 할 수 있다. 유엔을 비롯한 국제사회에서 논의되어 온 윤리 원칙을 미국 군사 교리에 구체적으로 반영한 것이다.

이 원칙은 실전에서 다음과 같은 구조로 작동한다. 먼저, AI 시스템은 전장 데이터를 수집하고 분석한다. 위협을 식별하고 여러 대응 옵션을 생성한다. 각 옵션의 예상 효과와 위험도를 계산하여 제시한다. 그리고, 인간 지휘관은 AI가 제시한 정보와 옵션을 검토한다. 작전 목표, 교전규칙, 부수적 피해 가능성 등을 종합적으로 고려한다. 최종적으로 실행 여부를 결정하고 승인한다.

마지막으로 시스템은 전체 과정을 자동으로 기록한다. 어떤 데이터가 입력되었는지, AI가 어떤 판단을 했는지, 지휘관이 어떤 근거로 결정했는지가 모두 남는다. 이는 사후 검증과 책임 규명의 근거가 된다.

이 지침이 주는 교훈은 기술 발전이 윤리를 앞서가서는 안 된다는 것이다. 책임 소재를 명확히 하는 것이 전쟁의 정당성을 지키는 길이라는 점이다. 동맹국과 국제사회의 신뢰를 얻기 위해서는 투명한 원칙이 필요하다는 것이다. 한국을 비롯한 다른 국가들에게 실질적인 모델을 제시했다는 점이다.

한국 역시 자율무기체계 개발과 운용에 있어 명확한 지침이 필요하다. 미국의 사례는 중요한 참고점이 된다. 기술 개발과 동시에 윤리 지침을 마련하고 법제화하는 작업이 병행되어야 한다. 책임 있는 AI 강국으로 나아가기 위한 필수 과제다.

Military AI, 전쟁의 미래를 다시 쓰다

AI 시대 인간성의 재정의

AI 전쟁 시대는 인간성이 사라지는 시대가 아니라, 오히려 인간의 판단, 책임, 가치, 윤리가 더 중요해지는 시대이다. 기계는 빠르고 정확하지만, 전쟁의 의미를 이해하는 것은 인간이다. 평화를 결정하는 것은 인간의 성찰이며, 전쟁을 멈출 수 있는 것도 인간의 용기다.

전쟁은 정치의 연속이며, 정치는 인간의 영역이다. AI는 전쟁의 수단을 변화시키지만, 전쟁의 목적과 책임은 여전히 인간에게 남아 있다.

이 장에서 강조하는 핵심 메시지는 "무인화는 수단이지 목적이 아니다"라는 것이다. 전투원 보호라는 목적을 달성하되, 전쟁의 문턱을 낮추는 부작용을 경계해야 한다. 자동화는 억제력을 강화하지만 불안정성도 증폭한다. 자동화의 역설(automation paradox)을 이해하고, 인간 개입점을 제도적으로 보장해야 한다.

전쟁의 의미가 변화하고 있다. 물리적 충돌에서 인지·정보의 전쟁으로, 국가에서 비국가 행위자까지, 전쟁과 평화의 경계도 붕괴되고 있다. 평화 개념도 확장되어야 한다. 기술 안전, 알고리즘 투명성, 데이터 윤리까지 포함하는 새로운 평화 체계가 필요하다.

앞서 제시한 센타우로 모델이 적용되어야 한다. AI와 인간이 협력하되, 최종 판단과 책임은 인간에게 있어야 한다. 인간이 선택할 두 가지 길이 있다. 종말의 길은 AI를 무비판적으로 신뢰하고, 책임을 회피하며, 기술 군비경쟁에만 몰두하는 길이다. 이는 자동화된 확전과 우발적 재앙으로 이어질 수 있다. 그러나, 진화의 길은 AI를 인간의 판단을 확장하는 도구로 사용하고, 윤리적 성찰을 깊게 하며, 국제 협력을 통해 공동 안전을 추구하는 길이다. 이는 새로운 평화의 조건을 만들 수 있다.

기술의 속도보다 인간의 성찰이 더 깊어져야 한다는 사실을 강조한다. AI는 전쟁을 바꾸지만, 전쟁의 의미를 완성하는 것은 결국 인간이다. 그리고 그 인간은 기술의 종말이 아니라 새로운 진화를 선택할 수 있는 존재다.

미래는 정해져 있지 않다. 우리가 오늘 내리는 선택이 미래를 만든다. AI 전쟁 시대에 인간이 어떤 존재가 될 것인지는, 결국 우리 자신의 선택에 달려 있다.

Military AI, 전쟁의 미래를 다시 쓰다

기술의 진보보다 더 어려운 것은 '인간의 진화'다. AI가 전장을 재구성하고, 무인체계가 전투의 위험을 흡수하며, 자율적 판단 알고리즘이 의사결정을 보조하는 시대가 되었다. 그러나 그 모든 변화의 중심에는 기술이 아니라 사람이 있다.

국방 AI를 설계하는 것도 인간이고, 이를 배치하고 운영·통제하는 것 역시 인간이다. AI의 오판과 예기치 못한 상황에 대해 책임지는 것도 인간이다.

최첨단 AI 알고리즘과 슈퍼컴퓨터를 보유해도, 이를 전쟁의 맥락에서 창의적으로 활용할 수 있는 인재가 없다면 무용지물이다. 국방 AI의 성공은 무기 개발이나 예산 확보에 앞서, 이를 다룰 수 있는 융합형 인재를 육성하는 생태계 구축에 달려 있다.

AI 생성 이미지

국방 AI를 이끌 인재는?

AI·로봇·국방에 대한 이해를 동시에 갖춘 인재

국방 AI는 알고리즘뿐 아니라 센서, 통신, 로봇, 반도체, 군사작전에 대한 지식이 동시에 요구되는 분야다. 전장 영역별 AI와 전투수행 기능별 AI를 개발하고 운영하기 위해서는 이러한 복합적인 지식이 필요하다.

기술적 역량 측면에서 국방 AI 인재는 인공지능의 개념과 학습 원리(지도학습, 비지도학습, 강화학습)를 이해해야 한다. AI 알고리즘과 구조(심층신경망, 합성곱신경망, 순환신경망, 트랜스포머 등)를 이해하고 설계할 수 있어야 한다. 레이더, 소나, 적외선 및 광학 센서 등으로부터 입력되는 다양한 데이터를 처리하고, 여러 센서의 데이터를 통합하는 센서 융합 기술도 다룰 수 있어야 한다. 전술 데이터링크와 5G·6G 군사 통신망, AI 반도체 기술을 이해하고 이를 활용할 수 있는 능력도 필요하다.

그러나 기술적 역량만으로는 충분하지 않다. 국방 분야에 대한 지식과 경험을 갖추어야 한다. 부대 편제와 지휘체계, 전술 절차, 무기체계 운용 등을 깊이 이해해야 한다. 군의 조직 구조와 지휘관의 의사결정 과정을 파악하고, OODA 루프가 실제 부대 활동에서 어떻게 작동하는지 알아야 한다. 또한 K9 자주포, 천무 다연장로켓, 구축함, KF-21 전투기와 같은 주요 무기체계의 작동 원리 그리고, C4I 체계와의 연동 방식을 이해해야 한다.

전장 아키텍처를 설계할 수 있는 시스템적 사고능력

앞서 C4ISR 기능에서 본 것처럼, 센서-C4ISR-무기체계가 하나의 생태계로 움직이는 시대에는 AI 모델 하나가 아니라 시스템 전체의 구조를 설계

Military AI, 전쟁의 미래를 다시 쓰다

할 수 있는 능력이 중요하다.

시스템적 사고의 핵심은 데이터 흐름의 설계에 있다. 전장에서 생성되는 데이터가 어디로 흘러가고 어느 단계에서 처리·저장·분석되는지, 병목 지점은 어디인지를 파악해야 한다. 예를 들어 드론이 촬영한 영상이 엣지 AI에서 1차 분석되고 전술망으로 전송되어 C4I 체계에 통합되는 과정을 이해할 수 있어야 한다.

지휘체계 통합도 중요하다. AI의 판단이 지휘관에게 어떻게 전달되는지, 센타우로 모델처럼 인간과 AI의 역할을 어떻게 분담할지, 비상 상황 시 인간 개입 지점을 어디에 설정할지를 설계해야 한다. 또한 사이버 영역에서 다룬 것처럼 AI 시스템 자체가 해킹 대상이 되므로 데이터 암호화, 접근 통제, 이상 탐지 시스템을 통합 설계하고, 적대적 공격에 대한 방어 메커니즘을 구축해야 한다.

다영역 작전을 이해하는 전략적 사고

지상, 해상, 공중, 우주, 사이버가 하나로 연결된 다영역 작전 시대에는 각 영역이 어떻게 상호작용하는지를 이해하는 전략적 조망이 필요하다.

예를 들어 적의 대함 미사일 공격 대응 시나리오를 생각해 보자. 우주 영역에서는 조기경보 위성이 미사일 발사 열 신호를 탐지한다. 사이버 영역에서는 적 지휘통신망을 교란하여 미사일 유도 정밀도를 저하시킨다. 공중 영역에서는 AI 기반 전투기가 일부 미사일을 요격한다. 해상 영역에서는 함정의 AI 기반 방어체계가 근접 방어를 담당한다. 지상 영역에서는 해안포가 백업 지원을 제공한다. 이처럼 각 영역의 AI 시스템은 독립적으로 작동하는 것이 아니라 실시간으로 데이터를 공유하고 조율되어야 한다.

AI 윤리, 국제 규범, 법적 책임을 숙지한 '책임 있는 기술자'

AI 무기체계와 지휘결심 지원체계는 오판 시 돌이킬 수 없는 결과를 만들어 낼 수 있다. 따라서 국방 AI 인재에게 국제인도법, AI 윤리, 책임성, 투명성, 설명 가능성에 대한 전문적 이해는 필수 요소다.

국제인도법의 핵심 원칙인 구별 원칙, 비례 원칙, 예방 원칙을 AI 알고리즘으로 어떻게 구현할 것인지 고민해야 한다. 국방 AI 관계자는 인공지능 기본법은 물론이고, EU의 「AI Act」, UNESCO의 「AI 윤리 권고」, OECD의 「AI 원칙」을 이해해야 한다. REAIM 정상회의의 합의 사항과 의미 있는 인간 개입(meaningful human control) 원칙의 구체적 구현 방법을 숙지해야 한다. 또한 AI 오판 시 누가 책임지는지에 대한 법적 책임 구조도 파악해야 한다. 훈련 데이터가 특정 인종, 민족, 성별에 편향되지 않도록 공정성 지표를 설계하고 측정해야 한다.

다학제적 의사소통 능력

국방 AI 인재에게 군사, 전략, AI, 반도체, 정책 등 서로 다른 언어를 사용하는 영역을 연결할 수 있는 커뮤니케이션 역량이 필수적이다. 국방 AI 인재는 '기술과 전략의 번역자' 역할을 수행해야 한다.

AI 기술자가 군 관계자에게 브리핑할 때 "저희 CNN 모델의 평균정밀도(mean average precision)가 0.85에 도달했습니다"라고 말하는 대신, "저희 AI가 적 전차를 85% 정확도로 식별할 수 있어 아군의 초탄명중률을 30% 향상시킬 것으로 예상됩니다"라고 설명해야 한다. 반대로 군 관계자가 AI 기술자에게 "AI로 적을 잘 찾아 줘"라고 막연하게 요구하는 대신, "야간, 우천, 연막 상황에서 1km 거리의 적 장갑차를 90% 이상 확률로 탐지하되 민간

      Military AI, 전쟁의 미래를 다시 쓰다

차량 오인율은 5% 이하여야 한다"라고 구체적인 요구사항을 제시할 수 있어야 한다.

[사례] 이스라엘 탈피오트 프로그램과 미군 FAO 체계

이스라엘의 탈피오트 프로그램

이스라엘은 국방 기술 부담이 크고 병역 자원이 한정되어 있어 최정예 융합형 인재 양성이 국가 전략의 핵심이 되었다. 1979년 시작된 탈피오트 프로그램은 연간 약 5,000명의 지원자 중에서 상위 50명만 선발하여 9년간 집중 교육하고 훈련시킨다. 1~3년 차에는 히브리대학교에서 수학·물리·컴퓨터 공학 등의 학사 과정을 압축하여 이수한다. 4~6년 차에는 군부대에 배치되어 임무를 수행하며, 실전에서 필요한 R&D 소요를 도출하거나 프로젝트를 수행한다. 7~9년 차에는 리더의 역할과 후배들에 대한 멘토링을 담당한다. 그동안 탈피오트 출신들은 아이언돔(Iron Dome) 미사일 방어체계, 트로피(Trophy) 능동방호체계 등 이스라엘 핵심 무기체계 개발을 주도했다. 이들은 전역 후에도 국내 하이테크 기업의 CEO(최고경영자)나 CTO(최고기술책임자)가 되어 이스라엘의 '스타트업 국가 생태계 형성'에 기여하고 있다.

미군의 FAO 체계

미군은 FAO(Foreign Area Officer, 지역전문가) 체계를 통해 공학, 전략, 지역 등의 전문성을 결합한 복합형 장교를 양성한다. 통상 중·소령급 장교 중에서 선발하여 민간 대학원에서 국제관계, 지역학, 안보학 등의 석사 학위를 취득하게 한다. 국방어학원 등을 활용하여 파견 지역의 언어를 집중 교육하고, 이후 현지 미군 부대나 대사관 등에 파견하여 근무한다.

이들은 파견 지역 국가와의 군사 협력 조율, 지역 안보 상황 분석, 무기 수출, 기술 협력·협상 등을 담당한다. 다영역 작전에서 국제 협력 부분을 실질적으로 수행한다.

군·산·학·연의 교육 생태계 구축

생애 주기를 고려한 AI 교육 트랙

우리나라는 우수한 교육 인프라를 가지고 있지만 각 기관의 교육이 분절적이라는 문제가 있다. 따라서 양성기관에서부터 군사교육기관, 민간 대학·대학원, 연구기관으로 이어지는 통합형 국방 AI 교육 트랙 구축이 필요하다.

장교 양성기관 중에서 사관학교를 예로 들면 다음과 같다. 사관학교 과정에서는 AI 기초 소양을 확립하고 군사 기초 교육과 융합한다. 1학년은 프로그래밍과 확률·통계 등 기초적인 수준의 학문을 배운다. 2학년은 데이터 구조, 알고리즘, 군사작전의 기초를 배운다. 3학년은 머신러닝 입문, 컴퓨터 비전과 같은 핵심적인 AI 기술과 심화된 전략·전술을 익힌다. 4학년은 실제 군 문제를 해결하는 캡스톤 프로젝트와 AI 윤리, 국제법 등을 다룬다.

군의 보수교육 기관에서는 계급과 직책, 병과 등을 고려한 심화 교육을 실시한다. 실제 업무와 전투 현장에서 어떤 AI 관련 기술들이 필요한지 기초부터 활용까지를 다룬다. 이를 통해 업무 분야에 AI를 직접 활용할 수 있는 역량을 갖춘다. 나아가, 국방 정책과 제도 발전을 위한 아이디어를

Military AI, 전쟁의 미래를 다시 쓰다

제시하고, 전투발전 분야(교리, 조직, 훈련, 무기체계, 리더십, 인사, 시설)에 적용할 수 있는 역량을 갖춘다.

고급 군사교육 기관인 국방대학교(학위과정, 합동참모과정, 안보과정 등)에서는 전략적 사고와 AI 전문성을 결합한다. 국방 AI 정책론, 다영역 작전과 AI, AI 윤리와 국제 규범, 전장 아키텍처 설계 등을 교육하고, 민간 AI 전문가 초빙 강의와 NATO, 미군 교육기관과의 교류 프로그램을 운영한다.

민간 대학원의 석·박사 과정을 통해 최첨단 AI 기술을 연구하고 국방에 적용할 수 있는 인재를 양성한다. 우수 인재를 선발하여 국내 AI 특성화 대학원에 보내 국방 AI를 연구하고 학위를 취득한다. 이때는 강화학습 기반 무인기 편대 제어 기술, 적대적 공격에 대비할 수 있는 군사 AI 개발, 설명 가능한 AI를 활용한 지휘결심 지원체계 연구 등 군의 다양한 요구를 학위과정과 연계하여 연구할 수 있는 체계를 마련한다.

국방 전문 연구기관인 ADD나 국방기술진흥연구소에는 과학기술전문사관과 같은 전문형 장교를 파견한다. 이들은 현직 연구자들과 함께 AI 기술을 실제 무기체계로 구현하는 임무를 수행한다. 또한, 군-연구기관-기업 간 협력 체계의 기술 허브 역할을 수행하며, 국제 공동 연구에도 참여하게 한다.

ADD, 방산기업, AI 중심대학의 공동 교육과 겸임교수 제도

국방 연구기관, AI 중심대학, 방산기업이 함께 실전형 강의를 개설하고 겸임교수와 공동연구를 통해 교육-현장-작전 간 연결을 강화해야 한다.

ADD 연구원이 주 1회 대학에서 '국방 AI 시스템 설계' 같은 실무 중심 과목을 강의하고, 학생들에게 실제 국방 문제를 제시하여 학기말 솔루션을 받는다. 한화, LIG넥스원, 현대로템 등의 국방 AI 엔지니어에게 민간 기술의 군사화 과정을 교육하고, 산학 협력 프로젝트를 공동 지도한다. 국내 AI 특성화 대학원의 교수는 국방 R&D 프로젝트에 자문하고, 최신 학술 연구를 국방 기술로 이전하며 공동 특허를 출원한다.

'국방 AI 부트캠프(boot camp)'[47]를 만들어 대학(원)생, 장교, ADD 연구원, 방산 엔지니어 등이 참여하는 집중 과정을 운영한다. 예를 들어, 1주 차에는 대학 교수가 AI 기초 이론을 강의한다. 2주 차에는 ADD 연구원이 국방 문제를 정의한다. 3주 차에는 팀 프로젝트를 수행하고 방산 엔지니어가 멘토링한다. 4주 차에는 군 실무자가 참여하여 시연과 평가를 진행한다.

캠퍼스 기반 AI 프로젝트와 군 실험부대의 연동

민간 대학의 대학(원)생이 수행하는 AI·로봇·드론 프로젝트를 군 실험부대에서 실제로 시험하고 검증하는 모델은 국방 AI 생태계를 활성화하는 가장 효과적인 구조다.

문제 정의 단계에서 군 실험부대가 실제 운용 중에 겪는 문제를 대학에 제시한다. 예를 들어 "야간 정찰 드론의 영상 인식률이 낮아 적 발견이 어렵다"는 문제를 제시하면, 대학 연구팀이 야간 영상 인식 알고리즘을 개발하고 합성 데이터와 시뮬레이션 환경에서 1차 검증을 거친다. 이후, 개발한 알고리즘을 실제 드론에 탑재하여 군 실험부대의 훈련장에서 실전 조건으로 테스트하고, 군 운용자의 피드백을 수집한다. 피드백을 바탕으로 알고리즘을 개선하고, 성능이 검증되면 정식 무기체계에 통합하며, 연구팀은 논문을 발표하고 특허를 출원한다.

---

47 단기간에 집중적으로 특정 기술을 습득하여 실무에 즉시 투입될 수 있도록 설계된 교육·훈련 과정.

      Military AI, 전쟁의 미래를 다시 쓰다

인턴십, 공동 연구, 현장 파견의 상시화

국방기술진흥연구소, 반도체설계교육센터(IDEC), 방산기업 등은 학생과 장병을 대상으로 AI·반도체·로봇 분야의 인턴십과 공동 연구를 상시 제공한다.

예를 들어, 대학생은 인턴십 과정을 진행하면서 ADD, 민간기업 등에서 실제 R&D 프로젝트에 참여하고, 멘토 배정과 최종 발표를 거칠 수 있도록 한다. AI 관련 전문특기를 가진 장교는 민간 AI 기업이나 연구소에 6개월~1년간 파견하여 최신 AI 기술을 습득하고 네트워크를 형성한다. 복귀 후에는 군 내 AI 프로젝트 리더 역할을 수행하게 한다. AI, 반도체, 로봇, 드론 관련 분야를 전공한 병사 중에서 우수자를 선발하여 ADD나 방산기업에 파견한다. 전역 후에는 해당 분야의 취업과 창업을 연계하여 연구의 연속성을 유지하게 한다. 이는 현재 육군에서 운영 중인 '과학기술병 제도'를 발전시키면 가능하다.

AI 중심대학, AI 특성화대학과의 장기 파트너십

국가가 투자 중인 AI 중심대학[48]과의 협력은 국방 AI 장기 인재 파이프라인 구축의 핵심이다. AI 중심대학 내에 '국방 AI 전공'이나 '국방 AI 융합전공'을 개설한다. 국방부가 전공 학생들에게 장학금을 지원하며, 졸업 후에는 ADD나 방산기업에서 3년 이상 의무 근무하도록 한다.

AI 중심대학이나 과학기술대학에 '국방 AI 특화연구센터'를 설립하여 국방부와 과기정통부가 공동 투자한다. 여기에 대학 교수, 군 관계자, ADD

---

48 정부가 AI 시대를 맞아 대학의 교육 체계를 AI 중심으로 전면 개편하고, 산업 현장에서 즉시 활용할 수 있는 융합형 인재를 양성할 수 있도록 지원하는 정책 사업.

연구원, 방산 엔지니어 등이 상주하며, AI-반도체-로봇 등의 융합 연구를 수행한다. 군이 보유한 비민감 훈련 데이터를 연구자에게 개방하여 훈련 영상, 각종 무기 및 장비의 데이터, 전술 시뮬레이션 결과 등을 연구에 활용할 수 있도록 한다.

NATO는 기술 주도형 안보 경쟁이 심화되는 환경에 직면했다. 기존의 폐쇄적 군사 연구개발 체계만으로는 혁신 속도를 따라가기 어렵다는 판단을 내렸다. 이에 따라 개방형 혁신 플랫폼인 DIANA(Defence Innovation Accelerator for the North Atlantic)를 출범시켰다.

DIANA의 핵심 목표는 명확하다. 민간에서 빠르게 발전하는 이중용도 기술을 국방 영역에 조기에 연결하는 것이다. 대상 기술 분야는 여섯 가지로 인공지능, 양자기술, 자율시스템, 바이오기술, 에너지, 우주·통신이다. 이들은 모두 민간 영역에서 급속히 발전하고 있는 분야이다.

DIANA 운영의 중심에는 'Challenge Program(도전 프로그램)'이 있다. 이 프로그램은 체계적인 단계로 진행된다. 먼저 NATO는 매년 동맹이 직면한 안보·회복력 관련 문제를 선정한다. 이를 구체적인 기술 과제로 정의하여 공개한다. 스타트업과 혁신 기업들은 이 과제에 대한 해결책을 제안한다. NATO는 제안서를 평가하여 우수 기업을 선발한다.

선정된 기업은 1단계 가속 프로그램에 참여한다. 기간은 약 6개월이다. 이 과정에서 세 가지 핵심 지원을 받는다. 이는 초기 사업화 자금, 방위·안보 특화 멘토링, 실제 작전 환경을 모사한 테스트베드 실증 기회이다.

1단계에서 성과가 검증된 기업은 2단계로 진입한다. 2단계 확장 프로그램

Military AI, 전쟁의 미래를 다시 쓰다

에서는 더 큰 지원을 받으며, 추가 자금이 지원된다. 이는 NATO 회원국의 군, 공공기관, 투자자 네트워크와 연계된다. 실제 조달과 확산으로 이어지는 경로가 열리는 것이다.

DIANA의 차별성은 단순한 자금 지원을 넘어선다는 점이다. 여기서 실증, 조달, 확산까지 이어지는 체계적 경로를 제공한다. 민간 혁신이 안보 역량으로 전환되는 과정을 제도화한 것이다.

기존의 많은 국방 혁신 프로그램들은 초기 자금만 지원하고 끝난다. 기업들은 기술을 개발해도 실제 조달로 이어지지 않아 어려움을 겪는다. DIANA는 이 '죽음의 계곡'을 넘어서는 구조를 만들었다.

이 사례는 중요한 교훈을 보여 준다. 미래 국방력의 핵심은 특정 무기체계가 아니라 혁신을 지속적으로 흡수, 확장할 수 있는 생태계 구축에 있다. 최첨단 무기를 한두 개 보유하는 것만으로는 부족하다. 계속해서 새로운 기술을 받아들이고 빠르게 전력화할 수 있는 시스템이 필요하다. 민간의 혁신 속도를 군이 따라갈 수 있는 체계를 만들어야 한다.

장병 대상 실전형 AI 교육 프로그램

군 복무 기간을 'AI 인재 양성기'로 전환

대한민국 청년들에게 군 복무 기간은 국가 AI 인재를 육성할 수 있는 최적기이다. 매년 수십만 명의 병사가 입대한다. 이들에게 군 복무 기간 동안 체계적인 AI 교육을 제공한다면 연간 수십만 명의 AI 역량을 갖춘 인재를 사회에 배출할 수 있다. 이는 군 복무를 경력 단절이 아니라 기술 역량을 강화하는 성장 기회로 전환하는 전략적 발상이다.

장병들에 대한 AI 교육은 크게 3가지 형태로 진행할 수 있다. 먼저 모든 장병을 대상으로 기초 과정을 단기간 진행한다. AI에 대한 개념과 원리, 핵심 기술, AI 프로그램 활용 능력을 교육한다. 또한 국방 AI가 무엇이고 전장에서 어떻게 활용되는지 등에 대한 기본 원리를 이해하도록 한다. 목표는 전 장병이 AI 리터러시를 갖추는 것이다. 이는 AI 시대 전쟁에서 모든 장병이 기본적인 AI 이해를 바탕으로 작전을 수행할 수 있도록 하는 토대가 된다.

군 장병 AI 리터러시 교육(안)

우수 장병 중에서 희망자를 선발하여 AI 심화 과정을 진행한다. 현재 군에서 진행 중인 '국가기술자격시험 지원 제도' 개념을 적용하여 운영하면 된다. 선발된 이들에게 일정 기간 파이썬 프로그래밍, 데이터 분석, 머신러닝 기초, 군사적용 사례 등을 체계적으로 교육한다. 이들은 AI나 자율무기체계가 도입된 부대에서 관련 업무를 수행하며 실전 경험을 쌓는다. 이 과정을 통해 육성된 인재들은 전역 후에도 민간 AI 산업 현장에서 즉시 활용될 수 있는 역량을 갖추게 되며, '국가 AI 인재 50만 명 육성'이라는 전략적 목표 달성에 크게 기여할 수 있을 것이다.

심화 과정 우수 수료자, 장기 복무 희망자, 방산 등 국방 분야 진출 희망자 중에서 정예 요원을 선발하여 전문과정을 운영한다. 이들은 민간 대학이나 국방대학교 등에서 AI 관련 심층 기술을 학습한다. 이때 실제 업무와 군사 분야에 적용할 수 있는 프로젝트 기반의 학습을 수행하여 이론과 실무를 동시에 체득하도록 한다. 교육 이후에는 국방 AI 전문 연구기관이나 ADD 등에 파견하여 1:1 멘토링을 받게 함으로써 최고 수준의 전문성을 확보하도록 지원한다. 이들은 국방 AI뿐만 아니라 국가 AI 산업 생태계를 발전시키는 핵심 인재로 성장하게 될 것이다.

이러한 3단계 교육 체계는 군 복무를 국가 차원의 전략적 인재 양성 플랫폼으로 재정의하는 혁신적 접근이 될 것이다. 개인에게는 성장의 기회를, 국가에게는 AI 경쟁력 확보의 기반을 제공하는 선순환 구조를 만들어낼 수 있다.

부대 단위 실전 프로젝트 운영

AI 시대 국방 인재 양성은 교육과 훈련만으로 완성되지 않는다. 실제 전장에서 발생하는 문제를 부대 단위에서 직접 정의하고 해결하는 경험이 축적될 때, AI는 교과서 속 기술이 아니라 살아 있는 전투력이 된다. 각급 부대에서 수행 가능한 실전형 AI 프로젝트를 제도적으로 확대·정착시킬 필요가 있다.

부대 단위 실전 프로젝트는 거창한 연구개발 사업이 아니라 전술 데이터 분석, 드론 자율비행 성능 튜닝, 모의전 AI 개발, 전장 영상 인식 모델 테스트 등 현장 문제를 직접 개선하는 소규모 과제로 구성된다. 비교적 짧은 기간 안에 수행 가능하면서도 실제 작전 효율을 눈에 띄게 향상시킬 수 있다. 중요한 것은 완벽한 기술이 아니라 현장에서 쓸 수 있는 개선이다.

GOP 부대의 '적 침투로 예측 AI' 프로젝트가 대표적인 사례가 될 수 있다. 과거 10년간의 적 침투 시도 기록, 지형 정보, 기상 데이터를 통합해 AI 기반으로 고위험 침투 구역을 예측한다. 이공계 전공 장병들과 민간 대학 또는 전문 연구기관의 멘토가 일정 기간 프로젝트를 수행하여 침투 예측 정확도를 높이고 경계 인력을 감축할 수 있는 방안을 제시한다. AI가 경계 병을 대체하는 것이 아니라 지휘관의 판단을 보조해 병력 운용의 질을 높이는 것이다.

정보통신부대의 '야간 감시 영상 노이즈 제거' 프로젝트는 딥러닝 기반 알고리즘을 적용해 야간·악천후 환경에서 발생하는 감시 영상 품질 저하 문제를 개선한다. 식별 가능 거리를 증가시키며, 감시 사각지대 감소와 조기 경보 능력 향상으로 이어진다. 복잡한 신형 장비 도입 없이 기존 시스템의 성능을 AI로 증강한 사례가 되는 것이다.

이러한 프로젝트의 핵심 가치는 다음과 같다. 장병이 AI를 외부에서 내려오는 기술이 아니라 직접 다루고 개선하는 도구로 인식하게 한다. 소규모 팀 기반의 문제 해결 경험을 통해 협업 능력과 시스템적 사고를 자연스럽게 강화한다. 프로젝트 결과가 곧바로 작전 효율 개선으로 이어지면서 AI 활용의 실질적 효용을 조직 전체가 체감하게 된다.

제도적으로는 이러한 프로젝트를 정규 업무의 연장선으로 인정하고, 일정 수준 이상의 성과를 낸 과제는 공식 기록으로 남겨야 한다. 우수 프로젝트에는 부대 표창, 상급 부대 확산 적용, 경진대회 출전 기회 부여 등으로 연결해 실전 프로젝트가 개인의 학습을 넘어 조직의 자산으로 축적되도록 해야 한다.

부대 단위 실전 프로젝트 운영은 군을 AI를 사용하는 조직에서 AI를 학습하고 진화시키는 조직으로 전환시키는 핵심 장치다. 전장을 실험실로 삼아 끊임없이 문제를 정의하고 개선하는 문화가 자리 잡을 때, AI는 미래 전쟁에서 진정한 전투력으로 기능하게 될 것이다.

사이버, 드론, 로봇 결합 경진대회

AI 시대의 전쟁은 교범과 강의실에서만 준비될 수 없다. 실제 전장에서 요구되는 능력은 제한된 시간과 조건 속에서 문제를 해결하는 실전 감각이다. 이를 효과적으로 기를 수 있는 수단이 부대 간 합동 경진대회다.

가칭 '국방 AI 챌린지'와 같은 경진대회를 제안한다. 매년 정기적으로 진행하되 사이버, 드론, 로봇, AI 알고리즘을 결합한 다양한 종목으로 구성한다. 드론 자율비행 경주로 센서 융합과 경로 최적화 능력을 겨루고, 사이버 공격·방어 대결로 네트워크 대응 속도와 전략을 평가한다. 로봇 전투, 영상 인식 경쟁, AI 기반 워게임 등 실전성을 강조한 과제도 포함한다.

참가자들은 제한된 자원과 시간 속에서 시스템을 설계하고 오류를 수정하며, 팀 단위로 협업해 최적의 해법을 찾는다. 이 과정에서 문제 해결 중심의 사고, 실험과 실패를 허용하는 문화, 부대 간 기술 교류가 활성화된다.

참가 대상은 군 내부에 한정하지 않는다. 현역 장병과 부대는 물론 군 관련 연구기관, 대학, 민간 기업, 동아리도 참여할 수 있도록 설계하여 군·산·학·연이 한 공간에서 경쟁하고 협력하는 장을 만든다.

우수 성과를 거둔 개인이나 팀에게는 포상금과 국방부 장관 표창을 수여한다. 군인에게는 가산점 부여, 전문요원 선발 시 우대 등의 인사 혜택을 제공한다. 전역 예정자에게는 방산·AI 기업 채용 우대를 연계해 경진대회 경험이 명확한 커리어 자산으로 이어지도록 한다.

이러한 경진대회가 정착되면 AI와 신기술이 경쟁과 놀이의 형태로 확산되는 학습 문화가 형성된다. 이는 장기적으로 군이 AI를 '도입해야 할 기술'이 아니라 '함께 다루고 발전시켜야 할 도구'로 인식하게 만든다.

메타버스 기반 전장 시뮬레이터와 M-MOOC

메타버스 기반의 전장 시뮬레이터는 시간과 공간의 제약 없이 무한 반복 훈련을 가능하게 한다. 실제 전장 데이터를 기반으로 개인별 전투 수행 능력을 객관적으로 평가한다. 한반도 주요 지형을 1:1 스케일로 3D 모델링하고, 북한군 전술을 학습한 AI가 대항군 역할을 수행함으로써 실전과 유사한 훈련 환경을 구현한다.

수많은 부대와 장병이 프로그램에 동시 접속하여 제병협동 및 합동 훈련을 진행할 수 있다. 소대 단위 공격, 포병 사격, 드론 조종, 지휘관 의사결정 등 다양한 시나리오가 제공된다. AI가 각 장병의 반응 속도, 정확도, 전술적 판단을 실시간으로 분석하고 자동으로 평가한다. 이를 통해 훈련의 효율성을 극대화하고 개인별 맞춤형 피드백을 제공할 수 있다.

국방부가 운영하는 온라인 플랫폼 M-MOOC(Massive Open Online Course)에 '국방 AI 온라인 대학'을 개설하는 방안도 있다. 여기에는 현역 장병뿐 아니라 예비군, 군무원, 군 가족 등 국방 가족 누구나 무료로 접근할 수 있도록 한다. AI 기초 이론, 국방 AI 적용 사례, AI 윤리, 국제법 등의 체계적인

    Military AI, 전쟁의 미래를 다시 쓰다

강좌를 개설하고, 소정의 과목을 수료하면 국방 AI 과목 이수로 공식 인정한다. 나아가 교육부가 주관하는 '학점은행제'와도 연계하여 민간 학습과의 연속성을 확보한다. 군 복무 기간 중 습득한 지식이 전역 후에도 학점과 경력으로 인정받을 수 있도록 제도적 기반을 마련한다.

부대 단위 AI 전문 강사 운영

부대 단위(사·여단, 함대사, 비행단 단위) AI 전문 강사를 양성하여 각급 부대가 스스로 AI 교육을 수행할 수 있는 독립적 교육 생태계를 구축한다. 이는 중앙 집중식 교육의 한계를 극복하고, 부대별 특성과 임무에 맞춘 맞춤형 AI 교육을 가능하게 한다.

각 부대에서 AI 관련 전문성이나 자격을 갖춘 소수의 간부(장교, 부사관, 군무원 중 우수자)를 선발한다. 이들을 교육부에서 지정한 권역별 AI 중심대학에 파견하고, 일정 기간 AI 심화교육과 교수법 훈련을 받도록 한다. 이 기간 동안 AI 관련 최신 지식과 기술을 체계적으로 습득하고, 부대원들을 대상으로 효과적으로 교육할 수 있는 강의 자료, 실습 프로그램, 평가 도구 등을 직접 개발한다. 단순한 기술 전달자가 아니라 부대별 특성에 맞는 AI 전문가로 양성하는 것이 핵심이다.

AI 전문 강사는 연간 부대 일정을 고려하여 부대 단위 'AI 교육 과정'을 편성하고, 부대원을 대상으로 반기 단위 주기적인 AI 교육을 실시한다. 자체 AI 경진대회를 개최해 학습 동기를 높이고 부대 내 AI 학습 분위기를 조성한다. 이를 통해 AI가 일부 전문가의 영역이 아니라 전 부대원의 공통 역량으로 자리 잡도록 한다.

AI 전문 강사의 지속적인 수준 향상을 위해 매년 보수교육(AI 중심대학, 과학기술대학 등)을 통해 최신 AI 기술 동향과 교수법을 습득하도록 한다. 다른 부대의 전문 강사들과 온·오프라인 커뮤니티를 형성하여 교육 경험과 우수 사례를 공유하고, 공동으로 교육 자료를 개발하며, 상호 역량을 향상시킨다.

이들이 상급 부대로 진출할 때는 AI 관련 정책과 제도 입안, 기술 개발, 전투발전 분야에서 중추적인 역할을 수행할 수 있는 핵심 인재로 성장하게 될 것이다. 결국 부대 단위 AI 전문 강사 제도는 국방 AI 역량을 전군으로 확산시키는 가장 효과적인 메커니즘이 될 것이다.

인재 순환과 커리어 패스

군·산·민이 자연스럽게 이동하는 경력 구조

국방 AI 인재는 군에서 실전 경험을 쌓고 국방 관련 연구기관에서 전문성을 높인 뒤 다시 사회나 민간 기업에서 활용될 수 있다. 이러한 순환형 경력 구조는 한 개인의 역량을 장기간 활용할 수 있게 해 준다.

예를 들어, AI 전문 장교가 야전부대에서 복무하고, ADD나 전문 연구기관에서 근무한 뒤 전역 후에는 방산 기업에 입사하여 국방 AI 프로젝트 리더가 되는 경로이다.

또는, 정부에서 추진 예정인 AI 전문가 패스트트랙으로 박사 학위를 취득한 후 국방부나 군 연구기관에서 AI 전문인력으로 일정 기간 근무하고, 전역 후에는 스타트업을 창업하거나 대학 교수가 되는 경로이다.

다른 하나는, 일반적인 장교 양성 과정을 통해 임관한 인원 중에서 우수

    Military AI, 전쟁의 미래를 다시 쓰다

자를 선발하여 국비로 국내·외 대학원에서 AI 관련 석·박사 학위를 취득한다. 이들은 국방 AI 관련 정책 부서나 연구기관, 운영부대에 배치하여 AI 관련 소요를 도출하거나 무기체계를 실제 운영하도록 한다. 이후에는 국방대학교나 사관학교, 각 군 대학 등 군 교육기관의 교수(관) 요원으로 보직하여 운영하는 경로이다.

이렇게 군과 민간에서 경력과 실력을 쌓은 인재가 전역 후에 다시 군에 입대한다면 다양한 인센티브를 부여하는 방안도 강구할 수 있다. 군 복무 기간과 전역 시의 계급, 민간에서의 경력 등을 인정하여 재임용 시 계급과 호봉을 결정하고, 연금에도 반영해 주는 것이다. 민간 기업에서의 AI 프로젝트 경험을 군 진급 심사 시 반영하고 논문, 특허, 자격증, 제품개발 실적 등을 점수화하여 반영할 수 있다.

AI 전문예비군: 민간 기술력을 국방으로 연결

AI 시대의 전쟁은 병력 규모가 아니라 데이터 분석, 알고리즘 설계, 사이버 대응 속도로 승패가 갈린다. 이제 국가의 핵심 전략 자산은 현역 군인뿐 아니라 민간에 분산된 고급 기술 인재들이다. 이들을 전시에 연결할 제도적 장치 없이는 국가가 보유한 잠재 전투력을 활용할 수 없다.

이를 위한 대안으로 'AI 전문예비군' 모델을 제시한다. AI, 데이터, 사이버 보안, 소프트웨어 분야 민간 전문가와 전역 장병을 AI 전문예비군으로 편성하여 위기 시에 즉각 국방 임무에 투입하는 제도다. 전통적인 예비군이 부대의 병력 보충을 목표로 했다면, AI 전문예비군은 전투력의 질적 보강을 담당하는 새로운 개념이다.

구체적으로는 전역한 AI·사이버·데이터 전문가 중에서 연간 수천 명 정도를 선발하여 AI 전문예비군으로 편성한다. 이들은 현역 복무 경험과 무관하게 기술 역량과 보안 적합성 심사를 거쳐 편성하며, 예비군훈련 간 국방 AI에 대해 집중 교육한다. 교육 내용은 최신 국방 AI 기술, 군사 데이터 환경, 보안 규정, 작전 절차 등 실전 투입을 전제로 한 문제해결 등으로 구성한다.

전시 또는 준전시 상황에서 AI 전문예비군은 전투부대를 대체하기보다 전투를 가능하게 하는 핵심 기능을 수행한다. 대규모 사이버 공격 시 군 사이버 작전 부대를 긴급 증원해 방어·복구를 지원한다. AI 기반 지휘결심 시스템이나 감시·정찰 체계에 오류 발생 시 알고리즘을 신속히 분석·디버깅해 작전 중단을 최소화한다. 적의 AI 시스템과 무인체계를 역공학하여 취약점을 도출하고 대응 알고리즘을 개발하는 임무도 수행한다.

이 제도를 통해 얻을 수 있는 전략적 이점은 크게 세 가지로 예상된다. 첫째, 민간 기술 발전 속도를 국방이 따라가지 못하는 구조적 한계를 완화한다. AI 기술은 민간에서 훨씬 빠르게 진화하며, 현역 조직만으로는 흡수가 어렵다. AI 전문예비군은 민간 전문가들이 군사적 연결고리를 유지하도록 해 국방과 민간 기술 생태계를 유기적으로 결합한다.

둘째, AI 시대 총력전 개념에 부합하는 인재 동원 방식이다. 현대전에서는 금융망, 에너지 인프라, 통신 시스템, 여론 공간까지 모든 영역이 전장이다. 국가 전체의 기술 역량을 유기적으로 동원하는 체계는 그 자체로 억제력이 되며, 적에게 "군이 아닌 국가 전체의 기술 생태계와 싸워야 한다"는 신호를 보내게 된다.

셋째, 국방과 사회를 연결하는 새로운 신뢰 메커니즘이다. 민간의 기술 인재가 국방 문제에 참여함으로써 안보를 군만의 영역이 아닌 사회 공동

Military AI, 전쟁의 미래를 다시 쓰다

의 과제로 인식하게 한다. 이는 장기적으로 국방 AI 정책의 사회적 수용성과 정당성을 높이는 기반이 된다.

물론 보안 관리, 법적 지위, 책임 범위, 보상 체계 등 정교한 제도 설계가 필수다. 그러나 AI 시대의 전쟁에서는 기술을 다루는 사람이 곧 전투력이다. AI 전문예비군은 총과 전차가 아닌 코드와 알고리즘으로 싸우는 미래 전장을 대비하는 현실적이면서도 전략적인 선택이 될 수 있다.

국방 R&D를 경력으로 인정하는 제도 설계

AI 시대 국방 R&D는 민간의 고급 연구개발과 동일한 기술 역량과 책임을 요구한다. 그러나 현행 제도에서는 군 복무 중에 수행한 AI, 소프트웨어, 데이터 연구 성과가 산업계와 학계에서 경력으로 충분히 인정받지 못하고 있다. 이는 국방 AI 인재 확보와 활용에 구조적 손실을 초래한다.

이를 개선하려면 군 복무 중에 수행한 국방 R&D 활동을 공식 경력으로 인정하는 제도가 필요하다. AI 프로젝트 수행, 전술 알고리즘 개발, 특허·논문 작성, 시스템 설계 및 코드 개발 등의 성과를 체계적으로 정리해 '국방 경력 증명서'로 발급해야 한다. 이를 통해 개인의 역할과 기술 기여도를 객관적으로 증명할 수 있다.

정부는 주요 AI 기업 및 연구기관과 협약을 체결해 국방 AI 프로젝트 경험자 채용 시 서류 전형 우대 등 실질적 인센티브를 제공해야 한다. 이는 민간 기업이 국방 R&D 경력을 부담이 아닌 즉시 활용 가능한 전문 역량으로 인식하게 만드는 유인책이다.

나아가 국방 R&D 경험을 민간 창업으로 전환하는 경로도 지원해야 한다. 보안 요소를 제거한 국방 기술의 민간 이전, 전역 장병 대상의 기술창업 지원, 국방 기술 특화 액셀러레이터 연계 등을 통해 국방 R&D 성과가 국가 전체의 기술 경쟁력으로 확산되도록 해야 한다.

이 제도의 핵심은 군 복무를 '경력 공백기'가 아닌 '고급 기술을 습득하는 도전기'로 재정의하는 것이다. 이는 단순한 복지나 병역 보완책이 아니라 AI 시대 국방 경쟁력을 유지하기 위한 장기적 인재 전략이며, 국방과 산업, 학계를 하나의 기술 생태계로 연결하는 핵심 기반이다.

민간 기업과 연구기관 파견 및 복귀 제도

AI 시대 전쟁에서 가장 중요한 자산은 빠르게 진화하는 기술을 이해하고 군사적 맥락에 통합할 수 있는 인재다. 그러나 군은 구조적으로 기술 변화의 최전선에 서기 어렵다. 최신 AI 모델, 대규모 데이터 인프라, 실제 서비스 운용 경험은 대부분 민간에서 먼저 축적된다. 이 간극을 해소하지 못하면 군은 첨단 기술을 보유하고도 제대로 활용하지 못한다.

이를 극복하는 핵심이 민간 파견 및 복귀를 전제로 한 순환보직 제도다. 군 인력이 일정 기간 민간 AI 생태계에서 실전 경험을 쌓고 복귀해서 성과를 조직 전체로 환류시키는 구조다. 이는 국방과 민간을 하나의 연속된 기술 생태계로 연결하는 전략적 인사 운용 방식이다.

구체적으로는 군 복무 기간 중에 AI 전문인력을 AI 관련 기업이나 연구기관에 파견한다. 파견 기간 동안 이들은 참관자가 아니라 실제 AI 프로젝트에 참여하는 실무 인력으로 활동한다. 대규모 데이터 처리, 모델 학습과 배포, 시스템 안정성 확보 등 군 내부에서 제한적으로만 경험할 수 있는 문제를 직접 다룬다. 기술뿐만 아니라 민간의 개발 문화, 빠른 의사결정 구조, 실패를 허용하는 실험적 조직 문화를 체득한다.

     Military AI, 전쟁의 미래를 다시 쓰다

복귀한 인력은 원래 보직이 아닌 군 AI 프로젝트의 핵심 리더로 배치되어야 한다. 민간에서 습득한 기술과 사고방식으로 국방 AI 시스템 개발을 주도하고, 내부 교육과 멘토링을 담당해 개인의 경험이 조직 전체의 역량으로 확산되도록 한다.

이 순환 구조는 군 내부 AI 역량을 단기간에 실질적으로 끌어올린다. 기술 인재에게 군 복무가 커리어 확장의 경로임을 보여 준다. 평시부터 민간과 군 사이의 인적 네트워크를 구축해 위기 시 협력 기반을 형성한다.

민간 파견 및 복귀 제도는 인사 정책이 아니라 AI 시대 전쟁을 대비하는 국가 차원의 인재 전략이다. 기술 변화의 가장 빠른 지점에서 배우고 그 성과를 군으로 환류시키는 순환 구조가 정착될 때, 군은 AI와 함께 진화하는 조직으로 거듭날 수 있다.

국제기구·동맹군 파견을 통한 글로벌 인재 양성

AI 시대의 전쟁은 단일 국가의 기술 경쟁으로 끝나지 않는다. 전장은 다영역·다국적 환경으로 확장되고 있으며, AI의 군사적 활용 역시 동맹 간 상호운용성, 국제 규범, 공동 책임 구조 속에서 정의된다. 이러한 환경에서 국방 AI 인재에게는 기술 이해를 넘어 국제 규범과 연합 작전 맥락 속에서 AI를 설계하고 운용할 수 있는 능력이 요구된다.

국제기구 및 동맹군 파견을 통한 글로벌 인재 양성 제도는 이를 위한 필수적 전략 수단이다. NATO, UN, 연합사와 같은 국제 무대는 단순한 외교 협력의 장이 아니라 AI 기반 미래 전쟁의 규칙과 표준이 실제로 만들어지는 현장이다. 이 공간에 한국군 인재가 직접 참여하지 못한다면, 우리는 남이 만든 규범과 기술 구조를 사후적으로 수용하는 위치에 머물 수밖에 없다.

NATO의 연합군변환사령부 ACT(Allied Command Transformation)는 다영역 작전, 인간-기계 협업, 책임 있는 군사 AI 활용 개념을 선도적으로 발전시키는 조직이다. 이곳에 한국군 장교를 파견해 다영역 작전 개념 개발, AI 기반 지휘결심 지원체계 연구, 군사 AI 윤리 기준 논의에 직접 참여하게 해야 한다. 이는 단순한 학습을 넘어 한국군의 시각과 경험을 국제 규범 형성 과정에 반영하는 전략적 행위다.

UN 평화유지군(PKO) 본부나 관련 기구에 AI·데이터 분석 전문가를 파견하면 분쟁 지역의 방대한 현장 데이터를 분석하고 위험 징후를 예측하는 역할을 수행할 수 있다. 이는 AI가 고강도 전쟁뿐 아니라 분쟁 예방, 위기 관리, 민간인 보호 영역에서도 핵심 도구로 활용될 수 있음을 보여 준다. 동시에 국제사회가 요구하는 책임성, 투명성, 인권 중심의 AI 활용 기준을 실무적으로 체득하는 기회가 된다.

한미연합사나 미 인도태평양사령부(INDOPACOM)의 파견 근무도 결정적 의미를 갖는다. 한국군 장교와 연구 인력이 AI 기반 지휘통제, 정보융합, 합동·연합 AI 프로젝트를 공동 수행하면서 실제 전시 환경에서 요구되는 상호운용성을 사전에 검증할 수 있다. 이는 장비나 데이터 링크 호환성을 넘어 AI 알고리즘, 데이터 구조, 의사결정 절차의 연동성을 확보하는 과정이다.

국제 파견 경험을 가진 인재는 복귀 후 단순한 기술 전문가가 아니라 연합 작전과 국제 규범을 이해하는 전략형 AI 리더로 기능한다. 이들은 한국형 국방 AI 전략을 설계할 때 국제 기준과의 정합성을 확보하고, 위기 상황에서 동맹과의 협력 방식을 주도적으로 조율할 수 있다. 개인의 경험이 곧

　　　　　　　Military AI, 전쟁의 미래를 다시 쓰다

국가의 외교·군사적 자산으로 전환되는 지점이다.

국제기구·동맹군 파견 제도는 인재 육성 정책을 넘어 AI 시대 한국 국방의 발언권과 영향력을 확장하는 전략적 투자다. 기술만 보유한 군대가 아니라 기술의 규칙을 이해하고 함께 만들어 갈 수 있는 군대만이 미래 전장에서 지속적인 주도권을 유지할 수 있다. 글로벌 무대에서 훈련된 국방 AI 인재는 그 핵심 기반이 될 것이다.

윤리·리더십 기반의 국방 AI 인재 양성

AI 윤리·국제인도법 교육 강화

AI 기반의 무기체계와 지휘결심 지원체계를 다루는 인재에게 법적·윤리적 판단 능력은 기술 역량만큼이나 핵심적인 역량이다. 알고리즘은 빠르고 정교할 수 있지만, 그 결과에 대한 책임은 결국 인간에게 귀속된다. AI 시대의 군 인재 양성은 기술 숙련과 함께 이를 올바르게 통제하고 판단할 수 있는 윤리적 기반을 반드시 포함해야 한다.

국방 AI 관계자는 우리나라 인공지능기본법은 물론 국제법에 대한 기초 교육을 필수적으로 이수해야 한다. 제네바 협약과 추가 의정서의 기본 원칙을 이해하는 데 그치지 않고, 핵심 원칙들이 실제 작전 상황에서 어떻게 적용되는지를 사례 중심으로 학습해야 한다. 이는 전통적 무기뿐만 아니라 AI 기반 자율무기체계 운용에도 동일하게 적용되는 기준임을 명확히 인식시키는 과정이다.

AI 관련 보직자는 한 단계 더 나아가 AI 윤리 심화 교육을 의무적으로 이

수하도록 해야 한다. EU의 「AI Act」, UNESCO의 「AI 윤리 권고」, OECD의 「AI 원칙」 등 국제사회가 합의해 온 규범을 이해하고, 이를 군사적 맥락에서 어떻게 해석하고 적용할 것인지를 이해해야 한다. 특히 알고리즘 편향이 작전 판단에 미치는 영향을 이해하고, 편향 탐지 및 완화 기법을 간단한 실습을 통해 체득함으로써 윤리를 추상적 개념이 아닌 운용 가능한 역량으로 만들어야 한다.

교육 방식도 강의 위주에서 벗어나 실습 위주로 진행해야 한다. 과거 AI 오판 사례를 분석하는 사례 기반 학습, VR 환경에서 민간인 피해 가능성이 포함된 상황을 체험하는 윤리 딜레마 시뮬레이션, AI 관련 사고 발생 시 책임 주체를 판단하는 모의 군사법정 등은 장병이 윤리적 판단의 무게를 실제처럼 느끼게 하는 효과적인 수단이다.

'의미 있는 인간 개입(meaningful human control)'의 내면화

AI 시대의 지휘관에게 가장 중요한 태도는 AI의 판단을 맹목적으로 따르지 않는 절제된 신뢰다. OODA 루프에서 AI는 관측과 판단을 가속하지만, 최종 결심과 책임은 인간에게 있다는 원칙을 반복적으로 내면화해야 한다. AI가 "적 전차 발견, 공격 권고"를 제시하더라도, 지휘관은 AI의 신뢰도 수준, 주변 민간인 존재 여부, 대안 시나리오, 예상 결과를 종합적으로 검토한 뒤에 결심해야 한다.

이를 위해 실패 사례에 대한 학습이 중요하다. "만약 인간이 한 번 더 확인했다면 막을 수 있었던 사고"를 분석함으로써 인간 개입의 의미를 체감하게 한다. 또한 부하가 "AI가 이렇게 판단했습니다"라고 보고할 때, 지휘관이 "AI가 그렇게 판단한 근거는 무엇인가? 다른 가능성은 없는가? 위험

Military AI, 전쟁의 미래를 다시 쓰다

은 무엇인가?"라고 되묻는 문화가 정착되어야 한다. 이는 AI를 의사결정의 주체가 아닌 판단을 보조하는 수단으로 위치시키는 조직 문화의 핵심이다.

개인정보, 인권, 데이터 윤리 교육

전장은 이제 총과 탄약뿐만 아니라 방대한 데이터 흐름으로 구성된 공간이다. 데이터 윤리를 이해하지 못하면 작전 능력뿐만 아니라 군 조직에 대한 사회적 신뢰도 심각하게 훼손될 수 있다. 장병들은 군 내부 데이터 보호 원칙과 개인정보보호법 준수 기준, 데이터 익명화 및 최소화 기술을 학습해야 한다.

드론과 위성으로 민간 지역을 촬영하고, 분석할 때의 윤리적 한계를 인식해야 한다. 훈련 데이터가 특정 집단이나 지역을 차별하지 않도록 공정성 지표를 측정하고, 개선하는 방법을 익혀야 한다. 동시에 적이 아군 데이터를 탈취해 역으로 AI를 훈련시키는 위험에 대비한 데이터 보안 전략을 이해하고, 데이터가 새로운 전장이자 취약점이 될 수 있음을 인식하게 해야 한다.

인간의 도덕적 상상력과 공감 능력을 강화하는 인문학 교육

전쟁의 본질은 결국 인간의 생명과 존엄에 대한 문제다. AI 기술자와 군 간부는 철학, 윤리, 역사 교육을 통해 기계가 제공할 수 없는 인간적 판단 능력을 길러야 한다. 전쟁과 평화에 대한 철학을 탐구하고, 핵무기 개발 과학자들의 윤리적 고뇌를 이해해야 한다. 제2차 세계대전의 홀로코스트와 기술의 악용, 베트남 전쟁과 화학무기 사용 사례 등을 통해 기술과 윤리의 긴장을 성찰해야 한다.

전쟁 문학과 증언을 통해 병사와 민간인의 시선에서 전쟁을 이해함으로써, AI 시대에도 전쟁은 추상적 알고리즘의 문제가 아니라 구체적인 인간의 고통과 선택의 연속임을 인식하게 해야 한다. 이러한 인문학적 토대는 AI가 아무리 발전하더라도 인간이 마지막 판단의 주체로 남아야 하는 이유를 끊임없이 상기시켜 줄 것이다.

다국적 연합작전 환경에서의 소통과 협상 역량

다국적 연합작전 환경에서 소통과 협상 역량은 AI 시대 전쟁의 성패를 좌우하는 핵심 요소로 부상하고 있다. 연합작전은 고난도의 협업이다. 서로 다른 언어, 교리, 지휘체계를 가진 국가들이 함께 움직여야 한다. 법과 정책 규제도 각기 다르다. 이들이 동일한 시간표와 목표 아래에서 행동해야 한다.

AI는 정보 수집, 분석, 의사결정의 속도를 비약적으로 높인다. 그러나 그 결과를 실제 행동으로 전환하는 과정은 여전히 인간의 몫이며, 판단과 합의는 인간이 해야 한다.

특히 위기 상황에서는 여러 문제가 충돌하며, 정보의 비대칭이 발생한다. 같은 정보를 보고도 해석이 다르며, 정치적 이해관계가 엇갈린다. 이를 조정하지 못하면 기술적 우위는 무용지물이 된다. 곧바로 작전 실패로 이어질 수 있다. 따라서 연합작전의 효과성은 첨단 AI 체계 보유 여부로만 결정되지 않는다. 이를 둘러싼 소통과 협상의 질이 더 중요하다.

이러한 역량을 체계적으로 개발하기 위해서는 다음과 같은 노력이 필요하다. 첫째, 기술 공통 언어를 구축해야 한다. AI 기반 정보의 생성 과정,

Military AI, 전쟁의 미래를 다시 쓰다

신뢰도, 한계를 공유할 수 있어야 한다. 표준화된 설명 체계와 교범을 마련해야 한다. 이를 통해 국가 간 해석 차이를 최소화할 수 있다.

둘째, 다국적 협상 시뮬레이션과 워게임이 필요하다. 실제 갈등 상황에서의 의사소통 능력을 반복적으로 훈련해야 한다. 단순 전술 훈련만으로는 부족하며, 정책·윤리적 쟁점을 포함한 훈련이 요구된다. 데이터 공개 범위, AI 판단의 책임 소재, 교전 규칙 적용 같은 주제를 다뤄야 한다.

셋째, 융합형 인재를 양성해야 한다. 군·외교·기술 전문가의 역량이 결합된 융합형 인재가 필요하다. AI를 이해하는 장교가 외교적 언어로 협상할 수 있어야 한다. 동맹의 전략적 우려를 기술 설계에 반영할 수 있어야 한다.

AI 시대의 연합전은 기술만으로 완성되지 않는다. 기술과 인간, 그리고 국가 간 신뢰를 연결하는 소통과 협상 능력 위에서 완성된다. 이것이 미래 연합작전의 핵심 역량이다.

[사례] 미 국방부 AI 윤리 교육과 NATO AI 윤리 워크숍

2020년 미 국방부는 AI 무기 도입과 동시에 윤리적 기반 마련의 필요성을 인식하여 책임성, 공평성, 추적 가능성, 신뢰성, 통제가능성의 5대 윤리 원칙을 수립했다. AI 무기 개발자와 운용자, AI 정책 수립 장교, 고위 지휘관을 대상으로 각 원칙을 실전에 적용하는 사례 중심 교육과 딜레마 시뮬레이션을 실시했다. 교육 이수 후 시험에 합격해야 인증서를 발급받을 수 있고, 인증서 없이는 AI 무기 프로젝트에 참여할 수 없다.

NATO AI 윤리 워크숍은 NATO 회원국 간 AI 윤리 기준을 표준화하기 위해 운영되고 있다. 워크숍은 회원국 국방부 AI 정책 담당자, 연구기관·대학 전

AI 역량을 갖춘 전사가 미래의 전투력

1장에서 시작된 우리의 여정은 AI가 전쟁의 모든 측면을 어떻게 변화시키는지를 탐구했다. 군사혁명의 본질, 의사결정의 초고속화, 자율무기의 도래, 다영역 작전의 복잡성, 윤리적 딜레마, 전장 영역별 혁신, 전투수행 기능의 재구성, 한국의 전략적 선택, 그리고 인간의 역할을 거쳐, 이제 우리는 이 모든 것을 실현할 가장 근본적인 요소인 인재 육성에 도달했다.

AI는 전장을 혁신하고 무인체계는 위험을 대신 감수하며 데이터는 작전을 재구성한다. 그러나 이 모든 변화의 중심은 기술이 아니라 사람이다.

2차 세계대전의 승패를 결정한 것은 탱크와 비행기의 숫자가 아니라 블레츨리 파크의 암호 해독자, 맨해튼 프로젝트의 과학자, 노르망디 상륙작전을 기획한 전략가였다. 냉전 시대 미국이 소련을 이긴 것은 핵무기 숫자가 아니라 실리콘밸리의 혁신 생태계, MIT와 스탠포드의 연구 역량, 그리고 자유로운 사상과 창의성이었다. 이스라엘이 주변 아랍 국가들보다 압도적인 군사력을 유지하는 비결은 아이언돔(Iron Dome)이나 트로피(Trophy)가 아니라 탈피오트 같은 인재 양성 시스템이다.

AI 시대에도 마찬가지다. 기술은 빠르게 만들어질 수 있지만 사람은 시간과 경험, 교육에 의해 서서히 성장한다. 따라서 국방 AI의 본질적 경쟁력은 기술이 아니라 사람과 조직이 변화하는 속도에 달려 있다.

융합형 인재상은 기술·작전·윤리가 융합된 "전쟁을 이해하는 기술자, 기술을 이해하는 군인"이다. 군·산·학·연 생태계는 사관학교부터 대학원, ADD, 방산기업까지 하나로 연결된 교육 트랙이 되어야 한다. 실전형 교육은 이론이 아닌 실제 부대 문제 해결, 메타버스 훈련, 경진대회를 통해 이루어진다. 순환형 커리어는 군-민간-군을 자유롭게 이동하며 전문성을 심화하고 네트워크를 확장한다. 윤리·리더십 교육은 기술만큼 중요한 의미 있는 인간 개입(Meaningful Human Control), 데이터 윤리, 인문학적 성찰을 강조한다.

우리나라는 이미 세계 최고 수준의 교육 열정, 우수한 대학, 강력한 기술기업, 그리고 무엇보다 빠르게 학습하고 적응하는 국민성을 가지고 있다. 앞서 본 것처럼 반도체·AI·로봇 분야에서 한국은 이미 글로벌 상위권이다. 이제 필요한 것은 이 모든 자원을 국방 AI 인재 육성이라는 하나의 목표로 결집시키는 국가적 의지와 제도적 혁신이다.

국방 AI를 책임질 인재는 AI를 다루는 기술자이면서도 전쟁의 철학과 윤리를 이해하는 책임 있는 인간이어야 한다. 그리고 이러한 인재들이 군-산-학-연의 생태계에서 순환하며 성장할 때, 비로소 대한민국은 AI 전쟁 시대의 주도권을 확보할 수 있을 것이다.

앞서 강조했듯이 AI 시대의 종말은 인간의 종말이 아니라 인간성의 재정의이다. 그리고 그 재정의된 인간성을 가진 인재를 길러내는 것, 그것이 바로 대한민국 국방 AI의 미래이다.

기술은 도구일 뿐이다. 그 도구를 누가, 어떻게, 왜 사용하는지가 문명의 수준을 결정한다. 대한민국이 AI 강국을 넘어 책임 있는 AI 강국이 되기를 희망한다.

Military AI, 전쟁의 미래를 다시 쓰다

다시, 인간의 손으로 전쟁의 미래를 선택하다

이 책을 통해 우리는 하나의 분명한 사실에 도달한다. AI는 전쟁을 바꾸고 있지만, 전쟁의 방향을 결정하는 주체는 여전히 인간이라는 점이다. 데이터와 알고리즘, 자율체계와 예측 기술은 전장의 속도와 형태를 근본적으로 변화시키고 있다. 그러나 기술은 목적을 스스로 설정하지 못하며, 책임을 대신 질 수도 없다. 전쟁이 왜 시작되고, 어디까지 허용되며, 언제 멈춰야 하는지는 결국 인간의 판단 영역에 남아 있다. 이는 단순한 철학적 선언이 아니라, 우크라이나 전장에서 이스라엘의 작전에 이르기까지 현실 속에서 반복적으로 확인되는 실증적 교훈이다.

AI 시대의 전쟁은 더 빠르고, 더 정밀하며, 더 투명해지고 있다. 동시에 오판과 확전의 위험 또한 그 속도만큼 증폭되고 있다. 알고리즘이 제시하는 최적의 해법은 인간에게 편리한 선택지를 제공하지만, 그 선택을 승인하고 실행하는 순간의 책임은 결코 기계로 이전되지 않는다. 아제르바이잔의 드론 공세가 보여 준 것처럼, 기술적 우위는 전술적 승리를 가져올 수 있다. 그러나 그 승리가 지속 가능한 평화로 이어질지, 아니면 새로운 불안정의 씨앗이 될지는 기술이 아닌 전략적 지혜에 달려 있다. 기술이 강력해질수록, 인간의 윤리와 리더십은 더 단단해져야 한다.

이 책이 반복해서 강조해 온 것은 단순한 기술 도입의 문제가 아니다. 국방 AI는 무기체계 하나의 성능 향상이 아니라, 국가의 전략, 조직 문화, 인재 양성 체계, 그리고 민주적 통제 구조 전반을 재설계하는 과제다. 알고리즘 우위는 데이터와 코드만으로 확보되지 않는다. 그것은 신뢰할 수 있는 제도, 숙련된 인재, 책임 있는 운용 원칙이 함께 작동할 때 비로소 의미를 갖는다. 미국 국방부의 디지털 인공지능 책임관실(CDAO)이 기술 조직이 아닌 데이터 거버넌스 기구로 설계된 이유, 이스라엘이 특수부대를 통해 40여 년간 인재 파이프라인을 구축해 온 이유가 바로 여기에 있다. 기술은 체계의 일부일 뿐, 체계 그 자체가 아니다.

인재가 곧 국방 AI의 경쟁력이다

특히 강조해야 할 것은 인재의 문제다. AI 시대 국방 경쟁력의 핵심은 결국 사람이다. 아무리 뛰어난 알고리즘과 첨단 하드웨어를 보유하더라도, 그것을 전략적 맥락에서 이해하고 실전에 적용할 수 있는 인재가 없다면 무용지물이다. 국방 AI 인재는 단순히 코딩을 할 줄 아는 기술자도, 군사 지식만 갖춘 전문가도 아니다. 그들은 기술적 언어와 군사적 언어를 동시에 구사하며, 알고리즘의 가능성과 한계를 전장의 현실 속에서 정확히 판단할 수 있어야 한다.

이스라엘의 탈피오트 사례는 시사하는 바가 크다. 이들은 18세 청년들을 선발해 3년간 집중 교육하고, 전역 후에도 민간 기업과 국방 생태계를 순환하며 40년 이상 네트워크를 유지한다. 이는 단순한 군 복무가 아니라 평생에 걸친 국가 안보 인재 생태계 구축 전략이다. 미국 역시 국방혁신부대와 키스톤 프로그램을 통해 민간 AI 인재를 국방 영역으로 끌어들이는 동시에, 군 내부에서도 체계적인 AI 교육 과정을 운영하고 있다.

한국은 어떠한가? 'K-Defense AI 전략'은 방향성을 제시했지만, 인재 양성의 구체적 실행은 여전히 과제로 남아 있다. 우리에게 필요한 것은 단기 교육 프로그램이 아니라, 선발-교육-활용-유지로 이어지는 생애 주기를 고려한 인재 관리 체계다. 군과 민간, 학계와 산업계, 국내와 해외를 연결하는 유연한 순환 구조가 필요하며, 이를 뒷받침할 제도적 인센티브와 문화적 토양이 함께 조성되어야 한다.

더 나아가 국방 AI 인재는 기술적 역량만으로 충분하지 않다. 그들은 AI 시스템이 제시하는 결과를 맹목적으로 따르는 것이 아니라, 비판적으로 검토하고 윤리적으로 성찰할 수 있어야 한다. 알고리즘이 도출한 표적 우선순위가 정말 정당한지, 자율체계의 판단에 편향은 없는지, 기술적 효율성과 인도주의적 원칙 사이의 균형은 적절한지 끊임없이 질문할 수 있는 능력이 요구된다. 이러한 능력은 단순히 기술 교육만으로는 길러지지 않는다. 군사 윤리, 국제법, 전략적 사고를 아우르는 통합적 교육 체계가 반드시 수반되어야 한다.

미래의 전장은 인간과 기계가 분리된 공간이 아니라, 상호 의존하며 협업하는 공간이 될 것이다. 미래의 지휘관은 더 이상 모든 결정을 혼자 내리는 존재가 아니라, AI가 제공하는 수많은 가능성 속에서 최선의 선택을 가려내는 판단자가 될 것이다. 전투원 또한 단순한 장비 운용자가 아니라, AI와 함께 전장을 이해하고 설계하는 주체로 변화할 것이다. 이러한 변화는 OODA 루프의 가속화와 다영역 작전의 통합 속에서 이미 진행 중이며, C4ISR 체계의 진화를 통해 구체화되고 있다.

그러나 이 모든 시스템이 제대로 작동하기 위해서는 그것을 운용하고 감독하며 개선할 수 있는 인재가 필수적이다. AI는 도구이고, 도구의 가치는 그것을 사용하는 사람의 역량에 의해 결정된다. 따라서 국방 AI 역량 강화는 곧 국방 AI 인재 육성과 동의어다. 우리가 얼마나 우수한 인재를 확보하고, 그들에게 얼마나 적합한 교육과 환경을 제공하며, 그들의 전문성을 얼마나 효과적으로 활용하는가가 미래 국방 경쟁력을 좌우할 것이다.

인간의 역할은 축소되는 것이 아니라 재정의되고 있으며, 그 재정의의 방향을 설정하는 것은 우리의 몫이다. 그리고 그 중심에는 언제나 준비된 인재가 있어야 한다.

우리가 선택할 미래

이 변화는 선택의 문제다. AI를 속도의 도구로만 사용할 것인가, 아니면 책임 있는 억제와 안정의 수단으로 활용할 것인가? 기술 경쟁에 매몰될 것인가, 아니면 규범과 신뢰를 함께 구축할 것인가? 자율무기체계를 둘러싼 국제적 논쟁, 군사 AI 윤리 원칙을 둘러싼 각국의 고민은 모두 이 근본적 질문으로 귀결된다. 한국 역시 'K-Defense AI' 전략을 통해 이 질문에 답하려 하고 있으며, 그 답의 질이 우리의 안보 미래를 결정할 것이다.

전쟁의 미래는 이미 쓰인 운명이 아니다. 그것은 지금 이 순간에도 인간의 선택에 의해 다시 쓰이고 있다. 기술 결정론의 유혹은 강력하지만, 역사는 기술이 아닌 인간의 결단이 전환점을 만들어 왔음을 보여 준다. 우리가 어떤 인재를 키워내고, 어떤 제도를 설계하며, 어떤 원칙을 지키느냐에 따라 AI는 안보의 위협이 될 수도, 평화의 기반이 될 수도 있다.

이 책이 독자 각자가 그 선택의 무게를 인식하고, 더 책임 있는 미래를 설계하는 데 작은 기준점이 되기를 바란다. 정책 결정자에게는 제도 설계의 나침반, 군 지휘관에게는 전략적 판단의 참고점, 기술자에게는 윤리적 성찰의 계기, 교육자에게는 인재 양성의 방향타, 국민에게는 민주적 감시의 근거로 활용되기를 희망한다.

AI 시대의 전쟁을 결정하는 마지막 변수는 기술이 아니라, 여전히 인간이기 때문이다. 우리가 오늘 내리는 선택이 내일의 전장을 만들고, 우리가 오늘 키워내는 인재가 내일의 안보를 지킨다. 그 전장의 모습이 다음 세대가 물려받을 안보 환경을 규정하며, 그 인재의 질이 우리 사회의 안전을 보장한다. 이 책을 덮는 순간, 독자 여러분이 그 선택의 주체이자 그 미래를 만들어 갈 동반자임을 기억하기 바란다.

전쟁의 미래는 우리 손에 있다. 그리고 그 손을 이끌 지혜는 우리가 지금, 함께 준비하는 인재들로부터 나올 것이다.

Military AI,
전쟁의 미래를 다시 쓰다

초판 1쇄 발행 2026년 3월 1일

지은이   박은석
펴낸이   이기봉
편집   좋은땅 편집팀
펴낸곳   도서출판 좋은땅
주소   서울특별시 마포구 양화로12길 26 지월드빌딩 (서교동 395-7)
전화   02)374-8616~7
팩스   02)374-8614
이메일   gworldbook@naver.com
홈페이지 www.g-world.co.kr

ISBN   979-11-388-5534-1 (03390)